INSTALAÇÕES ELÉTRICAS E O PROJETO DE ARQUITETURA

CONSELHO EDITORIAL

André Costa e Silva

Cecilia Consolo

Dijon de Moraes

Jarbas Vargas Nascimento

Luis Barbosa Cortez

Marco Aurélio Cremasco

Rogerio Lerner

PROF. ENG. ROBERTO DE CARVALHO JÚNIOR

INSTALAÇÕES ELÉTRICAS E O PROJETO DE ARQUITETURA

10ª edição revista

Instalações elétricas e o projeto de arquitetura
© 2023 Roberto de Carvalho Júnior
10ª edição revista
Editora Edgard Blücher Ltda.

Publisher Edgard Blücher
Editor Eduardo Blücher
Coordenação editorial Jonatas Eliakim
Diagramação Thaís Pereira
Imagens Marcelo Taparo
Capa Laércio Flenic
Imagem da capa iStockphotos

Blucher

Rua Pedroso Alvarenga, 1245, 4º andar
04531-934 – São Paulo – SP – Brasil
Tel.: 55 11 3078-5366
contato@blucher.com.br
www.blucher.com.br

Segundo o Novo Acordo Ortográfico, conforme 5. ed. do *Vocabulário Ortográfico da Língua Portuguesa*, Academia Brasileira de Letras, março de 2009.

É proibida a reprodução total ou parcial por quaisquer meios sem autorização escrita da editora.

Todos os direitos reservados pela Editora Edgard Blücher Ltda.

Dados Internacionais de Catalogação na Publicação (CIP)Angélica Ilacqua CRB-8/7057

Carvalho Júnior, Roberto de
Instalações elétricas e o projeto de arquitetura/ Roberto de Carvalho Júnior. –10ª ed.– São Paulo : Blucher, 2023.
346 p.

Bibliografia
ISBN 978-65-5506-414-8

1. Instalações elétricas – Projetos e plantas
I. Título

22-4998   CDD 531

Índices para catálogo sistemático:
1. Instalações elétricas – Projetos e plantas

Aos meus queridos e inesquecíveis avós
Lucato e Lucrécia
(in memoriam)

Às minhas filhas
Lívia Beatriz e Maria Luísa

À minha mulher
Dijiane Cristina Zago de Carvalho

AGRADECIMENTOS

Tive a sorte de contar com bons professores, colegas e colaboradores que, direta ou indiretamente, influenciaram este trabalho. Sou particularmente grato ao arquiteto Prof. Dr. Admir Basso, da Escola de Engenharia de São Carlos-USP, que despertou meu interesse pelo estudo das instalações prediais e suas interfaces com a arquitetura.

Devo especiais agradecimentos ao engenheiro eletricista Geraldo Pansiera Júnior, que colaborou na revisão técnica deste trabalho; à Diretoria de Comunicação Empresarial e Relações Institucionais-Marketing da CPFL, que autorizou a transcrição de alguns trechos e desenhos das normas publicadas pela CPFL; à Prysmian Cabled & Sistems, que disponibilizou seu *Manual de instalações elétricas residenciais* para a transcrição de alguns parágrafos e desenhos para fins didáticos; às bibliotecárias, Marilda Colombo Liberato (*in memorian*) e Ana Paula Lopes Garcia Antunes, que colaboraram na pesquisa sobre novos conceitos e tecnologias em instalações elétricas prediais; ao engenheiro Marcelo Taparo, pela colaboração nos desenhos deste livro; ao arquiteto Mário Sérgio Pini, Diretor de Relações Institucionais do Grupo Pini, que acreditou neste trabalho, tornando-se um grande aliado na luta para a realização do sonho de editá-lo; à Editora Edgard Blücher pelo apoio e profissionalismo nesta parceria com o autor.

PREFÁCIO À 4.ª EDIÇÃO

Até o fim do século XIX não existia iluminação elétrica nas edificações. Do ponto de vista prático, as instalações elétricas e de comunicações prediais são uma inovação do início do século XX. É compreensível, portanto, que as escolas de belas-artes não se preocupassem em dar qualquer treinamento específico aos seus arquitetos. Mesmo na FAU/USP, fundada em meados do século XX, as informações sobre instalações elétricas eram parte pequena do curso de construção civil e não constituíam disciplina autônoma, como não se constituem até hoje. O resultado desse atraso foi uma inadequação dos formandos para se entenderem com o projetista de instalações elétricas que deveria embutir essas instalações onde conseguisse, isto é, no forro, nas lajes e nas paredes, causando a menor perturbação possível à arquitetura.

Ora, ocorre que ao longo do século inicia-se um processo, que continua até hoje, de colocar demandas cada vez maiores de energia. As edificações são invadidas por uma diversidade de aparelhos elétricos e eletrônicos com potências crescentes. Mais importante, talvez, foi a introdução dos condicionadores de ar, que chegaram a ser responsabilizados por graves incêndios ocorridos nas edificações.

Ao par disso, as normas brasileiras e internacionais vão se tornando mais complexas e exigentes. A tudo isso se acrescente o desenvolvimento da luminotécnica e as exigências cada vez maiores dos usuários.

Outro complicador nesse processo foi o desenvolvimento dos sistemas de comunicação. No começo do século XX, tudo que se queria era um ponto de telefone em cada residência. Hoje, os sistemas de comunicação interna, os porteiros eletrônicos e os sistemas de interfone vão se tornando cada vez mais ubíquos. Mais recentemente a televisão a cabo e os sistemas de cabos para redes internas de computadores vão também exigir seu espaço nos projetos.

De outro lado, as normas de proteção contra incêndio e outros sistemas de segurança fazem-se presentes com sensores, alarmes, câmeras de televisão e supervisão.

A presente obra aborda essa problemática de duas formas. Na Parte I, são expostos os conceitos, normas e exigências dos projetos de instalações, desde a simbologia básica até as diretrizes para as antenas de televisão, para-raios, telefonia etc.

Na Parte II, a interfaces com o projeto arquitetônico são examinadas. O texto parte do exame dos conceitos básicos dos projetos luminotécnicos e prossegue até as implicações para os sistemas contrutivos mais modernos. Em particular, são abordadas as questões ligadas aos sistemas de ar condicionado e aos elevadores.

Dessa forma, o livro se constitui em apoio fundamental ao cotidiano do arquiteto, mas não apenas dele, como também dos engenheiros e projetistas que com ele dialogam na sua atividade profissional. Trata-se, pois, de importante contribuição para a qualidade do projeto e, portanto, da própria arquitetura.

Prof. Dr. Geraldo G. Serra

Arquiteto, Mestre, Doutor e Livre-Docente em "Estruturas Ambientais Urbanas". Ex-professor Titular de Tecnologia da Arquitetura da FAU/USP, foi Pró-Reitor de Pesquisa da USP, autor de centenas de projetos de arquitetura e urbanismo

PREFÁCIO À 8.ª EDIÇÃO

"Arquitetura não se ensina, se aprende." Portanto, é preciso motivar o estudante, para que ele assuma isso e se integre em um processo de trabalho permanente, para seguir se interessando pelo seu campo de estudo e conhecimento, autonomamente, com independência dos programas da escola. Essa livre reflexão, sobre a base da formação do arquiteto contemporâneo, nos remete ao cumprimento dos currículos das matérias ditas técnicas das faculdades de Arquitetura e Urbanismo (FAUs), sempre penoso para alunos e professores. No meu tempo, tirar nota 5 em Geometria Descritiva, no primeiro ano, "valia" o diploma.

O autor e professor Roberto de Carvalho Júnior, engenheiro civil, mestre em Arquitetura e Urbanismo, projetista de instalações prediais, convencionais e complexas, convenceu-se de que, para o apoio de suas atividades, junto a estudantes, futuros arquitetos, era necessário um formato mais adequado, para a abordagem do conhecimento técnico de sua área de dedicação.

Todo o sentido de seu trabalho foi "especializar" a questão das instalações prediais, motivando o aluno não somente a tratar da questão, com foco em pré-projeto e pré-dimensionamento, mas a apreciá-la sob um novo e pertinente ângulo: a óptica da arquitetura. É com convicção que afirmo se tratar de um novo método de ensino, mais adequado e por isso mesmo mais efetivo, criado pelo professor Carvalho Júnior. O sucesso dessa concepção, com a clara diretriz de apego à vontade de formar novos e competentes profissionais, pode ser medido pela prematura, proximamente esgotável e nova edição do livro *Instalações elétricas e o projeto de arquitetura*, que ora se apresenta com este honroso espaço de palavras inicias para mim.

Sobre o autor, referimo-nos à sua obra cobrindo instalações prediais, adotada por número crescente de FAUs do Brasil, e por meio dessa produção, com fundamento sensível e criativo, temos a possibilidade de avaliar as grandezas pessoal e profissional de Carvalho Júnior. Sobre a edição, temos mais um admirável trabalho da editora Blucher, que participa do esforço em elevar a competitividade do mercado editorial brasileiro de publicações técnicas ao plano das qualidades gráfica e editorial globais.

Os professores das disciplinas correlatas dispõem de um referencial de inestimável validade e efetividade para o ensino e o aprendizado. Os professores de outras disciplinas de conhecimento técnico dispõem de uma "fresta", nas múltiplas frentes de trabalho, a ser decididamente explorada, com inovação, na consolidação de suas experiências pedagógicas.

Notas ao prefácio

1. O livro *Instalações elétricas e o projeto de arquitetura* é bibliografia reconhecida e consagrada, adotada por universidades de todo o país.

2. A Blucher, estrategicamente, apresenta esta nova edição: a oitava.

3. O autor, realizou severa revisão e sensível ampliação do conteúdo, com fundamento em novos conceitos, inovações tecnológicas e atualização de normas técnicas.

4. Tudo para apresentar a arquitetos, engenheiros, projetistas e alunos dos cursos de Arquitetura e Urbanismo e de Engenharia Civil uma visão conceitual mais didática, ainda mais simplificada e imediatamente aplicável nos campos de conhecimento e de desenvolvimento das instalações prediais elétricas e de telefonia.

5. O professor Roberto de Carvalho Júnior é um entusiasta da causa e chama a nossa atenção para a necessidade de absoluta integração e para a mais perfeita compatibilização das instalações elétricas com os demais subsistemas que definem a construção de edificações contemporâneas, úteis e de plena versatilidade.

6. Mãos à obra!!!

Mário Sérgio Pini
Arquiteto, Ex Diretor de Relações Institucionais/Grupo PINI

PALAVRAS INICIAIS

As instalações prediais constituem subsistemas que devem ser integrados ao sistema construtivo proposto pela arquitetura de forma harmônica, racional e tecnicamente correta.

Quando não há coordenação e/ou entrosamento entre o projetista de arquitetura e os profissionais contratados para a elaboração dos projetos técnicos complementares, pode ocorrer uma incompatibilização entre os projetos, o que, certamente, implicará inúmeras improvisações, durante a execução da obra, para solucionar os conflitos surgidos.

O projeto de instalações elétricas, harmoniosamente integrado aos demais projetos do edifício, com fiação e circuitos bem dimensionados, permitirá fácil execução e manutenção das instalações, sem riscos de acidentes, além de gerar economia na aquisição dos materiais para sua execução e no consumo de energia.

Cabe ao responsável pelo projeto de arquitetura estudar, com os usuários da edificação, como será a iluminação, a disposição dos móveis e, consequentemente, dos aparelhos elétricos e eletrônicos, pontos futuros de tomadas, posicionamento de interruptores e todas as necessidades elétricas da construção. Esse planejamento minucioso é fundamental para garantir que a infraestrutura elétrica atenda às demandas presentes e futuras, proporcionando conforto e segurança aos ocupantes, além de facilitar futuras adaptações e expansões, caso necessário.

Resolvidas essas questões, entra em cena o projetista de instalações elétricas para definir os circuitos, a bitola (seção nominal) dos fios e cabos e o dimensionamento e distribuição dos conduítes. Um projeto elétrico bem executado e compatibilizado com o projeto de arquitetura é essencial para assegurar o pleno funcionamento de sistemas e equipamentos elétricos, além de contribuir para a eficiência energética e a economia de recursos.

Se, por um lado, um projeto de arquitetura elaborado com os equipamentos e mobiliário adequadamente localizados, tendo em vista suas características técnicas e funcionais, é condição básica para a compatibilização dos projetos de instalações e outros pertinentes; por outro, a área de instalações elétricas prediais é carente de uma bibliografia que atenda às necessidades do aprendizado acadêmico, e até mesmo dos profissionais, no que se refere às interfaces físicas e funcionais com a arquitetura. Foi no decorrer de nosso trabalho acadêmico, observando e resolvendo conflitos entre as referidas interfaces, que resolvemos elaborar uma espécie de manual de instrução, de modo a melhorar a qualidade do projeto e da obra.

Este livro foi elaborado com o objetivo de abordar as principais interferências entre as instalações elétricas prediais e o projeto de arquitetura. Apresenta uma visão simplificada das instalações elétricas voltada para arquitetos, engenheiros civis, designers de interiores e estudantes dos cursos de Arquitetura e Engenharia Civil, visando capacitar esses profissionais a resolverem essas interfaces e, assim, desenvolverem projetos em conformidade com as exigências das instalações e assegurando seu perfeito funcionamento.

É relevante enfatizar que o propósito deste trabalho não é formar especialistas em instalações elétricas. Portanto, a parte referente aos cálculos e dimensionamentos neste texto é mais concisa em comparação com a abordagem direta dos conceitos que tratam das interações das instalações elétricas prediais com a arquitetura.

Com base na regulamentação da Aneel (Agência Nacional de Energia Elétrica), as concessionárias de distribuição de energia estabelecem procedimentos e normas específicas para seus padrões de rede, incluindo a entrada nas unidades consumidoras. Essas diretrizes se aplicam a diferentes níveis de tensão (alta, média e baixa tensão) e estão disponíveis online nas respectivas páginas das empresas. Em São Paulo, as concessionárias incluem Eletropaulo, CPFL, EDP São Paulo, Elektro e Energisa, mas neste livro, utilizaremos como base as normas técnicas da CPFL como referência. Além das normas das concessionárias, é importante consultar as Normas Técnicas da ABNT, especialmente a NBR 5410:2004, que aborda procedimentos para instalações elétricas de baixa tensão, incluindo projeto, execução, verificação final e manutenção.

Para a elaboração deste livro, valemo-nos da bibliografia indicada e da experiência conquistada, no campo profissional, como engenheiro civil e professor de disciplinas de instalações prediais em cursos de graduação em Engenharia Civil e Arquitetura e Urbanismo.

Aos leitores: apesar dos melhores esforços do autor, do editor e dos revisores, é inevitável que restem pontos a melhorar no texto. Assim, ficarei muito agradecido às comunicações dos leitores que apontem possíveis correções, eventuais enganos ou que contenham sugestões referentes ao conteúdo ou ao nível pedagógico que auxiliem aprimorar edições futuras. Para isso, contactem a editora Blucher ou escrevam diretamente para o autor no endereço eletrônico rcj.hidraulica@gmail.com.

CONTEÚDO

PARTE I – INSTALAÇÕES ELÉTRICAS PREDIAIS

1. INSTALAÇÕES ELÉTRICAS PREDIAIS   27

Considerações gerais   27

Diagramas elétricos   28

    Tipos de diagramas elétricos   29

    Softwares para diagramas elétricos   33

2. FORNECIMENTO DE ENERGIA ELÉTRICA   35

Classes de fornecimento   36

    Ligação monofásica   37

    Ligação bifásica   38

    Ligação trifásica   38

    Ligações de cargas especiais   39

3. PADRÃO DE ENTRADA   41

Entrada de serviço   46

Ramal de conexão   47

Ramal de entrada   47

Alimentação de edifícios de uso coletivo   49

Poste particular e pontalete   53

Caixa de medição   54

Centro de medição (medição agrupada)   55

4. EQUIPAMENTOS DE UTILIZAÇÃO DE ENERGIA ELÉTRICA — 57

Instalação de equipamentos — 58

Instalação de aparelhos especiais — 59

5. TENSÃO E CORRENTE ELÉTRICA — 61

Queda de tensão — 62

As variações de tensões e os aparelhos bivolt — 62

6. POTÊNCIA ELÉTRICA — 63

Fator de potência — 64

Triângulo de potências — 65

7. CARGA ELÉTRICA TOTAL INSTALADA — 67

O cálculo do consumo — 72

8. QUADRO DE DISTRIBUIÇÃO DE CIRCUITOS — 73

Capacidade de reserva para futuras ampliações — 74

Localização no projeto de arquitetura — 77

9. PRUMADAS ELÉTRICAS E CAIXAS DE PASSAGEM — 79

10. CIRCUITOS DA INSTALAÇÃO — 81

Circuitos de distribuição — 81

Circuitos terminais — 83

Divisão da instalação em circuitos terminais — 83

Potência por circuito — 86

11. DISPOSITIVOS DE PROTEÇÃO PARA BAIXA TENSÃO — 89

Disjuntor termomagnético (DTM) — 90

Disjuntor diferencial residual (DR) — 91

Dispositivos de proteção contra surtos (DPS) — 93

Dimensionamento de disjuntores	94
Disjuntor geral do QDC	95
Disjuntores parciais	96

12. ATERRAMENTO DO SISTEMA — 97

Esquemas de aterramento	98
Aterramento da entrada consumidora	100
Barramento equipotencial (BEP)	102
Aterramento do quadro de distribuição de energia	103
Aterramento dos aparelhos eletrodomésticos	104

13. COMPONENTES UTILIZADOS NAS INSTALAÇÕES — 105

Eletrodutos	106
Tipos de eletrodutos	106
Normas técnicas	110
Ligação dos pontos	110
Dimensionamento de eletrodutos	111
Caixas	112
Condutores de eletricidade	118
Padrão de cores para os condutores elétricos	120
Dimensionamento de condutores elétricos	121
Dimensionamento pela capacidade de condução de corrente	122
Dimensionamento pela queda de tensão	126
Dimensionamento pela seção mínima	128
Curto-circuito	129
Sobrecarga	130
Proteção contra choques elétricos	130

14. DISPOSITIVOS DE MANOBRA — 131

Interruptores	132
Interruptor simples	133
Interruptor duplo	134
Interruptor múltiplo	134
Interruptor paralelo	134

Interruptor intermediário	135
Interruptor bipolar	135
Esquemas de ligação e fiação de interruptores	135
Dimmer	136
Contactores e chaves magnéticas	137
Chave-boia	137
Campainha ou cigarra	137
Sensor de presença	137

15. TOMADAS DE CORRENTE — 139

Tomadas de uso geral	140
Tomadas de uso específico	141
Quantidade mínima de tomadas	142
Tomadas de uso geral	142
Tomadas de uso específico	144
Esquemas de ligação e fiação de tomadas	148

16. APARELHOS DE ILUMINAÇÃO — 149

Tipos de luminárias segundo a forma de aplicação da luz	152
Luminária comum	152
Luminária direcionadora de luz	152
Luminária de luz indireta	152
Luminária decorativa	152
Luminária com refletores e aletas parabólicos	153
Tipos de lâmpadas	153
Lâmpadas econômicas	157
Cálculo de iluminação	158
Carga mínima de iluminação (NBR 5410:204)	159
Iluminação externa	159

17. INSTALAÇÕES PREDIAIS DE TELEFONIA — 163

Considerações gerais	163
Entrada telefônica	165

Entrada de internet	165
Poste particular para entrada telefônica	167
Caixa externa para entrada telefônica	169
Aterramento	170
Ramal de entrada telefônica	170
Prumada telefônica	172
Caixas de distribuição	176
Caixas de saída	180
Tomadas de telefonia	182
Critério para previsãode pontos telefônicos	183
Critério para previsão de caixas de saída	183
Residências ou apartamentos	184
Lojas	184
Escritórios	184
Tipos de eletrodutos utilizados	184
Fio telefônico	185
Canaletas de piso	186
Caixas de derivação	186

18. SIMBOLOGIA BÁSICA — 189

Simbologia utilizada nas instalações elétricas	189
Simbologia utilizada nas instalações de telefonia	197

PARTE II – INTERFACES DAS INSTALAÇÕES ELÉTRICAS COM O PROJETO DE ARQUITETURA

19. INTERFACES DO QUADRO DE MEDIÇÃO DE ENERGIA, CAMPAINHA COM INTERFONE E CÂMERAS DE SEGURANÇA — 201

20. INTERFACES DOS APARELHOS ELETRODOMÉSTICOS — 205

Televisão	206
Ar condicionado	206
Fogão ou cooktop	207

Forno elétrico e micro-ondas	207
Geladeira	207
Máquina de lavar louças	207
Máquina de lavar roupas	207
Selo procel	208
Ruídos em eletrodomésticos	209

21. PREVISÃO DE PONTOS DE ELÉTRICA EM INSTALAÇÕES RESIDENCIAIS — 211

Sala	212
Escritório	213
Dormitório	213
Home theater	213
Banheiros	214
Cozinha	216
Área de serviço	218
Pontos externos	219

22. INSTALAÇÃO DE ANTENAS E TV A CABO — 221

23. SISTEMA DE PROTEÇÃO CONTRA DESCARGAS ATMOSFÉRICAS (SPDA) — 225

24. ADEQUAÇÃO DAS INSTALAÇÕES PARA PESSOAS QUE NECESSITAM DE ACESSIBILIDADE — 229

25. LUMINOTÉCNICA — 233

Interfaces da iluminação com a superfície de trabalho	234
Interfaces da iluminação com o projeto arquitetônico	237
Conceitos e grandezas luminotécnicas fundamentais	238
Luz	238
Fluxo luminoso (ø)	239
Eficiência luminosa (E ℓ)	239

Intensidade luminosa (I) 240

Iluminamento ou iluminância (E) 241

Luminância (L) 244

Cálculo luminotécnico 244

Método dos lumens 245

Método ponto por ponto 250

Iluminação residencial 252

Hall de entrada 252

Sala de estar 252

Sala de jantar 253

Cozinha 253

Dormitório 253

Banheiro 253

Iluminação comercial e administrativa 254

Iluminação industrial 254

26. O CONSUMO DE ENERGIA EM RESIDÊNCIAS 255

Uso racional de energia elétrica 256

Chuveiro elétrico 257

Geladeira 257

Ferro elétrico 258

Torneira elétrica 258

Máquina de lavar roupa 258

Secadora de roupa 259

Máquina de lavar louça 259

Televisor 259

Aquecedores de água 259

Condicionadores de ar 260

A Iluminação e o consumo de energia 260

27. SISTEMAS DE CONDICIONAMENTO DE AR 263

Dimensionamento de ar-condicionado (*splits*) 265

Ambientes sem exposição a raios solares 265

Ambientes com exposição a raios solares 265

28. OS REFRIGERADORES E BALCÕES REFRIGERADOS 269

29. PREVISÃO DE CABINAS DE FORÇA NO PROJETO DE ARQUITETURA 271

Localização das cabinas 272

Tipos de cabinas 272

30. CASA DE BOMBAS NO PROJETO DE ARQUITETURA 275

31. PREVISÃO DE *SHAFTS* E ÁREAS TÉCNICAS 279

Pisos técnicos 281

32. ELEVADOR ELÉTRICO 283

Novas tecnologias para o transporte vertical 286

33. NOVOS CONCEITOS E TECNOLOGIAS 287

Automatização e controle inteligente 287

Integração de energias renováveis 288

Armazenamento de energia 288

Gestão de energia baseada em dados 288

Recarga de veículos elétricos (VE) 288

Monitoramento remoto e manutenção preditiva 289

Sustentabilidade e certificações verdes 289

Cabeamento estruturado 290

34. AVANÇOS TECNOLÓGICOS NO SUPRIMENTO DE ENERGIA 293

Sistemas de cogeração de energia 295

Sistema direto de alimentação de energia 296

Sistema de energia solar fotovoltaica 297

Painéis solares fotovoltaicos 298

Inversor 298

Conexão à Rede Elétrica 298

Medidor Bidirecional 298

Créditos de Energia 298

Monitoramento e Manutenção 298

35. EDIFÍCIOS INTELIGENTES (COM ALTA TECNOLOGIA) — 299

Elevadores inteligentes: eficiência e segurança — 304

Eficiência Energética — 305

Redução do tempo de espera — 305

Segurança — 305

Monitoramento e manutenção preventiva — 305

Adaptabilidade — 305

Acessibilidade — 305

Ar-condicionado eficiente em edifícios inteligentes — 306

Controle de temperatura — 306

Gestão de pico de demanda — 306

Monitoramento e análise de dados — 306

Integração de sistemas — 306

Automação inteligente — 307

Telecomunicações avançadas — 307

Redes de dados e telecomunicações — 307

Controle centralizado — 307

Segurança e redundância — 307

Futuro-*proofing* — 308

Segurança integrada em edifícios inteligentes — 308

Gravação digital remota — 308

Controle de acesso — 308

Integração com outros sistemas — 308

Análise de vídeo avançada — 309

Monitoramento remoto — 309

Privacidade e conformidade — 309

Benefícios da automação em sistemas de iluminação — 309

Sensores de iluminação — 309

Controle por zonas — 309

Integração com sistemas de gerenciamento — 310

Programação e agendamento — 310

Monitoramento remoto — 310

Economia de energia — 310

36. INSTALAÇÕES ELÉTRICAS EM ALVENARIA ESTRUTURAL — 311

    Etapas do sistema convencional — 313

    Etapas da alvenaria estrutural — 313

37. INSTALAÇÕES ELÉTRICAS EM SISTEMA *DRYWALL* — 317

38. INSTALAÇÕES ELÉTRICAS EM SISTEMA *STEEL FRAME* — 319

39. INSTALAÇÕES ELÉTRICAS EM SISTEMA *WOOD FRAME* — 325

40. INSTALAÇÕES ELÉTRICAS EM SISTEMA CONSTRUTIVO PVC CONCRETO — 329

41. NORMA DE DESEMPENHO — 331

    Vida útil de projeto — 332

    Sistemas elétricos — 333

    Avaliação de desempenho — 333

    Incumbências dos intervenientes — 334

    Segurança no uso e operação — 334

42. REFERÊNCIAS — 337

    ABNT – Associação Brasileira de Normas Técnicas — 340

    Manuais de fabricantes e normas técnicas de concessionárias — 341

    Catálogos — 341

    Sites Pesquisados — 342

PARTE I
INSTALAÇÕES ELÉTRICAS PREDIAIS

CAPÍTULO 1
Instalações elétricas prediais

CONSIDERAÇÕES GERAIS

O projeto de instalações elétricas prediais é uma representação gráfica e escrita do que se pretende instalar na edificação, com todos os seus detalhes e a localização dos pontos de utilização (luz, tomadas, interruptores, comandos, passagem e trajeto dos condutores, dispositivos de manobras etc.).

Quando bem elaborado e corretamente dimensionado, com materiais de qualidade comprovada e também integrado de uma forma racional, harmônica e tecnicamente correta com o projeto de arquitetura, o projeto de instalações elétricas gera significativa economia na aquisição de materiais e na execução das instalações, além de evitar o superdimensionamento (ou sub) de circuitos, disjuntores desarmados, falta de segurança nas instalações (incêndios, perda de equipamentos, choques elétricos) e dificuldade para a execução das instalações.

O tempo despendido na compatibilização do projeto de arquitetura com o de instalações elétricas será recuperado quando na execução de ambos, evitando desperdício de energia e o mau funcionamento dos aparelhos e equipamentos e permitindo fácil operação e manutenção de toda a instalação.

Para otimizar a manutenção das instalações elétricas, é fundamental que o arquiteto apresente soluções desde a fase inicial do projeto, tornando essencial o envolvimento do projetista de instalações desde a concepção arquitetônica.

Para a elaboração dos projetos deve ser consultada a concessionária fornecedora de energia elétrica, que fixa os requisitos mínimos indispensáveis para a ligação das unidades consumidoras. As normas técnicas de cada empresa distribuidora são normalmente disponíveis na internet, nas respectivas "homepages".

Além das normas da concessionária e das normas específicas aplicáveis, também devem ser consultadas as Normas Técnicas da ABNT, principalmente a NBR 5410:2004 (Instalações Elétricas de Baixa Tensão – Procedimentos), que contém prescrições relativas ao projeto, à execução, à verificação final da obra e à manutenção das instalações elétricas.

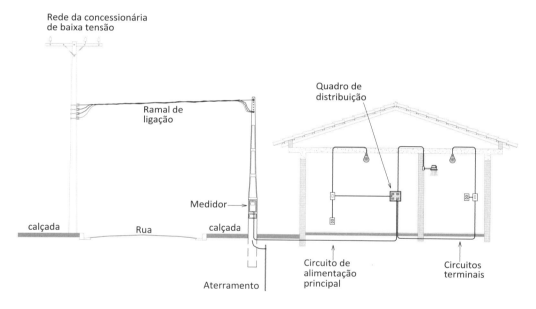

Figura 1.1 Esquema de instalação elétrica.

Fonte: Prysmian.

DIAGRAMAS ELÉTRICOS

São símbolos gráficos utilizados no projeto para representar uma instalação elétrica ou parte de uma instalação.

Dessa forma, apenas a partir de um diagrama elétrico, que se elaboram e executam os projetos. Junto com outros documentos elétricos, os diagramas compõem o prontuário das instalações elétricas.

Instalações elétricas prediais

De acordo com a NR10 - Segurança em instalações e serviços em eletricidade, é obrigatório que as empresas possuam e mantenham sempre atualizados os diagramas elétricos. Também é válido mencionar que interpretar uma instalação elétrica (ou realizar algum tipo de manutenção) sem um diagrama em mãos, é algo muito difícil para os engenheiros civis, arquitetos e eletricistas.

TIPOS DE DIAGRAMAS ELÉTRICOS

Entender os tipos de diagramas existentes, suas características e aplicações é de grande importância para os arquitetos, engenheiros civis e profissionais que atuam na construção civil. Para entender um diagrama elétrico é preciso ter noções de planta baixa e desenho arquitetônico, bem como conhecer as simbologias dos componentes inseridos no diagrama. Apesar de existir uma grande variedade de símbolos, ficar atento a esses elementos, é um ponto crucial para um bom entendimento.

É importante ressaltar que, por seguir padrões, os diagramas elétricos tem uma linguagem universal. Desta maneira quem sabe ler um diagrama elétrico aqui no Brasil vai saber ler um diagrama elétrico em qualquer outro país, a escrita é totalmente diferente mas o fundamento do diagrama vai ser o mesmo.

Existem quatro tipos principais de diagramas elétricos: diagrama funcional; diagrama multifilar; diagrama unifilar e diagrama trifilar.

Diagrama funcional

O diagrama funcional se refere a apenas uma parte da instalação elétrica. Ele mostra os condutores e componentes que serão ligados em um circuito elétrico. Permite interpretar com rapidez e clareza o funcionamento do circuito.

No entanto, é importante destacar que uma instalação elétrica completa inclui uma série de circuitos interconectados que atendem a várias áreas e necessidades dentro de uma edificação. Portanto, além do diagrama funcional, é essencial elaborar outros diagramas detalhados de todo o sistema elétrico.

O diagrama funcional não demonstra com exatidão a posição exata dos componentes nem medidas de cabos ou percurso real destes. O diagrama funcional é usado apenas para explicar o funcionamento e não o posicionamento de componentes elétricos. Os condutores são representados por retas sem inclinação e de preferências sem cruzamentos. É um diagrama usado para explicar o funcionamento e não posicionamento de componentes.

Em resumo, o diagrama funcional é explicativo, e como o próprio nome diz, funcional. Os componentes do circuito, são desenhados de maneira similar ao real. Normalmente, um profissional pede esse tipo de sistema para mostrar parte de uma instalação de um local.

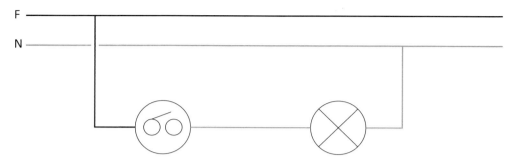

Figura 1.2 Exemplo de diagrama funcional (ligação de interruptor e lâmpada).

Diagrama multifilar

O diagrama multifilar oferece uma representação altamente minuciosa e detalhada de uma instalação elétrica, sendo desenhado em um plano tridimensional para representar minuciosamente os componentes e as conexões. Sendo assim, é utilizado como forma de complemento para circuitos que precisam de mais detalhes. No entanto, devido à sua complexidade, esse tipo de diagrama é pouco utilizado, especialmente em grandes circuitos, devido à dificuldade em interpretá-lo de forma prática.

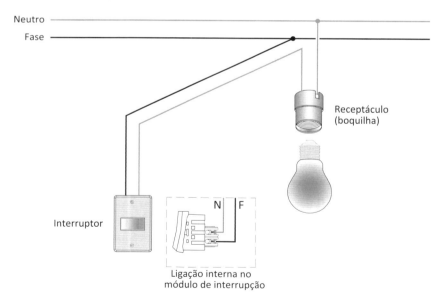

Figura 1.3 Exemplo de diagrama multifiliar (ligação de interruptor e lâmpada).

Diagrama unifilar

Nos projetos de instalações elétricas prediais é o diagrama mais comum, desenhado sobre a planta baixa (planta de arquitetura). Apresenta os dispositivos e trajeto dos condutores rigidamente em suas posições físicas apesar de ser em uma representação bidimensional. O diagrama unifilar serve especialmente para se verificar, com rapidez, quantos condutores passarão em determinados eletrodutos e qual o trajeto do mesmo. A diferença com relação aos outros modelos de diagrama é que neste todos os condutores de um mesmo percurso são representados por um único traço e símbolos que identificam neste traço os outros condutores.

O diagrama unifilar representa o sistema elétrico de forma simples e fácil de entender. É relativamente fácil de desenhar e interpretar, o que o torna uma escolha popular em sistemas elétricos prediais. Para pessoas que não estão familiarizadas com detalhes técnicos complexos, o diagrama unifilar fornece uma compreensão rápida e básica do sistema elétrico.

Outra vantagem importante deste diagrama é com relação às futuras manutenções ou reparos no sistema elétrico. Os técnicos podem identificar facilmente os componentes relevantes e entender como estão conectados, o que facilita a solução de problemas.

É muito mais fácil verificar onde e quais são os condutores que estão passando em determinado circuito, entre outros detalhes. Em síntese, de um modo geral, o instalador entende uma instalação de maneira rápida.

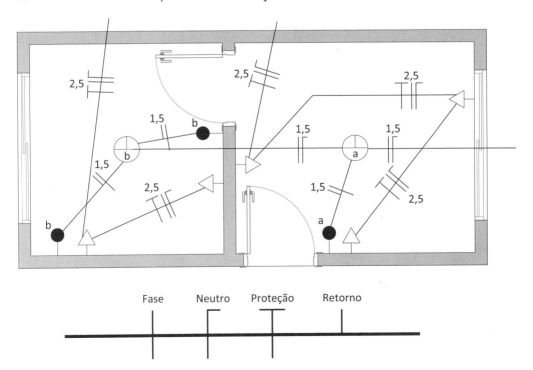

Figura 1.4 Exemplo de diagrama unifilar.

Diagrama Trifilar

É um diagrama amplamente usado em sistemas de comandos elétricos e máquinas trifásicas. Representa cada uma das três fases de um sistema elétrico e suas respectivas derivações, permitindo uma representação visual clara da distribuição de energia elétrica em sistemas trifásicos. Ele é essencial para o projeto, instalação e manutenção de equipamentos e sistemas trifásicos, ajudando a identificar as conexões corretas, garantir o equilíbrio de carga entre as fases e facilitar a solução de problemas elétricos em tais sistemas. Além disso, o diagrama trifilar também desempenha um papel fundamental na segurança elétrica, pois ajuda a prevenir curtos-circuitos e sobrecargas ao garantir uma distribuição adequada da carga entre as fases.

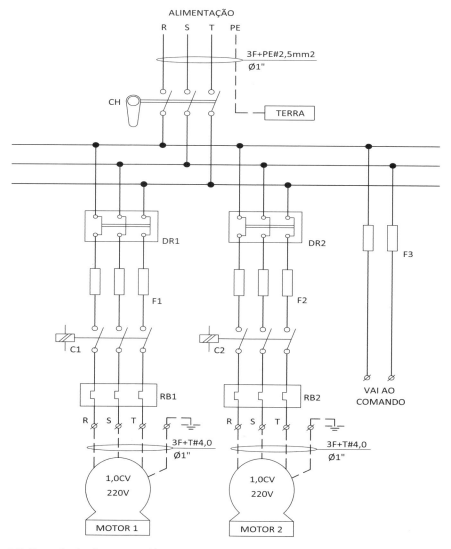

Figura 1.5 Exemplo de diagrama trifilar.

SOFTWARES PARA DIAGRAMAS ELÉTRICOS

O mercado de trabalho exige cada vez mais do projetista a elaboração de projetos de modo ágil e com qualidade. A execução dessa tarefa sem a utilização de um bom software para elaboração de projetos é uma tarefa muito difícil.

Hoje, existem vários softwares no mercado que ajudam a criar um diagrama elétrico de forma prática e de acordo com a simbologia da ABNT, dentre os quais podemos citar: SOLergo criado pela Electro Graphics, AutoCAD (com o uso de plugin), QiElétrico – Software para projetos elétricos em Bim – Alto Qi, PRO-Elétrica, AutoCAD Electrical, CadProj Elétrica entre outros.

Antes do advento do BIM, os projetos elétricos eram frequentemente desenvolvidos em softwares CAD (Computer-Aided Design) específicos para instalações elétricas. Esses softwares foram projetados para atender às necessidades dos engenheiros elétricos, permitindo-lhes criar desenhos técnicos detalhados relacionados às instalações elétricas prediais.

Estes softwares CAD especializados para instalações elétricas oferecem ferramentas específicas para criar diagramas unifilares, diagramas multifilares, esquemas de distribuição, esquemas de painéis elétricos e outros tipos de documentação elétrica. Eles também costumavam incluir bibliotecas de símbolos elétricos padrão para facilitar o processo de desenho.

Atualmente, a tecnologia BIM (building information modeling ou modelagem de informação da construção) vem sendo cada vez mais utilizada por escritórios de arquitetura e engenharia, tanto no Brasil como no exterior. Trata-se de um conceito que envolve o gerenciamento de informações dentro de um edifício desde sua fase inicial de projeto, para o qual é criado um modelo digital que abrange todo o ciclo de vida da edificação.

O BIM revolucionou esse processo ao permitir que todas as informações sobre um edifício, incluindo os sistemas elétricos prediais, fossem modelados em um ambiente tridimensional e interativo. O BIM facilita a compatibilização dos projetos, permite a detecção precoce de conflitos, reduz erros e retrabalhos, e simplifica a gestão e atualização das informações ao longo do ciclo de vida do edifício.

O uso da tecnologia BIM oferece uma abordagem integrada e altamente eficiente para o planejamento, projeto e execução dos sistemas prediais. Ao criar um modelo digital detalhado de todo o edifício, o BIM permite que os profissionais de engenharia elétrica visualizem e coordenem de forma precisa a distribuição de equipamentos, circuitos e dispositivos elétricos em relação a outros elementos da construção. Isso não apenas otimiza a eficiência do projeto, economizando tempo e recursos, mas também reduz significativamente o risco de conflitos ou erros durante a construção. Além disso, ao longo do ciclo de vida da edificação, o BIM facilita a manutenção e a gestão dos sistemas elétricos, fornecem informações atualizadas e precisas que podem ser fundamentais para a operação segura e eficaz do edifício.

CAPÍTULO 2
Fornecimento de energia elétrica

A concessionária estabelece diretrizes para o cálculo de demanda, dimensionamento de equipamentos e requisitos mínimos para os projetos, além de fixar as condições técnicas mínimas e uniformizar as condutas para o fornecimento de energia elétrica.

Antes do início da obra, o construtor deve entrar em contato com a concessionária fornecedora de energia elétrica para tomar conhecimento dos detalhes e das normas aplicáveis ao seu caso, bem como das condições comerciais para sua ligação e do pedido desta.

Normalmente, a partir de três unidades consumidoras se faz necessário apresentação de projeto técnico para analise e aprovação da concessionária. Para casos que não precisam de projeto para aprovação, a concessionária exige apenas apresentação de documento de responsabilidade técnica (ART).

O fornecimento de energia é feito pelo ponto de entrega, até o qual a concessionária se obriga a fornecer energia elétrica, com participação nos investimentos necessários e responsabilizando-se pela execução dos serviços, sua operação e manutenção.

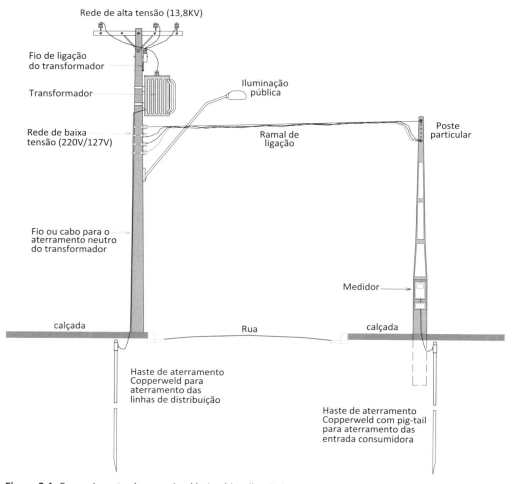

Figura 2.1 Fornecimento de energia elétrica (detalhe da ligação do ramal de entrada do consumidor).
Fonte: CPFL.

CLASSES DE FORNECIMENTO

A rede elétrica é formada por dois tipos de condutores: condutor fase e condutor neutro. A distribuidora realiza três tipos de atendimento: Monofásico, Bifásico e Trifásico, em função da carga total instalada na edificação.

O cálculo da carga instalada é determinante para o tipo de atendimento e fornecimento (veja Seção "Carga elétrica total instalada"). A partir do cálculo de carga instalada é obtida a categoria na qual o cliente se enquadra para, com isso, realizar a escolha do padrão a ser utilizado, levando em consideração os materiais necessários e a classe de tensão de fornecimento.

Dependendo da cidade, temos diferentes tipos de atendimento. Por exemplo, na maioria do estado de São Paulo, a CPFL realiza o atendimento monofásico com tensão de 127 Volts, bifásico com tensão de 220 Volts e trifásico com tensão também de 220 Volts (lembrando que o que diferencia um tipo de fornecimento de outro é a quantidade de fases). Para as cidades de Lins e Piratininga, a classe monofásica é de 220 Volts e as classes bifásica e trifásica são de 380 Volts.

A seguir, apresentam-se as classes de fornecimento aplicável a instalações consumidoras residenciais, comerciais e industriais para carga menor ou igual 75 KV (atendimento em baixa tensão) para uma ou duas unidades consumidoras.

LIGAÇÃO MONOFÁSICA

A ligação monofásica consiste de dois fios (fase e neutro). Deve ser realizada para carga total instalada até 12 kW, para tensão de fornecimento 127/220 V e, até 15 kW, para tensão de fornecimento 220/380 V. Não é permitida, nesse tipo de atendimento, a instalação de aparelhos de raio X ou máquinas de solda a transformador. Para redes de distribuição nas quais o neutro não está disponível, situação esta não padronizada, a carga instalada máxima será de 25 kW, e o fornecimento será feito por sistema monofásico, dois fios, fase-fase. Para ligações novas deverão ser regularizados atendimentos com neutro.

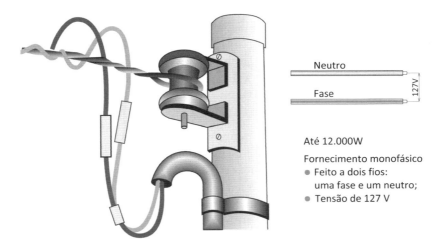

Figura 2.2 Ligação monofásica.

LIGAÇÃO BIFÁSICA

A ligação bifásica consiste de três fios (duas fases e um neutro). Deve ser realizada para carga total instalada acima de 12 kW até 25 kW, para tensão de fornecimento 127/220 V e, acima de 15 kW até 25 kW, para tensão de fornecimento 220/380 V.

Não será permitida, neste tipo de atendimento, instalação de:

- Máquina de solda a transformador, classe de tensão 127 V com potência superior a 2 kVA ou classe de tensão 220 V com potência superior a 10 kVA;
- Aparelho de raio X classe de tensão 220 V com potência superior a 1500 W.

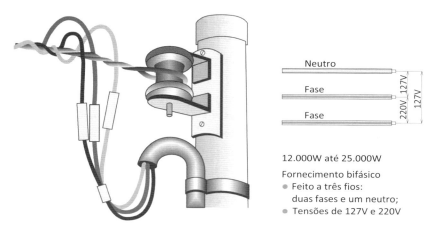

Figura 2.3 Ligação bifásica.

LIGAÇÃO TRIFÁSICA

A ligação trifásica consiste de quatro fios (três fases e um neutro). Deve ser realizada para carga total instalada acima de 25 até 75 kW, para tensão de fornecimento 127/220 V e, também acima de 25 até 75 kW, para tensão de fornecimento 220/380 V. Caso existam aparelhos como máquinas de solda ou de raio X, devem ser efetuados estudos específicos para sua ligação.

Quando o cliente se enquadrar no atendimento monofásico e desejar, por exemplo, atendimento bifásico ou trifásico, a concessionária fornecedora de energia poderá atendê-lo, mediante cálculos de demanda e ART do engenheiro responsável. O cliente deve fornecer cálculos detalhados de sua carga elétrica atual e futura para que a concessionária possa avaliar a capacidade da rede elétrica para atender a essa demanda adicional. Isso é importante para garantir que a infraestrutura existente seja adequada para suportar cargas adicionais sem causar sobrecargas ou quedas de energia. Porém, é importante ressaltar que será cobrada uma taxa adicional do cliente para cobrir os custos associados à atualização da infraestrutura para fornecer um serviço bifásico ou trifásico.

Fornecimento de energia elétrica

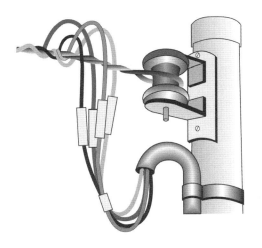

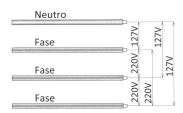

25.000W até 75.000W

Fornecimento trifásico
- Feito a quatro fios: três fases e um neutro;
- Tensões de 127V e 220V

Figura 2.4 Ligação trifásica.

LIGAÇÕES DE CARGAS ESPECIAIS

A ligação de aparelhos com carga de flutuação brusca, como solda elétrica, motores com partidas frequentes, aparelhos de raio X, ou outros equipamentos que causam distúrbio de tensão ou corrente, é tratada como ligação de cargas especiais. O consumidor deverá contatar a concessionária antes da execução de suas instalações a fim de fornecer detalhes e dados técnicos para análise e orientações.

CAPÍTULO 3
PADRÃO DE ENTRADA[1]

Com base na regulamentação da Aneel e atendendo as normas ABNT cada concessionária de distribuição de energia elabora procedimentos e normas específicas de seus padrões de rede, incluindo os padrões da entrada na unidade consumidora.

Não são todos os padrões que precisam que um projeto seja apresentado para a concessionária. A obrigatoriedade ou não do projeto varia de acordo com o tipo do padrão de entrada, e também de concessionária para concessionária.

O padrão de entrada é uma instalação de responsabilidade do cliente que envolve ramal de entrada, poste particular, caixas, proteção, aterramento e ferragens, preparada para permitir a ligação de uma unidade consumidora à rede da concessionária fornecedora de energia. Somente serão aceitas caixas de medição e postes cujos protótipos tenham sido homologados pela distribuidora de energia.

Para evitar problemas no fornecimento de energia elétrica, o padrão de entrada deve ser dimensionado pelo engenheiro eletricista e executado por profissionais capacitados. Todo poste deve vir com um traço demarcatório que indica até que ponto o poste deve ser enterrado. Esse traço, que fica a 1,35 m da base do poste, precisa ficar ao nível do solo para garantir a estabilidade e as alturas corretas.

---

1 Norma Técnica: "Fornecimento em Tensão Secundária de Distribuição". CPFL, 24/10/2022.

Estando tudo dentro dos parâmetros da norma, a concessionária instala e liga o medidor e o ramal de serviço. Dessa forma, a energia elétrica entregue pela concessionária estará disponível para ser utilizada na edificação. Pelo circuito de distribuição, essa energia é levada do medidor até o quadro de distribuição de circuitos (QDC), também conhecido como quadro de luz (QL).

Devem ser utilizados, para proteção geral da entrada consumidora, disjuntores termomagnéticos unipolares, para atendimento monofásico; bipolares, para atendimento bifásico; e tripolares, para atendimento trifásico. É importante observar que além dos disjuntores de proteção geral, outros dispositivos de proteção, como dispositivos de proteção contra surtos (DPS) e dispositivos de corrente residual (DR), podem ser necessários dependendo das normas e regulamentações locais, do tipo de aplicação e das características específicas do sistema elétrico.

A proteção geral deve ser localizada depois da medição e executada pelo cliente de acordo com o que estabelece a norma da concessionária local. Toda unidade consumidora deve ser equipada com um dispositivo de proteção que permita interromper o fornecimento e assegure a adequada proteção. De acordo com a concessionária, além da proteção geral instalada depois da medição, o cliente tem de possuir em sua área privativa um ou mais quadros para instalação dos dispositivos de proteção para circuitos parciais, conforme prescrição da NBR 5410:2004.

As solicitações de novas ligações têm a obrigatoriedade de instalação de dispositivos de proteção contra surtos (DPS) nos padrões de entrada de energia. É obrigatória a instalação do DPS no padrão de entrada do consumidor, de acordo com as prescrições da NBR 5410:2004 (veja Seção "Dispositivos de Proteção contra Surtos").

Com o passar do tempo é bastante comum que o padrão de entrada fique deteriorado, passando a oferecer riscos de acidentes e até mesmo desligamentos no fornecimento de energia. Por isso, as concessionárias orientam sobre a importância da manutenção periódica e a substituição das estruturas antigas pelos modelos novos que, além de garantir maior segurança, obedecem aos padrões determinados pelo órgão regulador.

A principal diferença do modelo novo é que os componentes, atualmente ficam alocados dentro da estrutura, tanto a caixa que abriga o medidor como os eletrodutos, colaborando para o aumento da segurança e até da vida útil do postinho. Existem quatro tipos de padrões homologados pela CPFL:

- Poste-padrão com caixa incorporada até 100 amperes – 1 cliente;
- Poste-padrão com caixa incorporada até 100 amperes – 2 clientes;
- Padrão com poste duplo T ou de fibra de vidro e caixa instalada em alvenaria;
- Padrão com poste duplo T ou de fibra de vidro e caixas fixadas ao poste.

Observação importante

Conforme artigo 73, resolução ANEEL 414, texto parcial abaixo, a distribuidora define quais equipamentos serão utilizados para medição.

"O medidor e demais equipamentos de medição devem ser fornecidos e instalados pela distribuidora, às suas expensas, exceto quando previsto o contrário em legislação específica.

§ 2o Por solicitação do consumidor, a distribuidora pode atender a unidade consumidora em tensão secundária de distribuição com ligação bifásica ou trifásica, ainda que não apresente carga instalada suficiente para tanto, desde que o interessado se responsabilize pelo pagamento da diferença de preço do medidor, pelos demais materiais e equipamentos de medição a serem instalados e eventuais custos de adaptação da rede.

§ 3o Fica a critério da distribuidora escolher os medidores, padrões de aferição e demais equipamentos de medição que julgar necessários, assim como sua substituição ou reprogramação, quando considerada conveniente ou necessária, observados os critérios estabelecidos na legislação metrológica aplicáveis a cada equipamento."

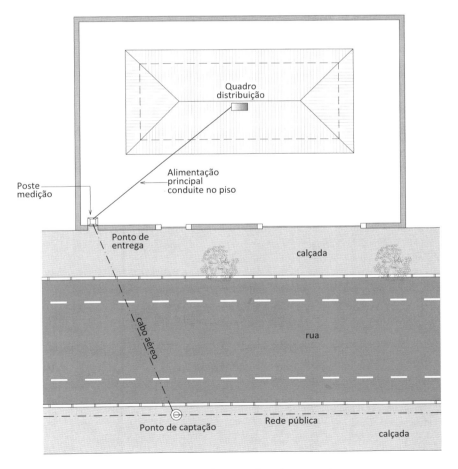

Figura 3.1 Entrada de energia elétrica (ponto de captação e de entrega).

44 *Instalações elétricas e o projeto de arquitetura*

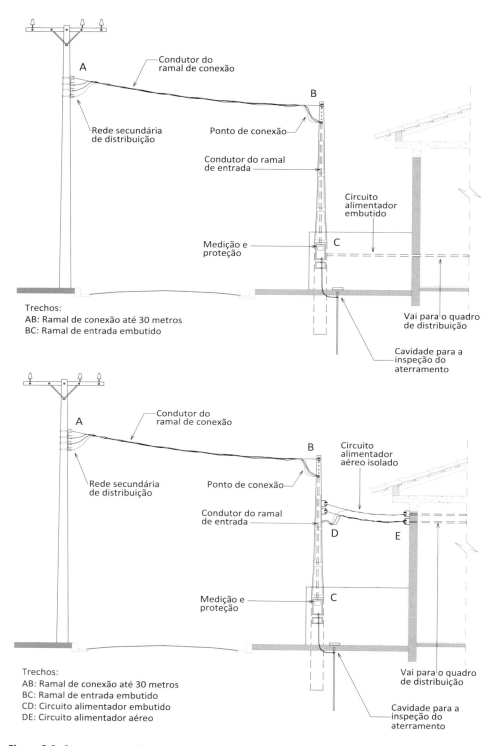

Figura 3.2 Componentes da entrada de serviço.

Fonte: CPFL.

Padrão de entrada

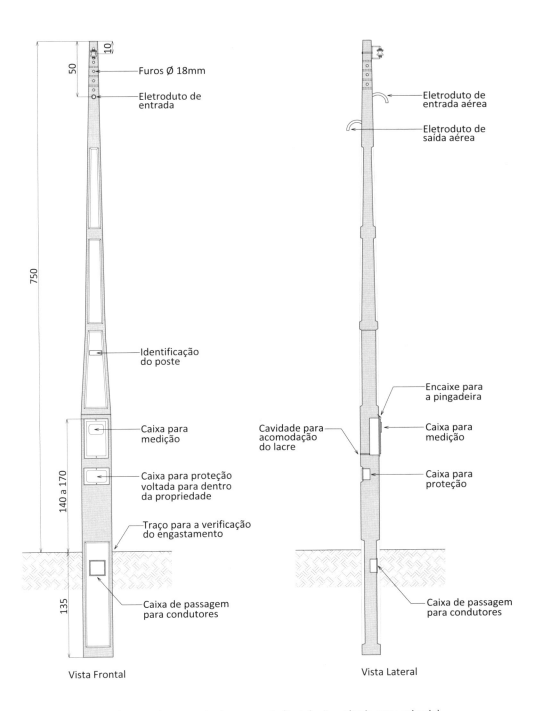

Figura 3.3 Padrão de entrada com caixa incorporada (instalação voltado para calçada).

Fonte: CPFL.

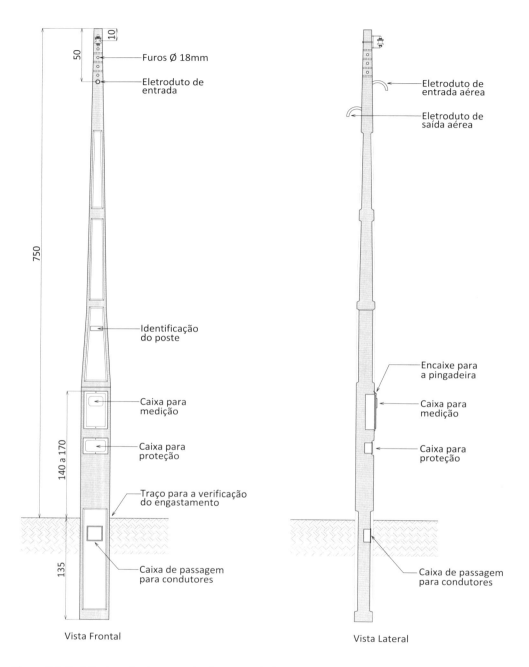

Figura 3.4 Padrão de entrada com caixa incorporada (instalação lateral).

ENTRADA DE SERVIÇO

A entrada de serviço da instalação consumidora inclui condutores, equipamentos e acessórios compreendidos entre o ponto de derivação da rede secundária, a medição e a proteção. O ramal de ligação e os equipamentos de medição são fornecidos e instalados pela concessionaria fornecedora de energia elétrica. Os demais materiais da entrada de serviço, como caixa de medição, eletrodutos, condutores do ramal de entrada, poste, disjuntor, dispositivo de proteção contra surto de tensão e descarga atmosférica (DPS), armação secundária, isolador e outros, devem ser fornecidos e instalados pelo cliente, conforme padronização e norma especifica, estando sujeitos a aprovação da concessionaria de energia elétrica local.

RAMAL DE CONEXÃO

O ramal de conexão é fornecido e instalado pela distribuidora. Deve entrar sempre pela frente do terreno da unidade consumidora, estar livre de qualquer obstáculo, ser perfeitamente visível, e não cruzar terrenos de terceiros. Em terrenos de esquina, com acesso a duas ruas, será permitida a entrada do ramal de ligação por qualquer um dos lados, dando-se preferência àquele em que estiver situada a entrada da edificação.

De acordo com a CPFL, o vão livre para o ramal de conexão não deve ser superior a 30 m. Não deve ser facilmente alcançável de áreas, balcões, terraços, janelas ou sacadas adjacentes, mantendo sempre um afastamento desses locais acessíveis (veja Figura 3.6).

Havendo cruzamentos com cabos e fios isolados de comunicação ou sinalização, o ramal de conexão deverá situar-se no mínimo a 0,60 metro acima destes.

É importante ressaltar que a conexão e a amarração do ramal de ligação na rede secundária e no ponto de entrega serão executadas pela concessionária. A ancoragem do ramal de ligação no ponto de entrega deve ser construída pelo cliente.

A distância entre o ponto de ancoragem do ramal de conexão do lado do cliente e o nível da calçada, quando o poste da concessionária situar-se do outro lado da rua, deverá ser de, no mínimo, 6 m (veja Figura 3.5).

RAMAL DE ENTRADA

O ramal de entrada é composto por eletrodutos de PVC rígido (classe A ou B), embutidos para postes de concreto montado no local ou na estrutrura da edificação, ou instalados externamente aos postes e fixados com cintas de aço inox, aço carbono zincadas a quente, de liga de alumínio, ou arame de aço galvanizado 14 BWG ou fio de cobre de 2,5 mm². Os postes utilizados devem ser de concreto com caixa de medição incorporada, concreto armado, seção duplo T ou de seção circular ou de aço. Os eletrodutos devem ser fixados em poste ou pontalete, através de parafuso passante ou abraçadeira; em parede de alvenaria com chumbador. A fixação de caixa ao poste deve ser feita com parafuso passante, suporte para fixação de caixa e os furos deverão ser vedados com massa calafetadora e parafuso instalado atrás do suporte do medidor.

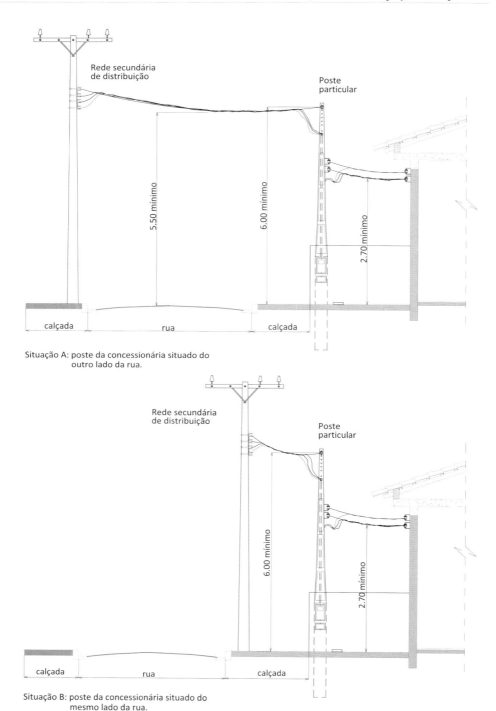

Figura 3.5 Distância entre o ponto de ancoragem do ramal de ligação do lado do cliente e o nível da calçada.

Fonte: CPFL.

Padrão de entrada

Figura 3.6 Afastamentos mínimos para entrada de serviço.

ALIMENTAÇÃO DE EDIFÍCIOS DE USO COLETIVO

De acordo com as normas técnicas da CPFL (GED 119 - Fornecimento de Energia Elétrica a Edifícios de uso Coletivo), a alimentação de edifícios de uso coletivos preferencialmente será a partir da rede secundária da via pública, com ramal de entrada subterrâneo (limitado a uma "Demanda Calculada" de até 400 kVA para edifícios residenciais e 300 kVA para edifícios comerciais ou mistos). O projeto deve conter os cálculos de queda de tensão em referência à tensão nominal de fornecimento, com limite máximo de 3% entre o ponto de entrega e o quadro de medidores. O atendimento também poderá ser feito através de ramal de ligação aéreo. Porém, existem algumas condições para atendimento com ramal aéreo.

Os ramais de ligação são dimensionados e instalados pela CPFL, com condutores e acessórios de sua propriedade. A fixação do ramal de ligação em baixa tensão aéreo, na propriedade particular, deve ser localizada de modo a obedecer às seguintes condições: partir de um poste da rede de distribuição, em que haja consenso com a CPFL, e executado conforme requisitos da distribuidora; não cortar terrenos de terceiros; entrar pela frente do edifício e respeitar as leis dos poderes públicos e ABNT. O ramal de ligação não pode ser acessível de janelas, sacadas, telhados, etc., devendo manter sempre um afastamento mínimo de 1,2 metros desses pontos na horizontal, e uma distância vertical igual ou superior a 2,5 metros acima ou 500 mm abaixo do piso da sacada, terraço ou varanda.

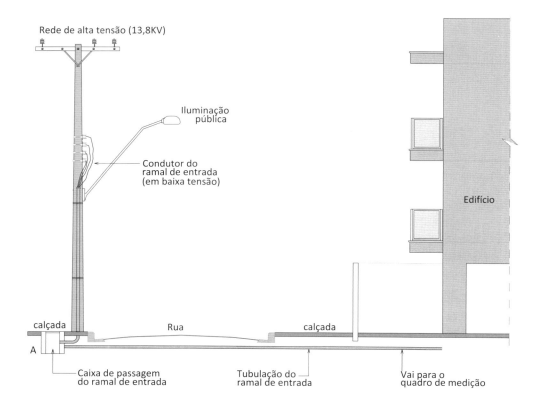

A - Ponto de conexão

Figura 3.7 Ramal de entrada subterrâneo atravessando a rua.

Padrão de entrada

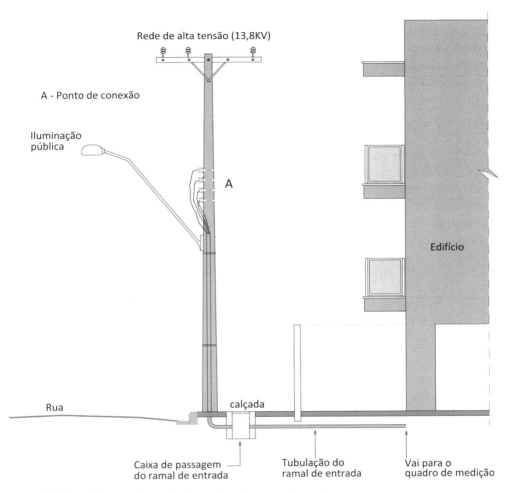

Figura 3.8 Ramal de entrada subterrâneo não atravessando a rua.

Observação importante

A entrada de energia elétrica aérea em edifícios de múltiplos pavimentos apresenta riscos de acidentes e preocupações estéticas. Esses riscos resultam em interrupções no fornecimento de energia, problemas de segurança e desafios de manutenção. Por isso, muitos projetistas optam por ter uma entrada de energia subterrânea sempre que possível, minimizando os riscos associados à instalação aérea e promovendo uma instalação elétrica mais segura e confiável.

Para os edifícios residenciais com demanda calculada igual ou inferior a 200 kVA o atendimento será através de um ramal de ligação aéreo. Se a demanda calculada for maior que 200 kVA até 400kVA o atendimento será através de 2 ramais de ligação aéreo em paralelo ou ramal de entrada subterrâneo à partir de poste da CPFL, conforme requisitos da distribuidora. Para demanda calculada superior a 400 kVA o engenheiro eletricista deverá solicitar atendimento através de ramal de ligação subterrâneo em tensão primária e atender algumas diretrizes da concessionária.

Para edifícios comerciais ou mistos com demanda calculada igual ou inferior a 112,5 kVA, o atendimento será através de um ramal de ligação aéreo. Se a demanda calculada for maior que 112,5 kVA até 225k VA, neste caso o atendimento será através de 2 ramais de ligação aéreo em paralelo ou ramal de entrada subterrâneo a partir de poste da CPFL, conforme requisitos da distribuidora. Para demanda calculada maior que 225 kVA até 300 kVA, o atendimento será através de ramal de entrada subterrâneo à partir de poste da CPFL, conforme requisitos da distribuidora. Nos edifícios comerciais ou mistos com Demanda Calculada superior a 300kVA, o projetista particular deverá solicitar atendimento através de ramal de ligação subterrâneo em tensão primária e atender as diretrizes da distribuidora.

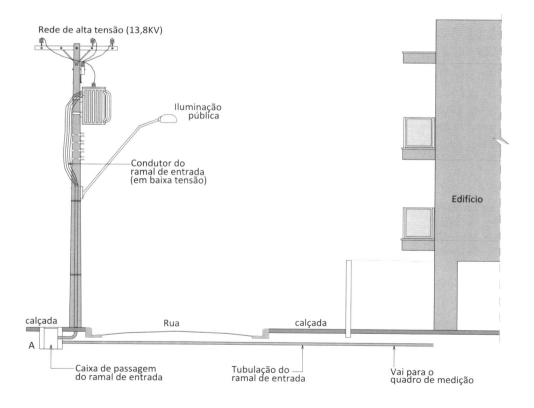

A - Ponto de conexão

Figura 3.9 Ramal de entrada subterrâneo atravessando a rua (poste com transformador).

Padrão de entrada

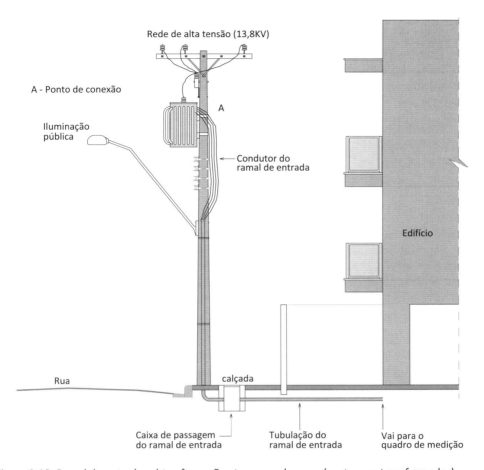

Figura 3.10 Ramal de entrada subterrâneo não atravessando a rua (poste com transformador).

POSTE PARTICULAR E PONTALETE

O poste particular deverá ser de concreto armado, seção duplo "T" ou de seção circular, de aço ou de concreto com caixa de medição incorporada. O poste particular deve ser instalado na propriedade do cliente com a finalidade de fixar e (ou) elevar o ramal de ligação. Os postes devem ser escolhidos em função da categoria de atendimento e dimensionados de acordo com tabelas específicas da concessionária.

Os fabricantes de postes devem ter seus protótipos submetidos à aprovação da concessionária. O comprimento total mínimo do poste particular deve ser definido de forma a atender às alturas mínimas entre o condutor inferior do ramal de ligação e o solo, devendo estar de acordo com as seguintes situações:

- O comprimento total do poste particular é, no mínimo, de 7,5 m, correspondente a um engastamento de 1,35 m e altura livre de 6,15 m.

- Nas Distribuidoras, o poste de entrada tem altura 7,5 metros para todas as situações. Não deverá ser utilizado poste de 6 metros.

- Para ponto de entrega em poste situado em plano diferente da rede de distribuição, pode ser utilizado outro comprimento, desde que adequado às alturas mínimas especificadas pela concessionária e engastado conforme a fórmula:

$$e = 0,6 + \frac{L}{10} \ (m)$$

onde:

L = comprimento total do poste (m)

e = engastamento (m)

O pontalete é um suporte instalado na edificação para fixar ou elevar o ramal de ligação. Os pontaletes serão permitidos, somente, para utilização em prédios tombados pelo patrimônio histórico e não existir possibilidade para instalação dos padrões normais, aplicados, obrigatoriamente, quando a rede da distribuidora estiver do mesmo lado do imóvel do cliente. Essa aplicação é estritamente utilizada em exceção, devendo ser analisada caso a caso.

O pontalete deverá possuir comprimento total de 3,0 metros com engastamento mínimo de 1,0 metro em laje, coluna ou viga de edificação. O engastamento deverá ser executado de maneira a garantir a carga para a qual foi dimensionado. Em regiões litorâneas, não é recomendada a utilização de pontalete de aço, devido aos efeitos da corrosão.

CAIXA DE MEDIÇÃO

É uma caixa destinada à instalação do medidor de energia e seus acessórios, assim como os dispositivos de proteção.

A localização do compartimento que abriga o equipamento de medição vai depender do posicionamento do ramal de entrada de energia. De qualquer maneira, a medição (poste/caixa do medidor) deverá ficar localizada, obrigatoriamente, no limite do terreno com a via pública (calçada) para facilidade de leitura e acesso ao medidor para manutenção (instalação).

A caixa de medição direta deverá ser instalada de maneira que sua face superior fique a uma altura compreendida entre 1,40 e 1,60 metros em relação ao piso acabado e ter o painel de leitura voltado para o lado do passeio público, para que possa ser lido mesmo que a propriedade esteja fechada ou sem morador.

O quadro de medição possui padrões especiais que variam conforme a concessionária fornecedora de energia e o número de consumidores. O arquiteto e o engenheiro eletricista precisam estar perfeitamente inteirados desses padrões. O arquiteto deve prever no projeto de arquitetura todas as condições para que o engenheiro eletricista possa detalhar o quadro de medições. Falhas de projetos podem provocar o não fornecimento de energia elétrica por parte da concessionária.

O disjuntor geral do medidor é pré-definido pela concessionária de energia elétrica a partir do levantamento de cargas e do fator de demanda (estabelecido em tabelas).

Deverão ser utilizados, para proteção geral da entrada consumidora, os seguintes disjuntores termomagnéticos[2]:

- Unipolares, para atendimento monofásico;
- Bipolares, para atendimento bifásico;
- Tripolares, para atendimento trifásico.

As solicitações de novas ligações têm a obrigatoriedade de instalação do DPS (veja Seção "Dispositivos de Proteção contra Surtos"). A instalação do DPS no padrão de entrada do consumidor deve seguir as prescrições da NBR 5410:2004.

O local de instalação do DPS não deverá ser no mesmo compartimento destinado ao medidor. Sua instalação deverá ser em compartimento destinado ao disjuntor. Para a instalação e dimensionamento do DPS devem também ser consultadas as normas da concessionária.

CENTRO DE MEDIÇÃO (MEDIÇÃO AGRUPADA)

No caso de edifícios (residenciais ou comerciais) as Concessionárias exigem que todos os medidores de energia sejam "agrupados" em local apropriado. Portanto, Centro de Medição ou Medição Agrupada nada mais é que vários medidores de energia concentrados em um local da edificação.

As medições agrupadas são constituídas de três a 12 medidores, acima de 12 medidores passa a chamar-se Centro de Medição.

Os medidores e equipamentos de medição, de propriedade da CPFL, serão instalados por ela em caixas de medição, adquiridas e montadas pelo consumidor, em local de fácil acesso e condições de segurança adequadas.

Para ser aprovada, uma Medição Agrupada ou Centro de Medição, um engenheiro eletricista deverá elaborar um projeto que deverá ser apresentado à Concessionária. Esse projeto será avaliado e, caso esteja dentro das normas da ABNT e demais "normas" da própria Concessionária, será aprovado e liberado para que o proprietário possa construir (instalar) o Centro de Medição (Medição Agrupada).

---

2 Não serão aceitos disjuntores com ajuste de corrente.

Figura 3.11 Central de medição agrupada (para cinco medidores).

Fonte: CPFL.

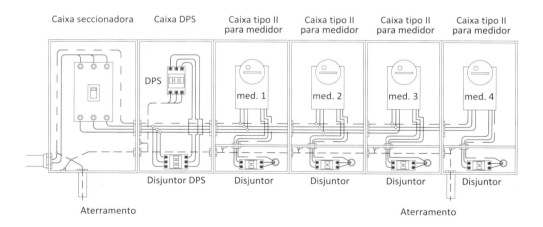

Figura 3.12 Esquema de ligação de central de medição agrupada.

Fonte: CPFL.

CAPÍTULO 4
Equipamentos de utilização de energia elétrica

Os equipamentos de utilização de energia elétrica, como ar condicionado, ventilador, chuveiro elétrico, lâmpada etc., transformam a energia elétrica que os alimentam em uma outra forma de energia (mecânica, térmica, luminosa etc.).

Os equipamentos de utilização de energia elétrica em instalações residenciais e comerciais podem ser classificados de várias maneiras. Uma classificação comum é por tipo de uso, incluindo iluminação, aparelhos domésticos, eletrônicos, climatização, ferramentas elétricas, equipamentos de escritório, equipamentos de cozinha e outros. Além disso, eles podem ser classificados com base na potência elétrica, como baixa, média ou alta potência, dependendo do consumo de energia. Outra abordagem é considerar o ciclo de funcionamento, distinguindo entre equipamentos contínuos, intermitentes e eventuais. A eficiência energética também é um critério importante, separando dispositivos eficientes daqueles ineficientes. Além disso, a voltagem (baixa ou alta tensão) e o setor de aplicação (residencial, comercial ou industrial) são fatores relevantes na classificação dos equipamentos elétricos, auxiliando na gestão da energia e no cumprimento das normas de segurança. Essa classificação ajuda na compreensão do consumo de energia, no planejamento elétrico e na promoção da eficiência energética em diferentes ambientes.

Todos os equipamentos de utilização são caracterizados por valores nominais, geralmente garantidos pelos fabricantes como potência nominal dada em watts (W), kilowatts (kW) ou CV, tensão nominal dada em volts (V) e corrente nominal dada em ampères (A). A potência, por exemplo, é uma importante característica dos aparelhos. É a capacidade de transformar energia elétrica em outro tipo de energia mais rapidamente. Existem aparelhos que possuem a mesma função, mas em relação à potência são bem diferentes. Aparelhos com maior potência são mais eficientes, porém consomem mais energia elétrica.

Figura 4.1 Equipamentos de utilização de energia elétrica.

INSTALAÇÃO DE EQUIPAMENTOS

Todos os equipamentos que utilizam energia elétrica devem ser instalados de modo a serem utilizados com segurança dentro da edificação. Conhecer o diâmetro (bitola) dos fios elétricos que são utilizados numa edificação e as condições dessa fiação, quanto a emendas e isolação, é muito importante, para evitar defeitos e danos às instalações e aos aparelhos elétricos.

Particularmente, em reformas ou adaptações de ambientes, o arquiteto deve tomar alguns cuidados para evitar problemas com a instalação de novos aparelhos e equipamentos elétricos. Por exemplo, se, ao ser ligado, um aparelho eletrodoméstico provocar choque, o problema pode ser falta de aterramento (fio terra) ou a instalação estar com curto-circuito ou falha na isolação do DR (dispositivo de proteção contra correntes residuais). Para evitar que isso aconteça às instalações elétricas, estas devem ser vistoriadas periodicamente. Dessa forma, serão detectadas falhas na instalação.

Uma instalação é considerada inadequada quando os disjuntores desarmam constantemente; as tomadas e os condutores aquecem; há uma tomada que serve para vários aparelhos; a ligação de um aparelho obriga o desligamento de outro; a utilização da extensão é necessária; a ligação de um aparelho provoca queda de tensão etc.

Nesses casos, deve-se providenciar uma nova instalação elétrica, evitando maiores problemas para o futuro.

Para prevenir acidentes comuns, e até mais sérios, causados por problemas com a eletricidade, são apresentadas, a seguir, algumas dicas simples com relação à utilização dos aparelhos, mas que, se observadas com atenção, com certeza, evitarão alguns aborrecimentos:

- Antes de ligar qualquer aparelho eletrodoméstico, deve-se ler com atenção as instruções sobre seu uso;

- Nunca desligar um aparelho elétrico da tomada puxando o condutor (fio), pois, dessa maneira, poderá parti-lo e ocasionar um curto-circuito;

- Nunca utilizar um aparelho eletrodoméstico, estando com as mãos ou os pés molhados;

- Ao trocar uma lâmpada, segurar sempre pelo bulbo (vidro). Nunca tocar nas partes metálicas;

- Não mexer no interior de televisores, mesmo desligados. A carga elétrica pode estar acumulada e provocar choques perigosos;

- Nunca mudar a posição da chave do chuveiro elétrico (verão-inverno ou liga-desliga) em funcionamento. Fechar, antes, a torneira;

- Limpar os eletrodomésticos somente após desligá-los da tomada; jamais inserir objetos metálicos (garfos, facas etc.) dentro desses aparelhos, principalmente se estiveram ligados;

- Quando estiver utilizando algum aparelho elétrico, não encostar em canos metálicos, por exemplo, canos de água. Se ocorrer algum defeito no aparelho, poderá haver passagem de corrente elétrica, ocasionando choque;

- O uso de "benjamim" ou "T" é uma solução caseira prática, mas muito perigosa. Muitos aparelhos ligados em uma mesma tomada superaquecem os fios e podem causar curto-circuito. Evitar também o uso de extensões;

- Utilizar dispositivos apropriados para vedar tomadas que estiverem ao alcance de crianças.

INSTALAÇÃO DE APARELHOS ESPECIAIS

Os aparelhos eletrônicos (computadores, *scanners*, impressoras, televisão etc.) usam placas de circuitos impressos, que geram uma boa quantidade de energia estática. Essa energia fica acumulada no ar, em torno do aparelho. Como a proximidade entre os circuitos internos é mínima (medida em décimos de milímetros), é grande a chance de a energia que passa estabelecer uma ligação com a estática e, por sua vez, com outro circuito. Dessa forma, cria-se o temido curto-circuito, que danifica o equipamento.

Portanto, para a instalação de equipamentos eletrônicos mais sensíveis, como microcomputadores, que precisam de proteção especial (estabilizadores de voltagem, protetores contra descargas elétricas etc.), sempre é importante consultar o manual do fabricante e as lojas especializadas.

CAPÍTULO 5
Tensão e corrente elétrica[1]

Nos fios de uma instalação elétrica, existem partículas invisíveis chamadas "elétrons livres" que estão em constante movimento, de forma desordenada. Para que esses elétrons passem a se movimentar de forma ordenada nos fios, é necessário haver uma força que os empurre. A essa força é dado o nome de "tensão elétrica" (U).

Esse movimento ordenado dos elétrons livres nos fios, provocado pela ação da tensão, forma uma corrente de elétrons. Essa corrente de elétrons livres é chamada de "corrente elétrica".

Pode-se dizer então que "tensão" é a força que impulsiona os elétrons livres nos fios. Sua unidade de medida (que mede a tensão de uma ligação elétrica) é o volt (V). A maioria das cidades brasileiras usa a tensão fase/neutro, 127 V, e fase-fase, 220 V.

Por outro lado, pode-se dizer que "corrente elétrica" é o movimento ordenado dos elétrons livres nos fios. Sua unidade de medida, que determina a quantidade de corrente elétrica que passa em um circuito, é o ampère (A).

A tensão (V) multiplicada pela corrente (A) é igual à potência elétrica em volt ampère (VA), que é uma medida de potencia aparente. No entanto, a potência elétrica verdadeira, medida em watts (W), pode ser diferente da potência aparente, dependen-

---

1 Instalações Elétricas Residenciais. Prysmian.

do do fator de potência (veja Seção "Potência elétrica"). Esta fórmula é utilizada para dimensionar os condutores e tomadas. É importante lembrar-se dessa fórmula na ligação dos aparelhos para não sobrecarregar as tomadas e não provocar um curto-circuito em uma instalação mal dimensionada.

QUEDA DE TENSÃO

É a diferença entre as tensões em dois pontos ao longo de uma linha elétrica. Nas instalações elétricas prediais, é uma anomalia que ocorre nos circuitos elétricos onde há momentaneamente uma redução da tensão, isto é, num circuito 127 volts a tensão se reduz para 100 ou menos volts e em circuitos 220 volts a tensão se reduz para 200 ou menos volts. As concessionárias de energia consideram aceitável uma queda de tensão de até 5%. Nesse sentido, deve-se atentar as distancias entre equipamentos e quadro de energia, pois quanto maior for o comprimento do condutor maior será a queda de tensão. Isso ocorre devido à resistência elétrica ao longo do percurso, então é preciso estar atento a esse detalhe para não errar na hora de dimensionar a seção do condutor. O dimensionamento correto dos condutores leva em consideração não apenas a capacidade de conduzir a corrente elétrica de maneira segura, mas também a minimização da queda de tensão, especialmente em instalações elétricas de longo alcance ou onde a tensão precisa ser mantida em níveis específicos para o funcionamento adequado de equipamentos sensíveis.

Segundo a norma NBR 5410:2004, a queda de tensão é um dos fatores que deve ser considerado no dimensionamento dos condutores (veja Seção "Dimensionamento dos condutores elétricos"). A queda de tensão é um aspecto crítico a ser considerado para garantir que a tensão fornecida aos dispositivos elétricos e equipamentos seja mantida dentro dos limites aceitáveis. Nesse sentido, a norma estabelece limites específicos para a queda de tensão, dependendo do tipo de instalação e da categoria de utilização, a fim de garantir o funcionamento seguro e eficiente do sistema elétrico.

AS VARIAÇÕES DE TENSÕES E OS APARELHOS BIVOLT

As variações de tensão são comuns nas redes brasileiras. Para os aparelhos bivolt que trabalham com tensões de 90 a 240 volts, as variações de tensão não trazem prejuízo. Mas os que operam com apenas uma tensão podem sofrer avarias. É importante observar os aparelhos importados que não sejam bivolt. Os japoneses, por exemplo, operam com 100 V, o que os torna incompatíveis com o sistema brasileiro, que quase sempre adota 127 V. Não são raros os casos de aparelhos japoneses queimados à primeira conexão na tomada por causa da inobservância dessa particularidade.

CAPÍTULO 6
Potência elétrica[1]

Como foi visto, a tensão elétrica faz movimentar os elétrons de forma ordenada, dando origem à corrente elétrica. A corrente elétrica, por exemplo, faz uma lâmpada acender e se aquecer com certa intensidade.

Essa intensidade de luz e calor percebida nada mais é do que a potência elétrica que foi transformada em potência luminosa (luz) e potência térmica (calor).

Então, pode-se definir potência elétrica como a capacidade dos aparelhos para solicitar uma quantidade de energia elétrica, em maior ou menor tempo e transformá-la em outro tipo de energia. Portanto, para haver potência elétrica, é necessário haver tensão e corrente elétrica. A tensão e a potência elétrica variam entre si de maneira direta. Para entender essa relação, basta observar uma lâmpada. Se a tensão elétrica diminuir, a lâmpada brilhará e esquentará menos. Se a tensão elétrica aumentar, a lâmpada brilhará e esquentará mais.

Da mesma forma, a corrente e a potência elétrica variam entre si de maneira direta. Se a corrente elétrica diminuir, a lâmpada brilhará e esquentará menos. Se a corrente aumentar, a lâmpada brilhará e esquentará mais.

---

1   Instalações Elétricas Residenciais. Prysmian.

Então, conclui-se que a potência é diretamente proporcional à tensão e à corrente elétrica. Sendo assim, pode-se dizer que potência elétrica (P) é o resultado do produto da ação da tensão (U) e da corrente (I):

$$P = U \times I$$

A unidade de medida da potência elétrica é o volt-ampère (VA). A essa potência dá-se o nome potência aparente, que é composta por duas parcelas: potência ativa e potência reativa.

A potência ativa é a parcela efetivamente transformada em: potência luminosa (lâmpada), potência mecânica (ventilador, liquidificador etc.) e potência térmica (chuveiro, torradeira etc.). A unidade de medida da potência ativa é o watt (W). A potência reativa é a parcela transformada em campo magnético, necessária ao funcionamento de: motores, transformadores e reatores. A unidade de medida da potência reativa é o volt-ampère reativo (Var).

Geralmente, todo aparelho eletrodoméstico traz o valor de sua potência impresso em watts (W) ou quilowatts (kW). Quanto maior a potência elétrica de um aparelho maior será o consumo de energia elétrica. Por exemplo, um secador de cabelos de 1.000 W consome mais energia que outro de 600 W, quando ligados por um mesmo tempo. Uma lâmpada de 100 W ilumina mais do que outra de 60 W, mas consome mais energia elétrica para produzir energia luminosa (luz).

FATOR DE POTÊNCIA

Como visto no item anterior, a potência ativa é uma parcela da potência aparente. Então, pode-se dizer que ela representa apenas uma porcentagem da potência aparente que é transformada em potência luminosa, mecânica ou térmica. A essa porcentagem que efetivamente é transformada em outro tipo de energia dá-se o nome de fator de potência.

Nos projetos de instalações elétricas prediais, os cálculos efetuados são baseados apenas na potência aparente e na potência ativa. Por essa razão, é importante conhecer a relação entre elas para que se entenda o que é fator de potência.

Quando o fator de potência é igual a 1, isso significa que toda potência aparente é transformada em potência ativa. Isso acontece nos equipamentos que só possuem resistência, como chuveiro elétrico, torneira elétrica, ferro elétrico, fogão elétrico etc.

Por outro lado, dispositivos eletrônicos como computadores, motores elétricos e fontes de alimentação, muitas vezes, possuem um fator de potência inferior a 1. Isso significa que parte da energia fornecida é perdida na forma de energia reativa, sem realizar trabalho útil. Portanto, entender e corrigir o fator de potência é essencial para otimizar o consumo de energia elétrica em instalações prediais, garantindo eficiência energética e redução de custos para os usuários finais.

TRIÂNGULO DE POTÊNCIAS

Uma forma de relacionar de forma gráfica as potências ativa (P), reativa (Q), aparente (S) e o fator de potência é usando o conhecido triângulo de potências.

Entre essas potências existe uma relação conhecida como fator de potência (FP), determinada pelo cosseno do ângulo entre as potências ativa (P) e aparente (S). A potência aparente é a soma das potências ativa e reativa. Assim, conhecendo duas dessas grandezas, dentre S, P, Q e fator de potência, é possível determinar as grandezas restantes, utilizando a trigonometria, ou seja, as relações trigonométricas no triângulo retângulo.

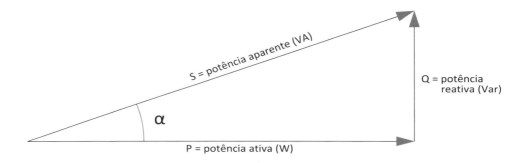

Figura 6.1 Triângulo de potências.

$\cos \varphi$ = Fator de potência = cateto adjacente/hipotenusa = P/S.

O valor calculado varia entre 0 e 1 e indica a eficiência com a qual a energia elétrica está sendo convertida em trabalho útil. Quanto mais próximo de 1, mais eficiente é o circuito em termos de utilização de energia.

Lembrando que:

Potência ativa (P): produz trabalho real no circuito. A unidade é watt (W).

Potência reativa (Q): parcela transformada em campo magnético, não produz trabalho. Potência consumida por reatâncias (indutivas ou capacitivas) no armazenamento de energia, magnética ou elétrica, para o devido funcionamento do sistema elétrico. A unidade é volt ampère reativo (Var).

Potência aparente (S): potência total fornecida pela fonte (formada pelas parcelas de potências ativa e reativa) e representa a magnitude total da potência em um circuito. A unidade é volt ampère (VA).

CAPÍTULO 7
Carga elétrica total instalada

O cálculo da carga total instalada é básico para a determinação do tipo de atendimento e fornecimento de energia elétrica por parte da concessionária (veja a Seção "Fornecimento de energia elétrica). Para calcular a potência elétrica total instalada, é necessário saber quantos equipamentos serão utilizados na edificação.

A carga instalada corresponde a soma de todas as potências de iluminação, tomadas de uso geral, eletrodomésticos, motores e equipamentos especiais. Aparelhos com potência inferior a 1.000 W não entram no cálculo de carga, com excessão de aparelhos trifásicos. Para cargas instaladas superiores a 25 kW, devem ser utilizados fatores de demanda específicos para o cálculo da demanda (soma de todas as potências multiplicadas pelos respectivos fatores de demanda)

A previsão de carga deve obedecer às prescrições da NBR 5410:2004, item 9.5.2 e as normas técnicas da concessionária. O número mínimo de tomadas de uso geral (100 W), bem como a carga mínima de tomadas para a cozinha e a área de serviço (600 W/tomada) é estabelecido em função da área construída, conforme indicado na tabela da distribuidora de energia.

No banheiro e nas áreas de serviço, como lavanderia e cozinha, a potência média das tomadas é de 600 W cada uma, o suficiente para alimentar equipamentos como geladeira, liquidificador, batedeira elétrica etc. Mas, se na residência houver um forno de micro-ondas, a potência dessa tomada deverá ser de até 1.500 W. Vale lembrar que os aparelhos de ar condicionado, chuveiros, ferros elétricos e secadoras de roupas geram um consumo mais elevado. Em geral, todos os aparelhos trazem sua potência impressa; quando isso não acontece, deve-se recorrer ao manual de instalação do aparelho para verificar sua fiação e proteção.

A energia elétrica pode ser solicitada em diferentes intensidades pelos aparelhos ou máquinas elétricas, conforme mostra a Tabela 7.1.

Tabela 7.1 Potência elétrica dos aparelhos elétricos

Aparelhos elétricos	Potência média (W)	Número de dias no mês estimado	Tempo médio de utilização (por dia)	Consumo médio mensal (kWh)
Abridor/afiador	135	10	5 min	0,11
Afiador de facas	20	5	30 min	0,05
Aparelho de som 3 em 1	80	20	3 h	4,80
Aparelho de som pequeno	20	30	4 h	2,40
Aquecedor de ambiente	1.550	15	8 h	186,00
Aquecedor de mamadeira	100	30	15 min	0,75
Ar-condicionado 7.500 BTU	1.000	30	8 h	120,00
Ar-condicionado 10.000 BTU	1.350	30	8 h	162,00
Ar-condicionado 12.000 BTU	1.450	30	8 h	174,00
Ar-condicionado 15.000 BTU	2.000	30	8 h	240,00
Ar-condicionado 18.000 BTU	2.100	30	8 h	252,00
Aspirador de pó	100	30	20 min	10,00
Barbeador/depilador/massageador	10	30	30 min	0,15
Batedeira	120	8	30 h	0,48
Boiler 50 e 60 L	1.500	30	6 h	270,00
Boiler 100 L	2.030	30	6 h	365,40
Boiler 200 a 500 L	3.000	30	6 h	540,00

(continua)

Carga elétrica total instalada

Tabela 7.1 Potência elétrica dos aparelhos elétricos *(continuação)*

Aparelhos elétricos	Potência média (W)	Número de dias no mês estimado	Tempo médio de utilização (por dia)	Consumo médio mensal (kWh)
Bomba-d'água 1/4 CV	335	30	30 mim	5,02
Bomba-d'água 1/2 CV	613	30	30 min	9,20
Bomba-d'água 3/4 CV	849	30	30 min	12,74
Bomba-d'água 1 CV	1.051	30	30 min	15,77
Bomba aquário grande	10	30	24 h	7,20
Bomba aquário pequeno	5	30	24 h	3,60
Cafeteira elétrica	600	30	1 h	18,00
Churrasqueira	3.800	5	4 h	76,00
Chuveiro elétrico	3.500	30	40 min	70,00
Circulador de ar grande	200	30	8 h	48,00
Circulador de ar pequeno/médio	90	30	8 h	21,60
Computador/impressora/estabilizador	180	30	3 h	16,20
Cortador de grama grande	1.140	2	2 h	4,50
Cortador de grama pequeno	500	2	2 h	2,0
Enceradeira	500	2	2 h	2,00
Escova de dentes elétrica	50	30	10 min	0,20
Espremedor de frutas	65	20	10 min	0,22
Exaustor fogão	170	30	4 h	20,40
Exaustor parede	110	30	4 h	13,20
Faca elétrica	220	5	10 min	0,18
Ferro elétrico automático	1.000	12	1 h	12,00
Fogão comum	60	30	5 min	0,15
Fogão elétrico 4 chapas	9.120	30	4 h	1.094,40
Forno a resistência grande	1.500	30	1 h	45,00
Forno a resistência pequeno	800	20	1 h	16,00
Forno de micro-ondas	1.200	30	20 min	12,00

(continua)

Tabela 7.1 Potência elétrica dos aparelhos elétricos *(continuação)*

Aparelhos elétricos	Potência média (W)	Número de dias no mês estimado	Tempo médio de utilização (por dia)	Consumo médio mensal (kWh)
Freezer vertical/horizontal	130	-	-	50,00
Frigobar	70	-	-	25,00
Fritadeira elétrica	1.000	15	30 mim	7,50
Furadeira elétrica	350	1	1 h	0,35
Geladeira 1 porta	90	-	-	30,00
Geladeira 2 portas	130	-	-	55,00
Grill	900	10	30 min	4,50
Iogurteira	26	10	30 min	0,10
Lâmpada fluorescente compacta - 11 W	11	30	5 h	1,65
Lâmpada fluorescente compacta - 15 W	15	30	5 h	2,20
Lâmpada fluorescente compacta - 23 W	23	30	5 h	3,50
Lâmpada incandescente - 40 W	40	30	5 h	6,00
Lâmpada incandescente - 60 W	60	30	5 h	9,00
Lâmpada incandescente - 100 W	100	30	5 h	15,00
Lavadora de louças	1.500	30	40 min	30,00
Lavadora de roupas	500	12	1 h	6,00
Liquidificador	300	15	15 min	1,10
Máquina de costura	100	10	3 h	3,90
Microcomputador	120	30	3 h	10,80
Moedor de carne	320	20	20 min	1,20
Multiprocessador	420	20	1 h	8,40
Nebulizador	40	5	8 h	1,6
Ozonizador	100	30	10 h	30,00
Panela elétrica	1.100	20	2 h	44,0
Pipoqueira	1.100	10	15 min	2,75

(continua)

Carga elétrica total instalada

Tabela 7.1 Potência elétrica dos aparelhos elétricos *(continuação)*

Aparelhos elétricos	Potência média (W)	Número de dias no mês estimado	Tempo médio de utilização (por dia)	Consumo médio mensal (kWh)
Rádio elétrico grande	45	30	10 h	13,50
Rádio elétrico pequeno	10	30	10 h	3,00
Rádio-relógio	5	30	24 h	3,60
Sauna	5.000	5	1 h	25,00
Secador de cabelos grande	1.400	30	10 min	7,00
Secador de cabelos pequeno	600	30	15 min	4,50
Secadora de roupas grande	3.500	12	1 h	42,00
Secadora de roupas pequena	1.000	8	1 h	8,00
Secretária eletrônica	20	30	24 h	14,40
Sorveteira	15	5	2 h	0,10
Torneira elétrica	3.500	30	30 min	52,50
Torradeira	800	30	10 min	4,00
TV em cores – 14"	60	30	5 h	9,00
TV em cores – 18"	70	30	5 h	10,50
TV em cores – 20"	90	30	5 h	13,50
TV em cores – 29"	110	30	5 h	16,50
TV em preto e branco	40	30	5 h	6,00
TV portátil	40	30	5 h	6,00
Ventilador de teto	120	30	8 h	28,80
Ventilador pequeno	65	30	8 h	15,60
Videocassete	10	8	2 h	0,16
Videogame	15	15	4 h	0,90

Fonte: Eletrobrás.

Exemplo de aplicação

Calcular a potência elétrica total instalada de uma residência, cujos equipamentos estão relacionados na Tabela 7.2.

Tabela 7.2 Relação de equipamentos e potência elétrica total instalada

Equipamento	Potência média (W)
02 chuveiros	10.800
06 tomadas de 600 W	3.600
16 tomadas de 100 W	1.600
10 lâmpadas de 100 W	1.000
01 forno de micro-ondas	1.500
01 torneiras elétricas	3.000
01 secadora de roupas	2.500
01 lavadora de louças	2.000
01 ferro elétrico automático	1.000
03 aparelhos de ar condicionado (7500 BTU)	3.000
Total	**30.000**

Com o cálculo da carga instalada (30 kW) a edificação será atendida com uma ligação trifásica (veja a Seção "Classes de fornecimento").

Observação

O dimensionamento das entradas trifásicas (acima 25 kW até 75 kW) deve ser feito de acordo com a demanda (kW) da instalação.

Os fatores de demanda são calculados e disponibilizados em tabelas pelas concessionárias em suas normas de distribuição.

O CÁLCULO DO CONSUMO

O quanto uma pessoa gasta de energia elétrica numa casa depende da potência dos equipamentos instalados e do tempo de uso de cada um deles. Como exemplo, apresenta-se o cálculo do consumo do chuveiro, que é um aparelho que consome muita energia dentro de casa. Considerando-se um chuveiro de 4.400 W, se ele ficar ligado por uma hora, a energia consumida será de 4.400 W × 1 h, o que representa um consumo de 4.400 Wh, ou seja, 4,4 kWh, pois 1 kW é igual a 1.000 W. Se todos os dias do mês o chuveiro for utilizado pelo mesmo tempo, então, no fim do mês, o consumo com banho será de 4,4 kWh × 30 dias, que é igual a 132 kWh. Para saber quanto, em valores monetários, gastará esse chuveiro durante o mês, basta multiplicar 132 kWh de energia consumida pelo valor do kWh que está na conta de luz.

CAPÍTULO 8
Quadro de distribuição de circuitos

É o local onde se concentra a distribuição de toda a instalação elétrica e onde se reúnem os dispositivos de controle e proteção dos circuitos, como: disjuntores termomagnéticos (DTM), disjuntores diferenciais residuais (DR) e dispositivos de proteção contra surtos (DPS). O quadro de distribuição de circuitos recebe os condutores (fios) que vêm do medidor ou centro de medição, e dele partem após a proteção os circuitos terminais que vão alimentar diretamente os circuitos de iluminação, tomadas e aparelhos elétricos da instalação. Esses circuitos podem ser monofásicos, bifásicos ou trifásicos.

O quadro de distribuição de circuitos (QDC) é também conhecido como quadro de luz (QL), e dele fazem parte os seguintes componentes: disjuntor geral; barramentos de interligação das fases (responsáveis pela distribuição de corrente e tensão elétrica aos circuitos da instalação); disjuntores dos circuitos terminais; barramento de neutro (tem como função conduzir corrente e tensão elétrica de alimentação das cargas alimentadas com tensões de fase/neutro de um sistema) e barramento de proteção (terra – serve para proteção contra as fugas de descargas elétricas, pois as leva ao solo, eliminando qualquer risco de acidente com as pessoas ao redor do quadro).

A estrutura do quadro é composta de caixa metálica, chapa de montagem dos componentes, isoladores, tampa (espelho) e sobretampa. O tamanho pode variar de acordo com suas necessidades, mas o material deve, obrigatoriamente, ser incombustível. Hoje em dia, o material mais utilizado é o metal.

De acordo com NBR 5410:2004, o quadro de distribuição de circuitos deve estar localizado em locais de fácil acesso, com grau de proteção adequado à classificação das influências externas, possuir identificação (nomenclatura) do lado externo e identificação dos componentes, obedecendo ainda aos seguintes parâmetros:

- As placas dos equipamentos e dispositivos constituintes do conjunto não devem ser retiradas;

- No interior do conjunto, a correspondência entre os componentes e o circuito respectivo deve ser feita de forma clara e precisa;

- A designação dos componentes deve ser legível, executada de forma durável e posicionada de modo a evitar qualquer risco de confusão. Além disso, deve corresponder à notação adotada no projeto elétrico (diagrama e memoriais).

CAPACIDADE DE RESERVA PARA FUTURAS AMPLIAÇÕES

Deverá ser prevista em cada quadro de distribuição uma capacidade de reserva (espaço) que permita ampliações futuras compatíveis com a quantidade e o tipo de circuitos efetivamente previstos inicialmente. Essa previsão de reserva deverá obedecer ao seguinte critério:

- Quadros com até seis circuitos, prever espaço reserva para, no mínimo, dois circuitos;

- Quadros de sete a 12 circuitos, prever espaço reserva para, no mínimo, três circuitos;

- Quadros de 13 a 30 circuitos, prever espaço reserva para, no mínimo, quatro circuitos;

- Quadros acima de 30 circuitos, prever espaço reserva para, no mínimo, 15% dos circuitos.

É importante ressaltar que os quadros de distribuição destinados às instalações residenciais e análogas precisam ser entregues com uma etiqueta de advertência. Trata-se de um selo que não deve ser facilmente removido e pode vir de fábrica ou ser colado no local, antes de a instalação ser entregue ao usuário.

A manutenção preventiva dos quadros de distribuição e painéis também é de extrema importância. De acordo com a NBR 5410:2004, a estrutura do(s) quadro(s) e/ou painel(is), deve ser periodicamente verificada, observando-se seu estado geral quanto a fixação, danos na estrutura, pintura, corrosão, fechaduras e dobradiças. A periodicidade da manutenção deve ser adequada a cada tipo de instalação, sendo que essa verificação será menos frequente conforme menor for a complexidade do sistema (quantidade e diversidade de equipamentos).

Quadro de distribuição de circuitos

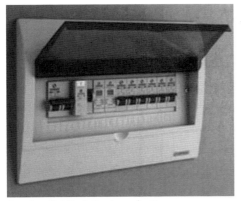
Quadro distribuição de embutir
Fonte: Renatec

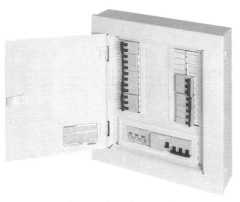
Quadro distribuição de sobrepor

Figura 8.1 Tipos de quadros de distribuição.

Fonte: Renatec

Figura 8.2 Painel de medidores.

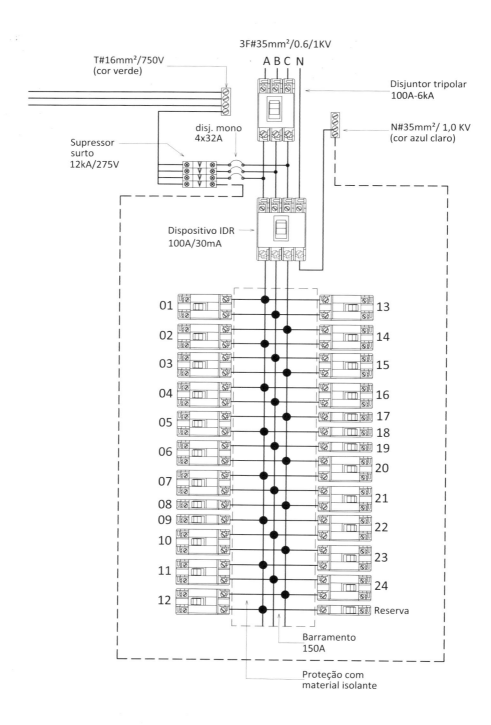

Figura 8.3 Desenho esquemático do quadro de distribuição.

Fonte: Prysmian.

LOCALIZAÇÃO NO PROJETO DE ARQUITETURA

A escolha do local adequado para o quadro de distribuição de circuitos, deve ser um aspecto cuidadosamente considerado nos projetos de arquitetura e elétrico de uma edificação. O local deve ser de fácil acesso para moradores ou funcionários em caso de emergência, como desligamento de energia ou em caso de curto-circuito, e deve ser protegido contra condições adversas, como umidade e calor excessivo, para evitar danos aos componentes elétricos. O local do quadro deve ser estrategicamente escolhido para minimizar a extensão dos cabos, ou que reduza as perdas de energia e melhore a eficiência do sistema elétrico.

O quadro de distribuição deve estar localizado em local de fácil acesso, preferencialmente, o mais próximo possível do medidor ou centro de medição. Sua localização deve ser tal que seu alimentador não precise fazer muita curva ou mudar de prumada. Essa recomendação é para se evitar gastos desnecessários com os fios do circuito de distribuição de energia, que são os que possuem diâmetros maiores de toda a instalação, sendo, portanto, mais caros.

Deve ser colocado sempre o mais próximo possível das maiores cargas da edificação, como chuveiro, aquecedores, ar-condicionado e máquinas pesadas para evitar quedas de tensão. A distância máxima do quadro até a tomada mais distante não deve ultrapassar 35 metros.

Quando essa condição não é satisfeita, é preferível subdividir o quadro em dois ou mais quadros de distribuição. Essa subdivisão de quadros de distribuição é comum quando a área construída for superior a 250 metros.

Quando temos um edifício com vários pavimentos, os quadros se localizam em cada unidade. A fiação que interliga o centro de medição aos quadros é colocada individualmente dentro de um conduíte para cada quadro de distribuição.

As posições mais recomendáveis para a localização do quadro de distribuição de circuitos terminais dentro de uma residência são: corredores, circulações, vestíbulos, cozinhas, áreas cobertas etc. O quadro deve ser instalado na parede de modo que seu centro fique aproximadamente 1,5 m em relação ao piso acabado.

Nos cômodos como cozinhas e áreas de serviço, o arquiteto deve tomar cuidado para que a instalação do quadro de distribuição não atrapalhe a colocação de armários. Nas áreas molhadas, a disposição do quadro de distribuição também deve levar em consideração a proteção contra a umidade e vapores presentes nesses ambientes, garantindo a durabilidade e o funcionamento seguro do sistema elétrico. Além disso, é fundamental que haja um espaço de fácil acesso ao redor do quadro, permitindo intervenções de manutenção de forma descomplicada.

O quadro não deve ser localizado em ambientes reservados (quartos e salas específicas), privados (banheiros), ou que fiquem trancados, pois em caso de emergência, como um curto-circuito ou um incêndio, é fundamental que o painel elétrico possa ser facilmente alcançado para desligar a eletricidade, minimizando riscos.

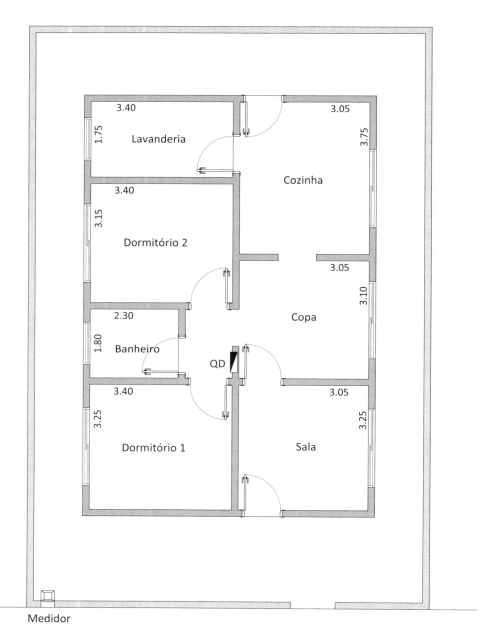

Medidor

QD - Quadro de distribuição

Figura 8.4 Localização do QD no projeto arquitetônico.

CAPÍTULO 9
Prumadas elétricas e caixas de passagem

Entende-se como prumada elétrica o conjunto de eletrodutos que, para praticidade de execução, se localizam em um único local de subida às edificações verticais. As prumadas elétricas facilitam a ligação entre os diferentes andares, permitindo o fornecimento de energia elétrica a todos os apartamentos e áreas comuns do edifício.

Na fase de projeto, deve ser previsto um local para essas prumadas e as caixas de passagem. As caixas de passagem, por sua vez, são pontos de conexão onde os circuitos elétricos se encontram e podem ser operados ou acessados para manutenção. A correta instalação e manutenção desses componentes são fundamentais para garantir a segurança elétrica do edifício, evitando problemas como sobrecargas e curtos-circuitos, além de facilitar eventuais intervenções elétricas e inspeções de conformidade com as normas regulamentadoras.

As prumadas devem ser localizadas, preferencialmente, nos espaços com pouca ou nenhuma interferência, facilidade de acesso, e que estejam na área comum dos pavimentos.

Na execução das prumadas é importante seguir algumas recomendações, tais como: manter o prumo; bloquear a ponta das prumadas, de modo a evitar a entrada de argamassa ou resíduos; inspecionar a qualidade dos materiais que chegam à obra;

eliminar possíveis rebarbas nas emendas dos eletrodutos; garantir estanqueidade dos eletrodutos; passar as prumadas quando a edificação estiver protegida da chuva; garantir que as caixas embutidas na alvenaria irão facear seu revestimento.

Espaços livres para a passagem de tubulações elétricas nos sentidos horizontal (forros ou dutos horizontais) e vertical (pontos e *shafts*) facilitam a execução da obra, a operação e a manutenção das instalações. Entretanto, é importante verificar a interferência com os outros projetos (estrutural, hidráulico, telefone etc.).

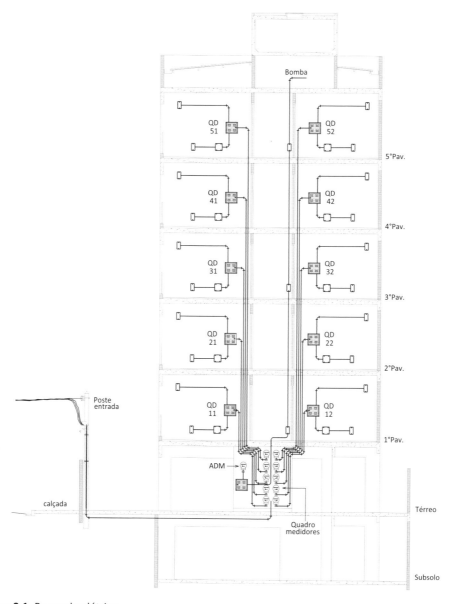

Figura 9.1 Prumada elétrica.

CAPÍTULO 10
Circuitos da instalação

Circuitos elétricos são sistemas organizados de condutores elétricos, dispositivos de controle, dispositivos de proteção e equipamentos elétricos interconectados que permitem o fornecimento de eletricidade para atender às necessidades de iluminação, equipamentos e aparelhos elétricos dentro de uma edificação, como uma casa, prédio ou instalação comercial. Esses circuitos são projetados para fornecer eletricidade de forma eficiente, dividindo as cargas elétricas de maneira específica e permitindo a fácil identificação e correção de problemas. Cada circuito elétrico é protegido por disjuntores ou fusíveis e é dimensionado de acordo com a demanda de energia das áreas que atendem, contribuindo para o funcionamento seguro e confiável do sistema elétrico do edifício. Os circuitos da instalação desenvolvem-se a partir da origem da instalação e podem ser de dois tipos: os circuitos de distribuição e os circuitos terminais.

CIRCUITOS DE DISTRIBUIÇÃO

Os circuitos de distribuição se originam no quadro de medição e alimentam os quadros terminais ou outros quadros de distribuição. Usa-se, então, a designação de circuito de distribuição principal (alimentador) e circuitos de distribuição divisionários.

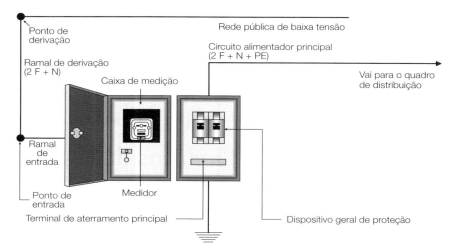

Figura 10.1 Circuito de distribuição (liga o quadro do medidor ao quadro de distribuição).

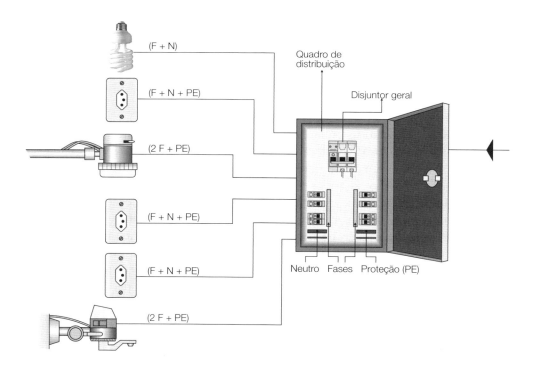

Figura 10.2 Circuitos terminais (partem do quadro de distribuição e alimentam lâmpadas e tomadas de uso geral e de uso específico).

CIRCUITOS TERMINAIS

Os circuitos terminais partem dos quadros de distribuição, chamados de quadros terminais, que são montagens que reúnem disjuntores e barramentos, que se destinam à concentração dos meios de proteção da instalação e de pessoas e seccionamento dos circuitos que deles partem para a alimentação dos pontos de iluminação e tomadas de uso geral (TUGs) e de uso específico (TUEs). Os circuitos podem ser de:

- Iluminação: quando alimentam apenas aparelhos de iluminação;
- Tomadas: quando alimentam apenas tomadas de uso geral e (ou) tomadas de uso específico;
- Motores: quando alimentam equipamentos de utilização a motor (geralmente, são circuitos individuais, isto é, alimentam um único equipamento).

DIVISÃO DA INSTALAÇÃO EM CIRCUITOS TERMINAIS

A instalação elétrica de uma edificação deve ser dividida em circuitos terminais. Isso facilita a operação e a manutenção da instalação, e reduz a interferência quando da utilização de aparelhos e equipamentos elétricos. Além disso, a queda de tensão e a corrente nominal serão menores, proporcionando dimensionamento de condutores e dispositivos de proteção de menor seção e capacidade nominal, o que facilita a passagem dos condutores nos eletrodutos e as ligações deles aos terminais dos aparelhos de utilização. Para cada circuito terminal, deverão ser previstos dispositivos de proteção no quadro de distribuição de acordo com os requisitos da área a ser atendida.

Ao dividir a instalação em circuitos, e ao distribuir os circuitos entre as fases, deve-se ter sempre presente a necessidade de equilibrar ao máximo as diferentes fases, isto é, as potências instaladas em cada fase devem ser muito próximas umas das outras.

A divisão da instalação elétrica em circuitos terminais segue critérios estabelecidos na NBR 5410:2004 (Instalações Elétricas de Baixa Tensão – Procedimentos), da ABNT. De acordo com a norma, devem ser previstos circuitos de iluminação separados dos circuitos de tomadas de uso geral. No entanto, em alguns casos, é permitido ter circuitos mistos (com tomadas e iluminação juntas), desde que a corrente de projeto do circuito elétrico terminal seja menor que 16 A; os pontos de iluminação sejam divididos em dois ou mais circuitos elétricos terminais e os pontos de tomada no circuito elétrico terminal não atendem cozinhas, áreas de serviço ou similares. Os pontos de tomada em outros locais (ou seja, pontos de tomada que não estejam atendendo cozinhas, áreas de serviço ou similares) devem ser divididos em dois ou mais circuitos elétricos terminais.

Os circuitos com ponto de luz e tomadas de uso geral devem ser racionalmente divididos pelos setores da unidade residencial: social (salas de estar e jantar), íntimo (dormitórios, escritórios, e banheiros) e serviço (copas, cozinhas, áreas de serviço ou similares).

Além disso, devem ser previstos circuitos exclusivos para cozinha. Também é preciso planejar circuitos independentes para os equipamentos elétricos com corrente elétrica igual ou superior a 10 A, tais como chuveiros, torneiras elétricas, ar condicionado e forno micro-ondas etc.

Também é preciso tomar cuidado para não sobrecarregar os circuitos. Se os circuitos ficarem muito carregados, os fios terão uma bitola (diâmetro) muito grande, o que dificultará sua instalação nos eletrodutos e as ligações terminais de interruptores e tomadas.

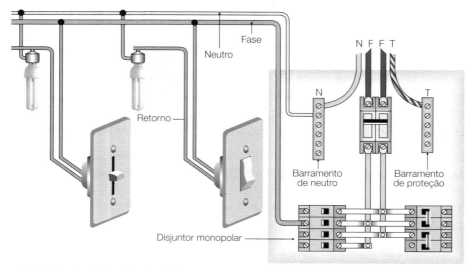

Figura 10.3 Circuito de iluminação (FN).

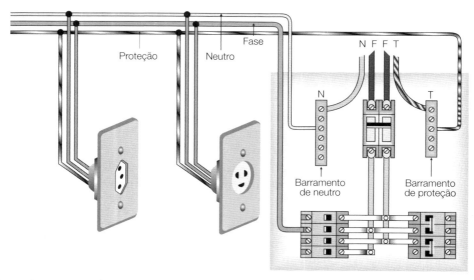

Figura 10.4 Circuitos de pontos de tomadas de uso geral (FN).

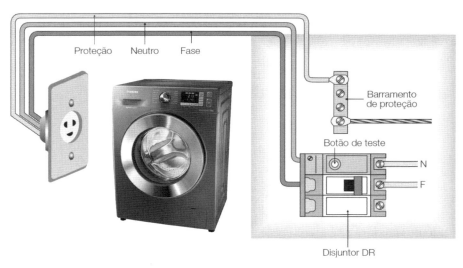

Figura 10.5 Circuito de tomada de uso específico (FN).

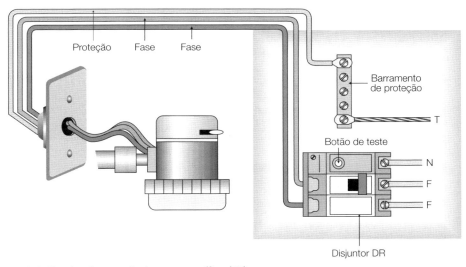

Figura 10.6 Circuito de tomada de uso específico (FF).

Observação importante

O *layout* da arquitetura é fundamental na definição dos pontos de tomadas de uso específicos para os circuitos elétricos de equipamentos com corrente elétrica igual ou superior a 10 A. O posicionamento adequado dessas tomadas deve levar em consideração aspectos estéticos e funcionais do espaço.

POTÊNCIA POR CIRCUITO

Ao estabelecer o número de circuitos e a potência dos circuitos, recomenda-se não exceder o limite de cada ramal, sob risco de superaquecimento dos cabos, variação na tensão e desarme constante dos disjuntores. Para que isso não aconteça, os circuitos terminais de iluminação e tomadas de uso geral (TUG's) devem obedecer aos seguintes limites:

- Tensão de 127 V:
  limite de potência 1.200 W.

- Tensão de 220 V:
  limite de potência 2.500 W.

Devem ser previstos circuitos individuais (exclusivos) para equipamentos de potência igual ou superior a 1.200 W, na tensão 127 V, e 2.500 W, para tensão 220 V. Esses cálculos ajudarão na escolha correta da seção (diâmetro) dos fios que devem ser utilizados na instalação interna, evitando acidentes; na escolha correta dos disjuntores; no dimensionamento da caixa de distribuição, na qual a rede elétrica deve ser distribuída corretamente em vários circuitos.

A ocorrência excessiva de desarme de disjuntores, quando dois ou mais aparelhos elétricos estiverem ligados ao mesmo tempo, deve-se basicamente a: subdimensionamento da fiação, e, consequentemente, de seu dispositivo de proteção (disjuntor) que os desarma para a proteção das instalações elétricas.

Tabela 10.1 Bitola mínima do fio em função da carga do circuito para tensão de 127V

Carga instalada por circuito (W)	Bitola mínima do fio do circuito (mm²)
Até 1.900	1,5
1.910 a 2.600	2,5
2.610 a 3.200	4,0
3.210 a 3.900	6,0
3.910 a 5.000	10,0

Nota:
De acordo com a NBR 5410:2004, os circuitos que alimentam tomadas devem ter bitola mínima de 2,5 mm².

Exemplo de aplicação

Fazer a divisão de circuitos terminais, por setores: social (sala e copa), íntimo (dormitórios e banheiro) e serviço (cozinha e área de serviço), da planta residencial representada na Figura 10.7, considerando os pontos de iluminação, de tomadas de uso geral e de tomadas de uso específico (veja as Tabelas 15.2 e 16.4).

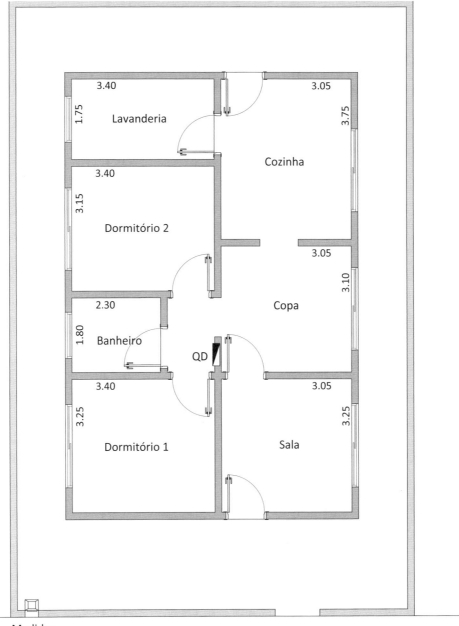

Medidor

QD - Quadro de distribuição

Figura 10.7 Planta residencial.

88   *Instalações elétricas e o projeto de arquitetura*

Tabela 10.2 Divisão de circuitos

Circuito		Tensão (V)	Local	Potência			Corrente (A)
Nº	Tipo			Quantidade de pontos	Potência (VA)	Total (VA)	
1	Iluminação setor social	127	Sala	1	100	200	1,57
			Copa	1	100		
2	Iluminação setor íntimo	127	Dormitório 1	1	160	420	3,30
			Dormitório 2	1	160		
			Banheiro	1	100		
3	Iluminação setor serviço	127	Cozinha	1	160	260	2,04
			Área de serviço	1	100		
4	TUG's	127	Cozinha	2	600	1200	9,45
5	TUG's	127	Cozinha	1	600	700	5,50
				1	100		
6	TUG's	127	Copa	2	600	1200	9,45
7	TUG's	127	Copa	1	600	700	5,50
				1	100		
8	TUG's	127	Área de serviço	2	600	1200	9,45
9	TUG's	127	Área de serviço	1	600	600	4,70
10	TUG's	127	Sala	4	100	400	3,15
11	TUG's	127	Dormitório 1	4	100	800	6,30
			Dormitório 2	4	100		
12	TUG's	127	Banheiro	1	600	600	4,72
13	TUE	220	Banheiro (chuveiro)	1	3500	3500	15,90
14	TUE	220	Cozinha (forno de micro-ondas)	1	1200	1200	5,45
15	TUE	220	Cozinha (lavadora de louças)	1	1500	1500	6,81
16	TUE	220	Dormitório 1 (ar-condicionado)	1	1350	1350	6,13
17	TUE	220	Dormitório 2 (ar-condicionado)	1	1350	1350	6,13

Obs.:   TUG's – tomadas de uso geral
             TUE – tomadas de uso específico

CAPÍTULO 11
Dispositivos de proteção para baixa tensão

Para garantir uma instalação elétrica predial segura e dentro das diretrizes da NBR 5410:2004 são utilizados dispositivos de proteções para baixa tensão.

Os dispositivos de proteção mais comumente utilizados nas instalações elétricas prediais são os disjuntores termomagnéticos (DTM), disjuntores diferenciais residuais (DR) e os dispositivos de proteção contra surtos (DPS).

É comum que se confundam os tipos de proteção. O sistema de proteção contra descargas atmosféricas (SPDA), por exemplo, é específico para a proteção de pessoas (veja Seção "SPDA e suas interfaces com a arquitetura"), o que significa que ele não protege equipamentos, os quais poderão queimar se não possuírem um DPS.

Para os circuitos elétricos das instalações são utilizados os disjuntores termomagnéticos para proteger contra curtos-circuitos e sobrecargas e o disjuntor DR para fuga de corrente no circuito, prevenindo incêndios no imóvel e protegendo os moradores contra choques elétricos.

Cada circuito terminal da instalação elétrica deve ser ligado a um dispositivo de proteção, o qual pode ser um DTM e/ou um disjuntor DR. O DR também é chamado por alguns de interruptor diferencial residual (IDR) – trata-se do mesmo componente, apenas com um nome diferente.

É muito importante utilizar disjuntores adequados nas instalações elétricas. A capacidade desses equipamentos é dada em ampères (A), que indica a intensidade de carga elétrica que pode passar por eles. A utilização de disjuntores com capacidade acima do necessário poderá danificar as instalações e os aparelhos elétricos; por outro lado, se a corrente elétrica desses dispositivos de proteção for abaixo do indicado, ocorrerá o desarme constante dos disjuntores.

Por exemplo, se forem utilizados disjuntores com capacidade abaixo da necessidade para suportar a carga de um chuveiro com alta potência, os disjuntores provavelmente serão desarmados devido à sobrecarga, causando desconforto e interrupções ocasionais no fornecimento de água quente. Por outro lado, se os disjuntores tiverem uma capacidade muito acima do necessário, eles não serão capazes de proteger eficazmente o sistema elétrico contra sobrecargas, o que pode levar a riscos de incêndio e danos aos cabos e equipamentos.

Para evitar o desgaste ou mesmo a queima dos condutores, todo circuito deve ser protegido com um disjuntor, responsável por interromper o funcionamento de circuitos assim que eles apresentarem picos muito altos de corrente ou sinais de sobreaquecimento.

DISJUNTOR TERMOMAGNÉTICO (DTM)

Os disjuntores termomagnéticos de baixa tensão são os dispositivos mais usados atualmente em quadros de distribuição de energia. Eles somente devem ser ligados aos condutores fase dos circuitos.

Esses disjuntores protegem as linhas de transmissão de energia através da temperatura e oferecem proteção aos fios do circuito, desligando-o automaticamente quando da ocorrência de uma sobrecorrente provocada por um curto-circuito ou sobrecarga; permitem manobra manual, como um interruptor, e seccionam somente o circuito necessário, em uma eventual manutenção.

Existem três tipos de disjuntores termomagnéticos: unipolar, bipolar e tripolar. O disjuntor "unipolar" é indicado para circuitos com uma única fase, tais como circuitos de iluminação e tomadas em sistemas monofásico fase/neutro (127 V ou 220 V). O disjuntor bipolar é indicado para circuitos com duas fases, tais como circuitos com chuveiros e torneiras elétricas em sistemas bifásicos (fase/fase) com 220 V. O disjuntor tripolar é indicado para circuitos com três fases, como por exemplo circuitos com motores em sistemas trifásicos com 220 ou 380 V.

Dispositivos de proteção para baixa tensão

Fonte: www.soprano.com.br

Figura 11.1 Disjuntor termomagnético para circuito de luz tipo *Quicklag* (norma NEMA – National Electrical Manufacturers Association).

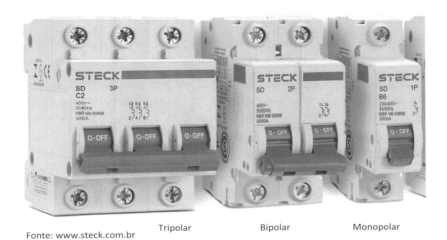

Tripolar　　　Bipolar　　　Monopolar

Fonte: www.steck.com.br

Figura 11.2 Tipos de disjuntores termomagnéticos (norma DIN – Deutsches Institut für Normung).

Fonte: Moeller.

DISJUNTOR DIFERENCIAL RESIDUAL (DR)

Trata-se de um dispositivo supersensível às menores fugas de corrente, evitando o choque elétrico no indivíduo, ocasionado, por exemplo, por fios descascados, ou por uma criança que introduza o dedo ou qualquer objeto numa tomada. De atuação imediata, ele desarma e interrompe a passagem de corrente assim que identifica anomalias.

O ideal é que, além do DTM, haja também um DR para cada circuito elétrico do quadro de distribuição. No entanto, o custo desse dispositivo é consideravelmente alto, e usar vários deles encarece bastante o projeto.

Uma solução também prevista na NBR 5410:2004 é a utilização de um único DR no quadro geral de distribuição, e o mesmo aplica-se aos dispositivos de proteção contra surtos (DPS). Apesar de ficar mais barata, essa solução conta com a inconveniência de desarmar toda a instalação no caso da detecção de algum problema.

De acordo com o item 5.1.3.2.2 da norma NBR 5410:2004, o dispositivo DR é obrigatório desde 1997 nos seguintes casos:

- em circuitos que sirvam a pontos de utilização situados em locais que contenham chuveiro ou banheira;
- em circuitos que alimentam tomadas e iluminação situadas em áreas externas à edificação;
- em circuitos que alimentam tomadas situadas em áreas internas que possam vir a alimentar equipamentos na área externa;
- em circuitos que sirvam a pontos de utilização situados em cozinhas, copas, lavanderias, áreas de serviço, garagens e demais dependências internas normalmente molhadas ou sujeitas a lavagens.

Os circuitos que não se enquadram nas recomendações e exigências aqui apresentadas serão protegidos por disjuntores termomagnéticos.

Os DR devem ser ligados aos condutores fase e neutro dos circuitos, sendo que o neutro não pode ser aterrado após o DR. Para que o dispositivo DR funcione de forma adequada, sua instalação deve ser feita utilizando o sistema de aterramento "terra e neutro separados" (TNS).

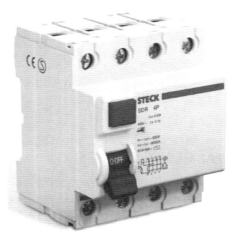

Fonte: www.steck.com.br

Figura 11.3 Disjuntor DR e IDR.

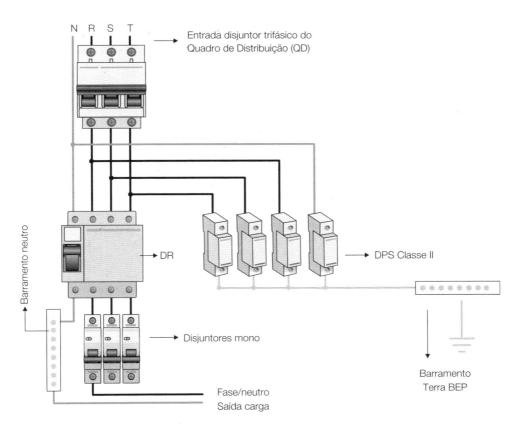

Figura 11.4 Instalação de disjuntores diferenciais residuais (DR).

DISPOSITIVOS DE PROTEÇÃO CONTRA SURTOS (DPS)

A causa mais frequente da queima de equipamentos elétricos e eletrônicos são as sobretensões (tensões cujos valores excedem o valor nominal da instalação) transitórias causadas por descargas atmosféricas (raios) ou manobras de circuito.

DPS é um dispositivo de proteção contra surtos elétricos, essencial para proteger os equipamentos elétricos e eletrônicos, evitando que os mesmos queimem. Os dispositivos de proteção contra surtos (DPS), são capazes de evitar danos aos equipamentos, descarregando para o terra os pulso de alta tensão causados pelos raios.

O local para instalação do DPS deve ser na mesma estrutura em que está alojada a caixa de entrada de energia elétrica.

É importante ressaltar que um único DPS é capaz de proteger toda a instalação elétrica. No entanto, por razões de segurança, alguns projetistas também instalam o DPS antes do disjuntor geral (DR) no quadro de distribuição de circuitos.

A correta especificação e instalação desse equipamento de proteção contra sobretensão é explicado com detalhes pelo item 6.3.5.1 da NBR 5410:2004.

A norma prevê que, nos casos em que for necessário o uso de DPS e nos casos em que esse uso for especificado, independentemente da obrigatoriedade estabelecida na norma, a disposição dos DPS deve respeitar os seguintes critérios:

- quando o objetivo for a proteção contra sobretensões de origem atmosférica transmitidas pela linha externa de alimentação, bem como a proteção contra sobretensões de manobra, os DPS devem ser instalados junto ao ponto de entrada da linha na edificação ou no quadro de distribuição principal, localizado o mais próximo possível do ponto de entrada;

- quando o objetivo for a proteção contra sobretensões provocadas por descargas atmosféricas diretas sobre a edificação ou em suas proximidades, os DPS devem ser instalados no ponto de entrada da linha na edificação.

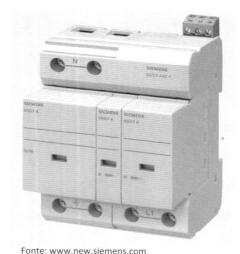

Fonte: www.new.siemens.com

Figura 11.5 Dispositivo de proteção contra surtos (DPS).

DIMENSIONAMENTO DE DISJUNTORES

Quando se fala de disjuntores parciais e disjuntor geral em uma instalação é preciso entender a importância do dimensionamento correto desse dispositivos para garantir a seletividade dos mesmos. Por exemplo, em nossa casa, quando ocorre um curto circuito em uma tomada, o ideal é que apenas o circuito da tomada seja desligado e o resto da instalação continue em funcionamento, isto é a seletividade. Para que que ocorra a seletividade é necessário que os disjuntores estejam corretamente dimensionados.

DISJUNTOR GERAL DO QDC

A NBR 5410:2004 (Instalações Elétricas de Baixa Tensão) indica a instalação de um disjuntor geral no quadro de distribuição de circuitos terminais. Esse disjuntor pode ser igual ou menor que o disjuntor do medidor, ou seja, ter uma amperagem igual ou menor.

Para dimensionar o disjuntor geral do quadro de distribuição de circuitos de uma instalação, é necessário ter as potências instaladas em cada circuito e quais os tipos de cargas. É importante que as cargas estejam divididas em circuitos e que as cargas que possuam uma corrente nominal maior que 10 A estejam em circuitos separados, como solicita a NBR 5410:2004.

Dimensionando os circuitos com suas respectivas cargas, aplica-se o "fator de demanda" (calculados e disponibilizados em tabelas pelas concessionárias em suas normas de distribuição). É importante destacar que as tabelas que serão utilizadas para dimensionar disjuntores possuem muitas variações, que são de acordo com cada região, ou seja, dependem da concessionária responsável.

Para instalações residenciais são utilizados dois fatores de demanda:

- um fator de demanda que agrupe os circuitos de tomadas de uso geral e circuitos de iluminação;

- um segundo fator de demanda para os circuitos de tomadas de uso específico, circuitos com cargas resistivas e motores.

Somam-se os valores de potência dos circuitos de iluminação e circuitos de tomadas de uso geral e multiplica-se o resultado pelo fator de demanda indicado na tabela fornecida pela concessionária. Assim, temos a potência de circuitos de tomadas de uso geral e iluminação adequada.

O mesmo procedimento é feito para os circuitos exclusivos, de tomadas de uso específico, para aparelhos fixo ou estacionários com um fator de demanda específico para cada carga, obtido nas tabelas das concessionárias. Somam-se os valores de potência das cargas e aplica-se também o fator de demanda.

O próximo passo é somar a potência dos circuitos já com o fator de demanda aplicado. Com a potência instalada (adequada com os fatores de demanda respectivos) calcula-se a corrente do disjuntor geral do quadro de distribuição de circuitos (QDC) através da Lei de Ohm.

$$I = \frac{P}{U}$$

em que:

I = corrente nominal calculada (A);

P = soma das potências do circuito (W);

U = tensão nominal da rede (V).

DISJUNTORES PARCIAIS

Os circuitos terminais são separados no quadro de distribuição de energia, e para cada circuito deve ser calculado um disjuntor compatível com a corrente elétrica do circuito. Os dispositivos de proteção dos circuitos terminais são chamados de disjuntores parciais.

Para a proteção dos circuitos terminais, no dimensionamento dos disjuntores parciais usa-se a carga real a ser instalada. No cálculo de circuitos que possuem motores aplica-se o fator de potência conforme tabelas das concessionárias de energia.

Com a potência instalada em cada circuito da instalação calcula-se a corrente dos disjuntores parciais através da Lei de Ohm.

É importante ressaltar que dificilmente será encontrado no mercado disjuntor do mesmo valor calculado, de forma que se adota um disjuntor com valor imediatamente acima do calculado.

Para os circuitos de iluminação residencial básica, os disjuntores não devem ser superiores a 10 A. Para circuitos de tomadas de uso geral (TUG's), os disjuntores não devem ser superiores a 20 A. No caso de circuito de tomada de uso específico (TUE), é descrito no manual dos equipamentos o disjuntor correto para a proteção do circuito em questão. Assim, recomenda-se um circuito separado para cada equipamento e um disjuntor para cada circuito.

É importante ressaltar, que as tabelas dos fabricantes são ferramentas cruciais no dimensionamento adequado dos disjuntores e outros dispositivos de proteção em sistemas elétricos. Essas tabelas fornecem informações técnicas precisas sobre os disjuntores, incluindo sua capacidade nominal de corrente, capacidade de interrupção, curvas de disparo, tensão de operação, características de proteção, entre outros. Esses dados são fundamentais para selecionar o disjuntor apropriado para uma aplicação específica.

CAPÍTULO 12
Aterramento do sistema

A terra é um grande depósito de energia, por essa razão pode fornecer ou receber elétrons, neutralizando uma carga positiva ou negativa. Nas instalações elétricas prediais, o aterramento é extremamente necessário, pois faz exatamente isso, ou seja, estabelece essa ligação com a terra, estabilizando a tensão em caso de sobretensões, evitando, dessa forma, danos a instalação, aparelhos e equipamentos.

O sistema de aterramento visa criar uma conexão segura entre os equipamentos elétricos e o solo, permitindo a dissipação segura de correntes de fuga, protegendo as pessoas e a edificação contra riscos elétricos, além de contribuir para o correto funcionamento dos dispositivos de proteção, como os disjuntores e fusíveis, garantindo um sistema elétrico confiável e seguro.

Em instalações elétricas prediais, a ausência ou falta de aterramento é responsável por muitos acidentes elétricos com vítimas. O aterramento da caixa do medidor, bem como do quadro de distribuição de energia e dos aparelhos eletrodomésticos que serão utilizados na edificação, é uma importante medida de segurança, caso ocorram alguns defeitos.

ESQUEMAS DE ATERRAMENTO

Existem basicamente três esquemas de aterramento possíveis para instalações elétricas em baixa tensão seja em corrente contínua ou alternada, conhecidos como TN, TT ou IT. O esquema TN tem três variantes: TNC (Terra-Neutro Combinados), TNS (Terra-Neutro Separados) e TNC-S (Terra-Neutro Combinados e Separados). No esquema TN, o condutor neutro está conectado à terra em algum ponto, e os equipamentos são aterrados através do mesmo condutor neutro aterrado.

No esquema TT, tanto os condutores de fase quanto o condutor neutro são aterrados independentemente. Os equipamentos são conectados à terra por meio de eletrodos de aterramento separados. No esquema IT, nenhum condutor (fase ou neutro) está diretamente conectado à terra. Em vez disso, os equipamentos são aterrados separadamente e não há conexão direta com o solo. Aproveitar as características de cada sistema, comparando as suas vantagens e desvantagens aumenta a segurança e a eficiência da instalação.

Em sistemas TNC o dispositivo DR somente poderá ser instalado se o circuito protegido for transformado em TNS, caracterizando-se um sistema TNC-S. No esquema TNS, as funções do condutor Neutro (N) e do condutor de Proteção (PE) são distintos na rede. No esquema TNC-S, em parte do sistema as funções do condutor Neutro (N) e do condutor de Proteção (PE) são combinadas em um único condutor (PEN).

O condutor PEN é usado no sistema TNC, Terra e Neutro conjugado. É ligado um condutor a terra, garantindo ao mesmo tempo as funções de condutor de proteção e de condutor neutro. A designação PEN, resulta da combinação PE (condutor de proteção) mais N (neutro).

Entre os três esquemas de aterramento disponíveis (TN, TT e IT), o esquema IT é o menos difundido, sendo a sua utilização muito associada a ambientes hospitalares específicos, onde existe na forma do famoso IT médico, embora seu uso seja indicado em todas as instalações onde a continuidade do fornecimento de energia elétrica, seja uma prioridade.

A simbologia utilizada na classificação dos esquemas de aterramento é a seguinte:

- A primeira letra indica a situação da alimentação em relação à terra: T significa um ponto diretamente aterrado; I significa isolação de todas as partes vivas em relação à terra ou aterramento de um ponto através de impedância;

- A segunda letra indica situação das massas da instalação elétrica em relação à terra: T significa massas diretamente aterradas, independentemente do aterramento eventual de um ponto da alimentação; N significa massas ligadas ao ponto da alimentação aterrado (em corrente alternada, o ponto aterrado é normalmente o ponto neutro);

- Ainda, outras letras (eventuais) informam a disposição do condutor neutro e do condutor de proteção: S significa funções de neutro e de proteção asseguradas por condutores distintos; C significa funções de neutro e de proteção combinadas em um único condutor (condutor PEN).

Aterramento do sistema   99

A dúvida, em sistemas elétricos prediais, gira em torno da escolha entre os esquemas TNS e TNC-S, pois tem-se a impressão de que o segundo é menos seguro. De fato, o TNS oferece maior proteção e referência a equipamentos elétricos sensíveis, como aparelhos eletrônicos sofisticados.

Para o usuário comum, esta diferença é, na maioria das vezes, imperceptível. Dado o maior custo de implementação (trata-se de um cabo a mais para cada unidade de consumo), acaba-se optando, normalmente, pelo TNC-S, que deve contar, por norma, com dispositivos de proteção contra sobrecargas, surtos de tensão e fugas de corrente, estabelecendo um uso seguro e confiável da energia elétrica

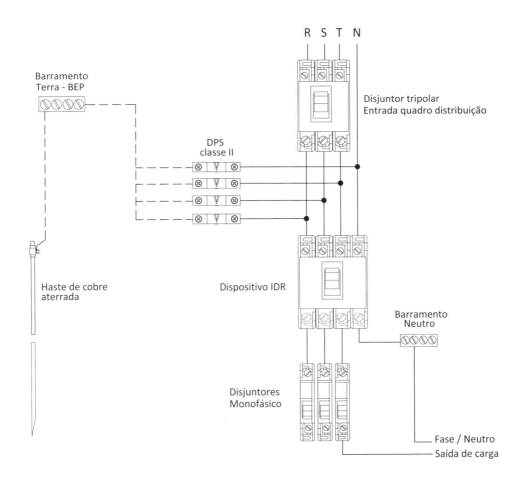

Figura 12.1 Esquema TNS.

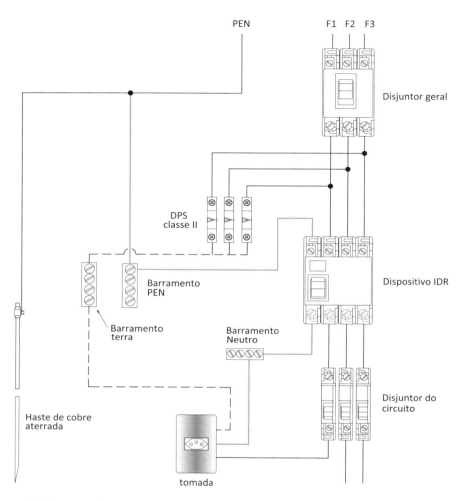

Figura 12.2 Esquema TNC-S.

ATERRAMENTO DA ENTRADA CONSUMIDORA

A entrada consumidora deve possuir um ponto de aterramento destinado ao condutor neutro do ramal de entrada e da caixa de medição, quando for metálica. Em instalações onde o condutor de proteção PE possuir comprimento suficiente somente até o quadro de distribuição interna do cliente, o barramento de proteção deverá ser interligado com o barramento/conector de neutro (sistema PEN, conforme NBR 5410:2004). O condutor de proteção PE, destinado à proteção da instalação interna do cliente, poderá ser interligado à haste de aterramento da entrada consumidora, no ponto de conexão neutro/terra, no interior da caixa de proteção (Sistema PE, conforme NBR 5410:2004). A localização do terminal de aterramento principal, bem como o valor limite da resistência de malha de aterramento, está definida nas normas das concessionárias fornecedoras de energia elétrica, de acordo com o tipo e padrão de fornecimento.

Algumas concessionárias de energia elétrica padronizam que o neutro da instalação deve ser interligado ao aterramento padrão, outras não. A função da interligação do neutro da concessionária ao aterramento do padrão de medição tem como objetivo principal evitar que a corrente elétrica de retorno que circula pelo condutor neutro (corrente de fechamento dos circuitos de tomadas e iluminação no sistema fase/neutro) chegue até a rede de distribuição de energia elétrica, o que ocasionaria sérios problemas. Seu aterramento protege a rede da concessionária de oscilações de tensão e do desbalanceamento de cargas.

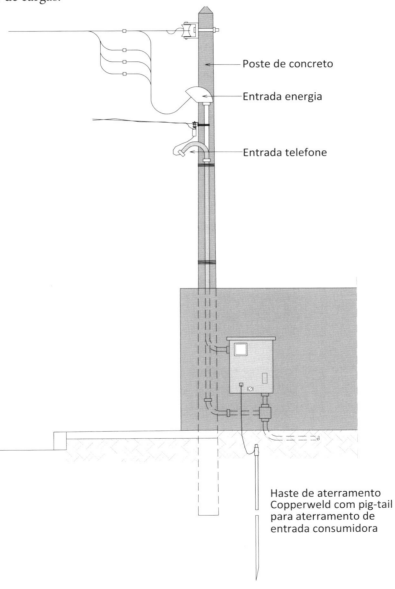

Figura 12.3 Aterramento do quadro de medição.

BARRAMENTO EQUIPOTENCIAL (BEP)

Toda instalação elétrica deverá ter um barramento equipotencial em cobre no qual interligam-se todos os terras da instalação.

Segundo a NBR 5410:2004, equipotencialização é o procedimento que consiste na interligação de elementos especificados, visando obter a equipotencialidade necessária para os fins desejados. Por extensão, se obtém também a própria rede de elementos interligados resultante desse processo. A equipotencialização pode ser principal ou local (esta ainda pode ser denominada suplementar); diz-se que uma equipotencialização é local quando os elementos interligados estão em uma determinada região (local) da edificação e que uma equipotencialização é principal quando interliga os elementos de toda a edificação.

Para a instalação do barramento de equipotencialização também deve ser observada a NBR 5419-1:2015 (Proteção Contra Descargas Atmosféricas).

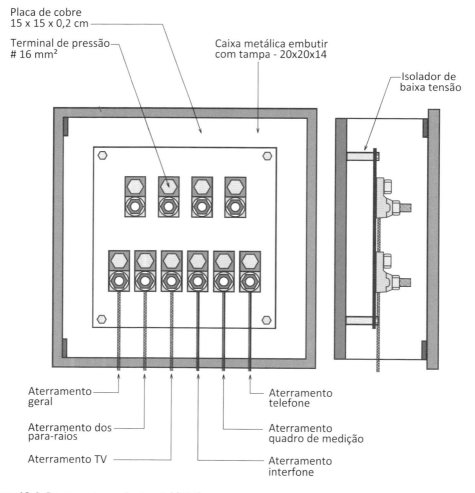

Figura 12.4 Barramento equipotencial (BEP).

ATERRAMENTO DO QUADRO DE DISTRIBUIÇÃO DE ENERGIA

Para realizar o aterramento do quadro de distribuição de energia, a fiação do terra deverá vir do barramento equipotencial das instalações (BEP).

O esquema TNC-S é o mais adotado em instalações prediais comerciais e residenciais, dada a redução de custo de utilizar-se apenas um condutor, PEN (neutro e terra combinados), na maior parte da instalação, sem prejuízo de proteção.

Na figura 12.2, é possível observar a configuração de um quadro elétrico de uma unidade de consumo, no sistema TNC-S. Ainda que cheguem quatro condutores ao quadro, não há perda de proteção ou segurança: os DPS's (Dispositivos de Proteção Contra Surtos) fazem a proteção contra eventuais surtos de tensão; o DR (Dispositivo Diferencial-Residual), por sua vez, faz a proteção contra eventuais fugas de corrente, inclusive contra choques elétricos diretos; e o condutor de proteção (PE – "terra") faz o aterramento das massas, evitando choques elétricos indiretos.

Esta solução é a mais comumente utilizada, inclusive nos padrões da concessionária, por diversos motivos, desde econômicos, práticos e confiáveis.

Apesar disso, em algumas situações a serem avaliadas pelo projetista, o sistema TNC-S pode não ser a solução mais indicada, adotando-se nestes casos específicos o uso de outro sistema indicado em Norma.

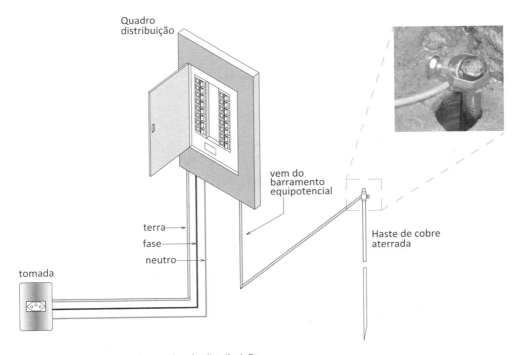

Figura 12.5 Aterramento do quadro de distribuição.

ATERRAMENTO DOS APARELHOS ELETRODOMÉSTICOS

A principal função do aterramento de aparelhos eletrodomésticos é desviar a corrente elétrica de um aparelho ou circuito com defeito diretamente para a terra, em vez de permitir que essa corrente flua através de uma pessoa que possa tocar no aparelho defeituoso. Isso ajuda a evitar choques elétricos perigosos que podem causar ferimentos graves ou até mesmo fatais.

Além disso, o aterramento também ajuda a proteger contra incêndios causados por curtos-circuitos ou falhas elétricas. Quando um aparelho elétrico está aterrado corretamente, qualquer excesso de corrente é rapidamente desviado para a terra, interrompendo o circuito e diminuindo o risco de superaquecimento e incêndio.

A implantação do novo modelo da tomada de três pinos teve como intuito dar mais segurança aos aparelhos que necessitam de aterramento, uma vez que o terceiro pino realiza a ligação com o condutor terra.

É importante esclarecer que a obrigatoriedade da existência de condutor-terra de proteção, o terceiro pino dos aparelhos elétricos foi estabelecida pela Lei Federal – a Lei nº 11.337 de 26 de julho de 2006 (que depois foi alterada pela Lei nº 12.119, de 2009), que definiram a obrigatoriedade das edificações no Brasil possuírem sistema de aterramento e instalações elétricas compatíveis com a utilização do condutor-terra de proteção nos equipamentos elétricos.

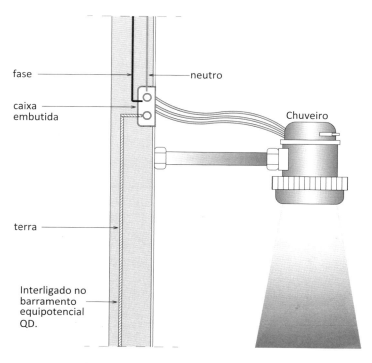

Figura 12.6 Aterramento de chuveiro.

CAPÍTULO 13
Componentes utilizados nas instalações

De acordo com a NBR 5410:2004, a escolha de qualquer componente e sua instalação deve permitir que sejam obedecidas as medidas de proteção para garantir a segurança e um funcionamento adequado ao uso da instalação e as prescrições apropriadas às condições de influências externas previsíveis (temperatura, altitude, presença de água, presença de corpos sólidos, choques mecânicos, mofo, vibração, influências eletromagnéticas etc.).

Todos os componentes da instalação predial elétrica devem ser selecionados e instalados de forma a satisfazer as prescrições da referida norma técnica, bem como das normas brasileiras que lhe sejam aplicáveis e, na falta destas, as normas IEC - International Electrotechnical Commission (Comissão Eletrotécnica Internacional) e ISO - International Organization for Standardization (Organização Internacional para Padronização). Na falta de normas brasileiras, IEC e ISO, os componentes devem ser selecionados por acordo especial entre o projetista e o instalador.

Segundo a NBR 5410:2004, os componentes da instalação devem ser dispostos de modo a facilitar sua operação, sua manutenção e o acesso às suas conexões. A identificação dos componentes também é importante; as placas indicativas ou outros meios adequados de identificação devem permitir identificar a finalidade dos dispositivos de comando e proteção, a menos que não exista qualquer possibilidade de confusão.

A seguir apresentam-se os principais componentes utilizados nas instalações elétrica prediais.

ELETRODUTOS

São condutos (aparentes ou embutidos) destinados exclusivamente a conter ou abrigar os condutores elétricos, fazendo as ligações entre todos os pontos de eletricidade e os quadros de luz (veja Figura 13.5). Correspondem também a uma tubulação que protege e permite a fácil substituição dos condutores.

Eles têm a importante função de proteger os condutores contra influências externas (por exemplo, choques mecânicos e agentes químicos); bem como proteger a edificação contra perigos de incêndio, resultantes do superaquecimento dos condutores.

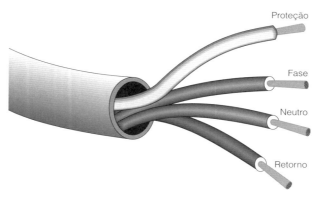

Figura 13.1 Identificação de cabos passando dentro do eletroduto.

TIPOS DE ELETRODUTOS

Existem vários tipos de eletrodutos: rígidos (aço ou PVC), flexíveis (comum e reforçado) e flexíveis metálicos.

Os eletrodutos rígidos podem ser fabricados em tubo de aço galvanizado (material metálico) ou em PVC (material isolante). Eles podem ser do tipo roscável, permitindo que o eletricista rosqueie um eletroduto ao outro (é o mais recomendado para fazer a conexão entre eles), ou soldável. Os eletrodutos rígidos são geralmente aplicados em instalações externas (aparentes) ou em linhas subterrâneas. São recomendados para utilização em pisos, lajes e superfícies concretadas, uma vez que são bastante resistentes a colisões externas. Também são usados em linhas subterrâneas, pois podem estar em contato direto com a terra ou envolto em concreto. São indicados para instalações elétricas residenciais, comerciais e industriais.

O eletrodutos poliméricos devem atender à norma NBR 15465:2020 - Sistemas de eletrodutos plásticos para instalações elétricas de baixa tensão - Requisitos de desempenho, que prevê os requisitos de desempenho para eletrodutos plásticos rígidos (até DN 110) ou flexíveis (até DN 40), de seção circular. Estes eletrodutos podem ser aplicados aparentes, embutidos ou enterrados, e são empregados em instalações elétricas de edificações alimentadas sob baixa tensão.

De acordo com as normas brasileiras, o eletroduto flexível comum é sempre na cor amarela. Já o eletroduto flexível reforçado, que é um pouco mais resistente, é sempre sinalizado com a cor laranja. O eletroduto flexível corrugado é considerado o tipo mais popular e usado na maior parte das instalações. Normalmente fabricado em PVC, é a solução ideal para instalações elétricas que possuem trajetos sinuosos, exigindo alta flexibilidade do eletroduto, sem perder a qualidade e resistência. Os eletrodutos flexíveis corrugados de PVC podem ser utilizados embutidos em paredes de alvenaria ou em lajes e pisos, onde a resistência à compressão deve ser maior. Os eletrodutos flexíveis de PVC são fornecidos em rolos de 50 m ou 25 m.

É importante ressaltar que a NBR 5410:2004, em seu item 6.2.11.1.1 indica que "é vedado o uso, como eletroduto, de produtos que não sejam expressamente apresentados e comercializados como por exemplo, produtos caracterizados por seus fabricantes como mangueiras".

Os eletrodutos flexíveis metálicos são construídos, em geral, por uma fita de aço enrolada em hélice, por vezes com uma cobertura impermeável de plástico, ou isolantes de polietileno ou PVC. Sua aplicação típica é na ligação de equipamentos que apresentem vibrações ou pequenos movimentos durante seu funcionamento.

Figura 13.2 Tipos de eletrodutos.

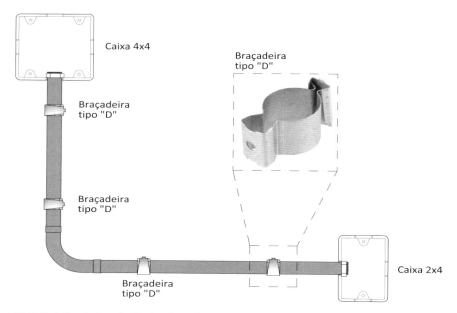

Figura 13.3 Detalhe de instalação de eletroduto aparente.

Figura 13.4 Instalação aparente com eletroduto rígido.

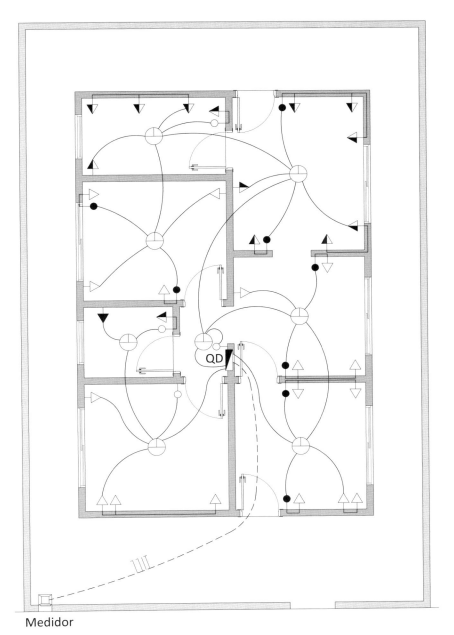

Medidor

Figura 13.5 Eletrodutos representados no plano horizontal.

NORMAS TÉCNICAS

Qualquer que seja o tipo de eletroduto utilizado em obra, ele deve ser normatizado. Existem diversas normas específicas para cada tipo de eletroduto, tanto para eletrodutos de embutir quanto para eletrodutos de sobrepor. Existem basicamente três normas importantes sobre os eletrodutos:

NBR 15465:2020 - Sistemas de eletrodutos plásticos para instalações elétricas de baixa tensão - Requisitos de desempenho;

NBR 5597:2013 - Eletroduto de aço-carbono e acessórios, com revestimento protetor e rosca NPT – Requisitos;

NBR 5598:2013 - Eletroduto de aço-carbono e acessórios, com revestimento protetor e rosca BSP - Requisitos.

LIGAÇÃO DOS PONTOS

Depois de determinado o número de circuitos elétricos em que a instalação elétrica foi dividida, e já definido o tipo de proteção de cada circuito, deve-se efetuar a sua ligação através de eletroduto. Essa ligação precisa ser planejada detalhadamente, de tal forma que nenhum ponto de ligação fique esquecido, pois é através dele que os fios dos circuitos passarão.

Para o planejamento do caminho que o eletroduto irá percorrer, fazem-se necessárias algumas orientações básicas:[1]

- Locar, primeiro, o quadro de distribuição em lugar de fácil acesso e que fique o mais próximo possível do medidor;
- Partir com o eletroduto do quadro de distribuição, traçando seu caminho de forma a encurtar as distâncias entre os pontos de ligação;
- Utilizar a simbologia gráfica para representar, na planta residencial, o caminhamento do eletroduto;
- Fazer uma legenda da simbologia empregada;
- Caminhar, sempre que possível, com o eletroduto, de um cômodo para o outro, interligando os pontos de luz;
- Ligar os interruptores e tomadas ao ponto de luz de cada cômodo.

---

1 Instalações Elétricas Residenciais. Prysmian.

DIMENSIONAMENTO DE ELETRODUTOS

Para calcular o diâmetro do eletroduto, deve-se saber a bitola e o número de fios que ele terá de abrigar. O tamanho nominal é o diâmetro externo do eletroduto expresso em mm, padronizado por norma. O dimensionamento é feito para cada trecho da instalação. Deve-se evitar a concentração excessiva de fios ou cabos dentro de um mesmo duto para que não haja aquecimento e riscos de curto-circuito.

Existe um método matemático levando em consideração uma série de fatores para dimensionamento correto de um eletroduto. Devido a grande quantidade de variações em fabricação de cabos, no caso de instalações mais simples, pode ser usada a Tabela 13.1 de modo a referenciar e simplificar o dimensionamento dos eletrodutos.

Esta tabela leva em consideração dois critérios, a quantidade de cabos em um eletroduto e a seção destes condutores. Esta tabela não é absoluta mas sua consulta é simplificada devido a facilidade de interpretação e pouca margem de erro. Além disso, a tabela já leva em consideração uma taxa adequada de ocupação para o eletroduto, e esta taxa é importante para garantir a temperatura adequada dentro do mesmo bem como a facilidade de passagem de cabos e manutenção futura destes circuitos dentro do eletroduto. Para permitir instalar e retirar facilmente os condutores ou cabos, a taxa máxima de ocupação dos condutores, em relação à seção transversal do eletroduto, não deve ultrapassar a 40% de sua seção.

Tabela 13.1 Tabela de condutores por eletroduto

Seção do condutor mm²	Número de condutores no mesmo eletroduto								
	1	2	3	4	5	6	7	8	9
	Diâmetro mínimo do eletroduto em polegadas								
1,5 mm²	1/2	1/2	1/2	1/2	3/4	3/4	3/4	1	1
2,5 mm²	1/2	1/2	1/2	3/4	3/4	1	1	1	1.1/4
4 mm²	1/2	3/4	3/4	3/4	1	1	1.1/4	1.1/4	1.1/4
6 mm²	1/2	3/4	1	1	1.1/4	1.1/4	1.1/4	1.1/4	1.1/2
10 mm²	1/2	1	1.1/4	1.1/4	1.1/2	1.1/2	2	2	2
16 mm²	3/4	1.1/4	1.1/4	1.1/2	2	2	2	2	2.1/2
25 mm²	3/4	1.1/4	1.1/2	1.1/2	2	2	2.1/2	2.1/2	2.1/2

Nota: equivalência entre polegadas e milímetros

Polegadas	½"	¾"	1"	1¼"	1½"	2"	2½"	3"	4"
Milímetros	15	20	25	32	40	50	60	75	100

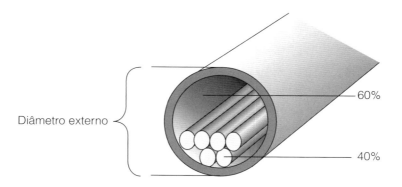

Figura 13.6 Taxa máxima de ocupação em relação à área da seção transversal dos eletrodutos

Observação

É extremamente importante fazer a conversão entre polegadas e milímetros, pois a grande maioria dos eletrodutos são dimensionados em milímetros e em seguida devem ser encontrada sua equivalência em polegadas, pois é nesta unidade de medida que os fabricantes disponibilizam os eletrodutos.

Exemplo de aplicação

Dimensionar um eletroduto para abrigar dois circuitos de tomadas de uso geral (TUG). Cada circuito tem um condutor neutro, um terra e um fase. Os cabos utilizados para estes circuitos, de acordo com o projeto, são de 2,5 mm² (veja Tabela 13.4).

De acordo com a Tabela 13.1, o eletroduto adequado para suportar os dois circuitos do exemplo é um eletroduto de 1" (a coluna selecionada será a de 6 cabos de 2,5 mm², dois fases, dois neutros e dois terras, sendo um fase, um neutro e um terra para cada circuito).

CAIXAS

São acessórios que desempenham um papel fundamental na organização, proteção e funcionalidade das instalações elétricas prediais, garantindo que os dispositivos elétricos sejam instalados corretamente, que os fios estejam devidamente conectados e protegidos contra danos, e que haja acesso seguro para manutenção quando necessário. Suas principais funções são:

- Servir de base para fixação de tomadas, luminárias e/ou dispositivos de comando;

Componentes utilizados nas instalações

- Introdução, emendas e derivação de eletrodutos, permitindo a organização e o direcionamento dos condutores elétricos.;

- Permitir acesso à fiação e manutenção das instalações. Elas possuem tampa que pode ser removida para inspeções, reparos ou substituições de componentes elétricos, garantindo a segurança dos eletricistas e a eficiência de manutenção.

As caixas retangulares e quadradas têm como finalidade principal a fixação de interruptores e tomadas e também auxiliaram na proteção de fios e conexões elétricas, são utilizadas também como caixas de passagem quando o eletroduto tiver mais que 15 m de comprimento ou fizer mais que duas curvas.

As caixas hexagonais são frequentemente usadas para a fixação de luminárias de parede e as caixas octogonais com fundo móvel são usadas em lajes, para a fixação de luminárias e derivação de eletrodutos. São usadas cinco entradas, pela dificuldade de fixação do conduíte à caixa. As caixas são fabricadas em PVC ou em ferro esmaltado para laje de concreto, e têm em suas laterais orifícios estampados, que são abertos conforme a necessidade de entrada de conduítes. As caixas octogonais em PVC também podem ser utilizadas em alvenaria convencional, instalada por encaixe.

As caixas para fixação de tomadas, de derivação ou de passagem podem ser de embutir ou aparentes. As caixas de embutir são projetadas para serem instaladas dentro de paredes, lajes ou tetos, ficando ocultas na estrutura da construção. Isso proporciona um acabamento mais limpo e estético, pois as caixas ficam escondidas. As caixas de embutir são ideais para instalações elétricas em que se deseja uma aparência discreta e integrada ao ambiente.

As caixas de embutir de PVC são leves, resistentes à corrosão e fáceis de instalar. Elas são frequentemente usadas em instalações elétricas residenciais e comerciais. Além disso, o PVC não conduz eletricidade, tornando-o seguro para instalações elétricas. As caixas de embutir de chapa de aço são mais robustas. Elas são preferencialmente estampadas para garantir um design adequado e durabilidade. Podem ser zincadas ao fogo, esmaltadas ou galvanizadas para resistir à corrosão, tornando-as adequadas para ambientes mais exigentes, como instalações industriais.

As caixas para instalação aparente são instaladas na superfície das paredes, tetos ou pisos e são visíveis. Elas são mais utilizadas em situações em que a praticidade e a acessibilidade são prioridades, como em reformas ou instalações provisórias. Também denominadas conduletes, essas caixas são muito utilizadas em instalações industriais, comerciais, depósitos, oficinas etc.

De acordo com a NBR 5410:2004, as caixas devem ser colocadas em lugares facilmente acessíveis e serem providas de tampas. As caixas que contiverem interruptores, tomadas de corrente e congêneres devem ser fechadas pelos espelhos que completam a instalação desses dispositivos. As caixas de saída para a alimentação de equipamentos podem ser fechadas pelas placas destinadas à fixação de tais equipamentos.

Por razões estéticas e, principalmente, por questões de segurança dos usuários, os espelhos, placas e tampas devem ser colocados somente e imediatamente depois de concluídos os trabalhos de acabamento da obra. Os aparelhos de iluminação que serão instalados nas caixas octogonais no centro geométrico dos cômodos deverão seguir o mesmo princípio de serem colocados somente após a conclusão dos trabalhos de acabamento da obra, por razões estéticas, de segurança e de funcionalidade.

A instalação desses componentes antes do acabamento final da obra pode expor os dispositivos elétricos a danos causados por poeira, umidade e respingos de tinta, comprometendo seu funcionamento seguro. Além disso, essa prática evita riscos de choque elétrico durante a fase de construção e garante também que, em caso de necessidade de manutenção ou reparo nos dispositivos, os profissionais tenham acesso seguro e desimpedido aos fios e conexões.

Tabela 13.2 Tipos de caixa, dimensões, finalidades e número máximo de condutores[2]

Tipos de caixa	Dimensões (cm)	Finalidades	N. máx. de condutores			
			1,5	2,5	4,0	6,0
Retangular	10 x 5 x 5	Interruptores, tomadas e pulsadores	9	6	4	—
Quadrada	10 x 10 x 5	Interruptores, tomadas e ligações	11	9	7	5
Quadrada	10 x 10 x 10	Passagem (ligações)	11	9	7	5
Quadrada	15 x 15 x 10	Passagem (ligações)	20	16	12	10
Octogonal	10 x 10 x 5	Ponto de luz no teto e ligações	11	11	9	5
Octogonal	10 x 10 x 10	Ponto de luz no teto e ligações	11	11	9	5
Sextavada	7,5 x 7,5 x 5	Arandelas e ligações	6	6	4	3

---

2 CAVALIN, Geraldo; CERVELIN, Severino. *Instalações elétricas prediais*. 4. ed. São Paulo: Érica, 1998. Coleção Estude e Use. Série Eletricidade.

Componentes utilizados nas instalações 115

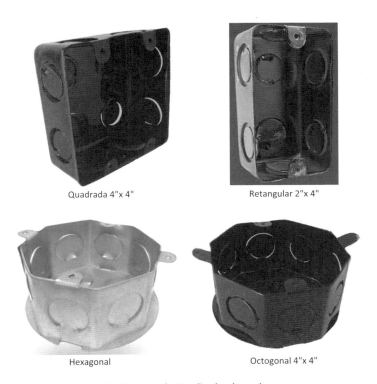

Figura 13.7 Caixas de ferro esmaltadas para derivação de eletrodutos.

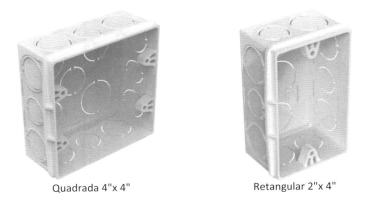

Figura 13.8 Caixas plásticas.

Figura 13.9 Caixas de passagem para instalação aparente (conduletes).

Componentes utilizados nas instalações 117

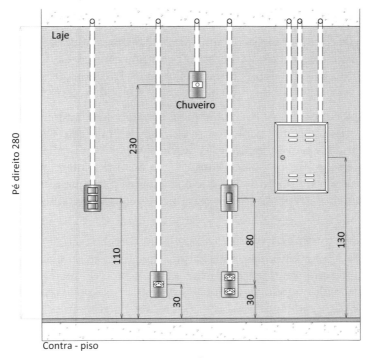

Figura 13.10 Medidas dos eletrodutos que descem até as caixas.

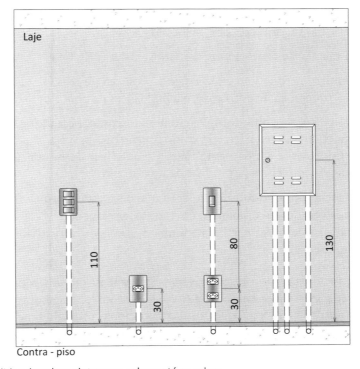

Figura 13.11 Medidas dos eletrodutos que sobem até as caixas.

CONDUTORES DE ELETRICIDADE

Chama-se de condutor elétrico a um corpo de formato adequado, construído com material condutor e destinado a transportar corrente elétrica. Geralmente, o material condutor é o cobre e, em alguns casos, o alumínio. Esses metais possuem melhores características condutoras que os demais a um preço mais acessível.

Os fios e os cabos são os exemplos mais comuns de condutores nas instalações elétricas. A diferença fundamental entre eles é a flexibilidade. Os fios são próprios para instalações que não exijam dobras ou curvas, pois são formados por um único fio de cobre de seção maior isolado com PVC, o que lhe confere maior rigidez. Já os cabos são ideais para instalações em que haja curvas, pois apresentam maior flexibilidade. São constituídos por inúmeros fios finos de cobre, que também recebem isolamento em PVC.

A qualidade é um dos fatores determinantes na hora da escolha de fios e cabos. Os condutores de segunda categoria, mais baratos, que deverão ser evitados, em geral são confeccionados com a reutilização de fios e até mesmo do material isolante, o que pode causar rachaduras pelo aquecimento. Além de fuga de corrente, choques, curtos-circuitos e perigos de incêndio, esses fios e cabos mais baratos trazem em seu interior um cobre com altos índices de impurezas, que impedem a boa passagem de corrente elétrica e, consequentemente, aquecem, criando risco para as instalações elétricas, perda de energia e maiores gastos na conta de luz.

Para assegurar a qualidade dos fios e cabos, existem as normas brasileiras da ABNT. No Brasil, diversas empresas produzem fios e cabos de alta qualidade, algumas, inclusive, até superando as exigências da ABNT.

Em uma instalação elétrica normalmente existem três fios:

- Fio fase: fio condutor onde existe a presença de tensão (127 V ou 220 V) ou DDP (diferença de potencial). Na linguagem da obra é o fio que possui "carga";

- Fio neutro: fio condutor que não possui tensão, portanto não está carregado. Em um circuito elétrico tem como função prover o retorno da corrente elétrica. O neutro é fundamental para o equilíbrio da instalação porque ele é o ponto de referência para a fase de um circuito elétrico;

- Fio terra: fio condutor de proteção que deve estar ligado a hastes cravadas na terra e que deve acompanhar os circuitos protegendo os equipamentos ligados contra sobrecargas elétricas e também proteger os usuários contra possíveis choques elétricos.

Os fios *fase* e *neutro* são responsáveis pela alimentação dos equipamentos. Neste caso, a corrente elétrica entra por um fio e sai por outro. O condutor neutro é necessariamente aterrado, de forma que possa proporcionar uma diferença de potencial em relação ao condutor fase e, consequentemente, a fluência da corrente elétrica. O condutor neutro também é denominado de retorno quando, por exemplo, liga um ponto de luz a um interruptor. Ao acionar o interruptor, fecha-se o circuito e o condutor de retorno torna-se um condutor fase e a lâmpada acende. Já o terceiro fio, o *terra*, deve ser ligado a uma haste de aterramento que deverá estar enterrada no solo e possuir uma boa capacidade de condução.

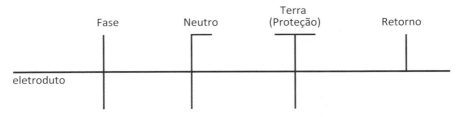

Figura 13.12 Simbologia básica de condutores.

É importante ressaltar que, dentre os três fios, o terra é o que possui a maior importância devido à segurança, protegendo as fugas de corrente nas carcaças metálicas. Assim, temos como funções do fio terra:

- Proteção dos usuários contra choques elétricos em caso de equipamentos com defeito. Essa proteção permite que a corrente elétrica possa ser desviada para a terra em caso de um curto-circuito no equipamento;
- Desvio de possíveis surtos de tensão que podem afetar o funcionamento dos equipamentos.

O "fio terra" ainda participa de outros pontos de segurança da instalação elétrica, minimizando efeitos de choque elétrico ou evitando a ocorrência de arcos elétricos (faíscas) que podem gerar incêndios.

Fonte: Cobrecon cabos elétricos

Figura 13.13 Tipos de cabos.

PADRÃO DE CORES PARA OS CONDUTORES ELÉTRICOS

Os fios e cabos possuem isolação colorida para identificar a função de cada condutor e também facilitar os manuseios para manutenções futuras. Para as instalações elétricas de baixa tensão, a NBR 5410:2004 determina o padrão de cores que deve ser usado para os condutores elétricos.

- Para o fio (cabo) neutro, deve ser usado um condutor com isolação na cor azul-claro (NBR 5410:2004, item 6.1.5.3.1).

- Para o condutor de proteção (PE), mais conhecido como fio terra, deve ser usado um condutor com isolação nas cores verde ou verde-amarelo (NBR 5410:2004, item 6.1.5.3.2).

Para os demais fios e cabos (fases), não é prevista a utilização de nenhuma cor específica. Podem ser de quaisquer cores definidas pelo profissional eletricista para distinguir os circuitos. Normalmente, são usados condutores com isolação nas cores preto e vermelho para os fios e cabos (fases), mas a NBR 5410:2004 não diz nada sobre isso. Por razões de segurança, não deve ser usada a cor de isolação exclusivamente amarela onde existir risco de confusão com a dupla coloração verde-amarela, cores exclusivas do condutor de proteção.

É importante ressaltar que, em muitas instalações elétricas, infelizmente, o padrão oficial de cores não foi utilizado. Por isso, antes de fazer novas conexões, não se deve confiar somente nas cores dos fios, mas também, e principalmente, na função de cada condutor.

Para confirmar as funções dos condutores deve-se consultar os diagramas da instalação, medir com o multímetro a tensão e a corrente presentes em cada condutor, verificar na origem da instalação (quadro de distribuição de circuitos) quais foram os condutores utilizados para cada função.

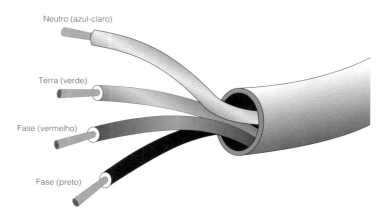

Figura 13.14 Identificação dos cabos flexíveis por meio de cores.

DIMENSIONAMENTO DE CONDUTORES ELÉTRICOS

A quantidade de corrente que pode passar por um fio depende da sua seção (diâmetro), e o valor do disjuntor deve ser igual ao valor da corrente que o fio suporta. A bitola (diâmetro) dos fios é determinada pela quantidade e potência dos aparelhos que estão ou estarão ligados nesses fios.

Para o cálculo da corrente elétrica, é necessário relembrar que: potência elétrica é o resultado do produto da ação da corrente e da tensão; volt-ampère (VA) é a unidade de medida da potência (P); volt (V) é a unidade de medida da tensão (U); ampère (A) é a unidade de medida da corrente (I). Com a fórmula $P = U \times I$, pode-se calcular o valor da potência (P), da tensão (U) e da corrente (I), desde que os valores de duas delas sejam conhecidos.

Dimensionar os condutores de um circuito é um procedimento para verificar qual a seção mais adequada a fim de permitir a passagem da corrente elétrica, por um tempo ilimitado, sem aquecimento excessivo, e para que a queda de tensão seja mantida dentro dos valores limite estabelecida pela norma.

De acordo com o item 6.2.6.1.2 da NBR 5410:2004, os condutores devem satisfazer às seguintes condições:

- Capacidade de condução de corrente, conforme item 6.2.5;
- Queda de tensão, conforme item 6.2.7;
- Seção minima, conforme item 6.2.6.1.1;
- Curto-circuito, conforme itens 5.3.5 e 6.3.4.3;
- Sobrecarga, conforme itens 5.3.4 e 6.3.4.2;
- Proteção contra choques elétricos, quando pertinente, conforme item 5.1.2.2.4.

O primeiro procedimento a ser realizado no dimensionamento de um circuito é o cálculo da corrente de projeto, que é a corrente de um circuito, seja terminal ou de distribuição, levando em conta apenas as suas características nominais.

Após obter a corrente de projeto, o próximo passo será calcular a corrente corrigida, que é obtida aplicando-se os fatores de correção de temperatura e de agrupamento à corrente de projeto.

Após determinar qual é a corrente corrigida do circuito será possível determinar a seção de fiação através dos critérios da capacidade de condução de corrente (ampacidade), limite de queda de tensão e seção mínima admissível dos condutores.

A seção a ser adotada no dimensionamento do condutor deve ser a maior dentre as obtidas em cada um dos critérios. Escolhe-se o condutor padronizado comercialmente, cuja seção nominal seja igual ou superior à seção calculada.

Posteriormente, quando do dimensionamento dos dispositivos de proteção, verifica-se a capacidade dos condutores com relação às sobrecargas e curtos-circuitos.

DIMENSIONAMENTO PELA CAPACIDADE DE CONDUÇÃO DE CORRENTE

A capacidade de condução de corrente de um cabo corresponde a maior corrente, em regime permanente, que um condutor suporta sem que a temperatura do mesmo ultrapasse a temperatura máxima suportada pela isolação (temperatura de trabalho). Isso depende do material do condutor, do material da isolação, da construção do cabo, da temperatura ambiente e da forma como está instalado.

A NBR 5410:2004 - Instalações elétricas de baixa tensão – Procedimentos, da ABNT, apresenta tabelas de capacidade de corrente para vários métodos de instalação de baixa tensão.

Para dimensionar o condutor é preciso saber qual o método de instalação do cabo. No caso de instalações elétricas residenciais, normalmente as instalações são feitas em eletrodutos embutidos em alvenaria. Então, de acordo com a tabela 13.3 (Tabela 33 da NBR 5410:2004), o método de instalação é o número 7 e método de referência para instalação B1.

Tabela 13.3 – Método de instalação dos condutores

Método de instalação número	Esquema ilustrativo	Descrição	Método de referência
7		Condutores isolados ou cabos unipolares em eletroduto de seção circular embutido em alvenaria	B1
8		Cabo multipolar em eletroduto de seção circular embutido em alvenaria	B2
11		Cabos unipolares ou cabo multipolar sobre parede ou espaçado desta menos de 0,3 vez o diâmetro do cabo	C
12		Cabos unipolares ou cabo multipolar em bandeja não perfurada, perfilado ou prateleira	C
31 e 32		Condutores isolados ou cabos unipolares em eletrocalha sobre parede em percuso horizontal ou vertical	B1
31A e 32A		Cabo multipolar em eletrocalha sobre parede em percurso horizontal ou vertical	B2
52		Cabos unipolares ou cabo multipolar embutido (s) diretamente em alvenaria sem proteção mecânica adicional	C

Fonte: Tabela 33 da NBR 5410:2004.

O próximo passo é saber a quantidade de cabos por circuito. Isso gera muitas dúvidas, mas a Tabela 13.4 (Tabela 46 da NBR 5410:2004) detalha o número de condutores carregados em função do tipo do circuito.

Segundo a Tabela 13.4, circuitos monofásicos, a dois ou três condutores, utilizam dois condutores carregados. Duas fases sem neutro, também 2 condutores carregados. Já se o circuito for de duas fases com neutro ou trifásico sem neutro, adota-se 3 condutores carregados.

A seguir deve ser consultada a tabela 13.5 de "Capacidade de condução de corrente" (Tabela 36 da NBR 5410:2004). Essa tabela pode variar de acordo com o tipo de condutor, com o tipo de isolação, com a temperatura do condutor e também a temperatura ambiente.

Para instalações residenciais, podemos considerar cabos de cobre, revestido de PVC, que são os mais utilizados. Eles devem suportar temperatura máxima de 70 °C e temperatura ambiente de 30°C. Para esta instalação, utilizaremos a Tabela 13.5.

Depois de calcular a seção do cabo é necessário levar em consideração a quantidade de circuitos dentro do eletroduto. Conforme a quantidade de circuitos passando no mesmo eletroduto, mais ele esquenta, o que modifica a temperatura e influencia na condutividade dos circuitos. Para fazer esse ajuste, utiliza-se a Tabela 13.6.

Com o fator de correção, calcula-se o valor da corrente de condução do condutor corrigida:

$I_z = I_c \times F_c$

onde:

I_z = valor da corrente de condução do condutor corrigida;

I_c = valor da corrente de condução do condutor (Tabela 13.5);

F_c = fator de correção.

Depois de aplicar o fator de correção é importante verificar se o valor da corrente de condução do condutor corrigida é condizente com a condução necessária da corrente de projeto do circuito. Caso o valor calculado não atenda a demanda, entra-se novamente na Tabela 13.5 e adota-se o próximo valor dentro dos dados apresentados adotando-se um cabo mais grosso.

Tabela 13.4 – Número de condutores carregados a ser considerado, em função do tipo de circuito.

Esquema de condutores vivos do circuito	Número de condutores carregados a ser adotados
Monofásico a dois condutores	2
Duas fases sem neutro	2
Duas fases com neutro	3
Trifásico sem neutro	3

Fonte: Tabela 46 da NBR 5410:2004.

Tabela 13.5 – Capacidade de condução de corrente em amperes (A) para cabos de cobre com isolação em PVC (70° C).
*Método de instalação: B1, B2 e C.

Seção nominal do Condutor (mm²)	Métodos de referência indicados					
	B1		B2		C	
	2 Condutores Carregados	3 Condutores Carregados	2 Condutores Carregados	3 Condutores Carregados	2 Condutores Carregados	Condutores Carregados
0,5	9	8	9	8	10	9
0,75	11	10	11	10	13	11
1	14	12	13	12	15	14
1,5	17,5	15,5	16,5	15	19,5	17,5
2,5	24	21	23	20	27	24
4	32	28	30	27	36	32
6	41	36	38	34	46	41
10	57	50	52	46	63	57
16	76	68	69	62	85	76
25	101	89	90	80	112	96
35	125	110	111	99	138	119
50	151	134	133	118	160	144
70	192	171	168	149	213	184
95	232	207	201	179	258	223
120	269	239	232	206	299	259
150	309	275	265	236	344	299
185	353	314	300	268	392	341
240	415	370	351	313	461	403
300	477	426	401	358	530	464
400	571	510	477	425	634	557
500	656	587	545	486	729	642

Fonte: Tabela 36 da NBR 5410:2004.

Componentes utilizados nas instalações   125

Tabela 13.6 – Fatores de correção aplicáveis a condutores agrupados em feixe (em linhas abertas e fechadas).

Ref	Forma de agrupamento	Número de circuitos ou cabos multipolares											
		1	2	3	4	5	6	7	8	9 a 11	12 a 15	16 a 19	≥ 20
1	Em feixe: ao ar livre ou sobre superfície, embutidos, em conduto fechado	1,0	0,8	0,7	0,65	0,6	0,57	0,54	0,52	0,5	0,45	0,41	0,38

Fonte: Tabela 42 da NBR 5410:2004.

Exemplo de aplicação[3]

A corrente de projeto de um circuito que será dimensionado é de 18 A. O cabo utilizado tem isolação em PVC e a temperatura ambiente é de 35ºC. Visando utilizar as tabelas apresentadas, o número de circuitos dentro do eletroduto será 4 e o método de referência é o B1, que representa condutores isolados ou cabos unipolares em eletroduto de seção circular embutido em alvenaria.

Seguindo a coluna do método B1 (veja Tabela 13.3), observando a quantidade de cabos carregados (veja Tabela 13.4) que neste caso citado são 2, fase e neutro. Em seguida procura-se o valor de corrente mais próximo da quantidade de "amperes" do circuito, no exemplo são 18. Neste caso a corrente mais próxima é 24 A (adota-se o valor superior e nunca o inferior).

Se a aplicação dos dados foi correta, a tabela de dimensionamento vai mostrar que o cabo seria o de 2,5 mm². Porém, é necessário levar em consideração a quantidade de circuitos dentro do eletroduto. Como no exemplo foram utilizados 4 circuitos, o fator de correção neste caso é de 0,65. Então, o valor da corrente de condução do condutor corrigida (Iz) será:

Iz = Ic x Fc

Iz = 24 x 0,65

Iz = 15,6 A

Como o valor encontrado (15,6 A) não é condizente com a condução necessária da corrente de projeto do circuito (18 A), o cabo de 2,5 mm² não vai conseguir conduzir a corrente correta, necessitando de um cabo mais grosso.

Voltando então para a tabela de dimensionamento (veja Tabela 13.5), o próximo valor dentro dos dados apresentados no exemplo é de 32 A.

---

3   MATTEDE, Henrique. *Como dimensionar cabos elétricos residenciais!* Disponível em: https://www.mundodaeletrica.com.br/como-dimensionar-cabos-eletricos-residenciais/. Acesso em: 2 de out. 2023.

Aplicando novamente a fórmula ($Iz = Ic \times Fc$), do fator de correção:

$Iz = 32$ A x 0,65

$Iz = 20,8$ A.

Portanto, o cabo ideal para este exemplo apresentado é o de 4,0 mm².

DIMENSIONAMENTO PELA QUEDA DE TENSÃO

Como foi visto, quando se projeta uma instalação elétrica predial é preciso considerar a capacidade de corrente elétrica dos condutores, em ampère, uma condição até que bastante conhecida pelos projetistas.

Entretanto, existe um detalhe que nem sempre quem vai fazer a instalação leva em consideração: a queda de tensão (veja Seção "Queda de tensão").

De modo geral, quanto mais grosso é o fio, maior é sua capacidade de conduzir a corrente elétrica. Se o fio escolhido para a linha principal for muito fino terá grande resistência à passagem de eletricidade. Quando a corrente que por ele passa aumentar em virtude de vários aparelhos estarem ligados à rede, a queda de tensão neste fio poderá não ser desprezível.

Isto costuma acarretar um mau funcionamento daqueles aparelhos, pois eles ficarão submetidos a uma voltagem inferior àquela para a qual foram projetados.

A queda da tensão elétrica faz com que não se tenha na tomada ou em um ponto de iluminação a tensão correta. Por exemplo, em circuitos longos, se a queda de tensão for muito significativa, pode ocorrer de equipamentos eletrônicos não ligarem, o chuveiro elétrico não aquecer a água como deveria, as luzes ficarem fracas etc. Isso ocorre devido ao consumo de energia e ao comprimento do condutor, ou seja, comprimento do circuito elétrico. Assim, quanto mais comprido é o circuito, maior a queda de tensão.

Para resolver essa anomalia na instalação é necessário utilizar um condutor elétrico de seção maior. Portanto, em circuitos longos, muitas vezes o cabo precisa ter uma seção nominal maior para reduzir a queda da tensão.

A NBR 5410:2004 define que a queda de tensão máxima permitida em um circuito terminal é de 4%. Adotando esse valor, e supondo que a tensão nominal seja 220V, o valor máximo permitido de queda de tensão é 8,8 V.

Considerando que para pequenos consumidores e pequenas cargas a corrente elétrica distribui-se de forma homogênea pelos condutores apesar do campo magnético gerado, será demonstrado, de modo simplificado, desconsiderando o efeito magnético, como calcular a queda de tensão de modo tolerável usando os valores de resistência dos condutores e algumas equações.[4]

---

4   Fonte: MATTEDE, H. Como calcular queda de tensão em condutores? Disponível em https://www.mundodaeletrica.com.br/como-calcular-queda-de-tensao-nos-condutores/ Acesso em 12 ago. 2021.

Exemplo de aplicação

Um cabo de cobre de seção 2,5 mm², alimentando uma tomada a 25 m da fonte alimentadora.

1º passo – calcular a resistência elétrica do cabo de cobre:

$$R = \frac{\rho \times L}{S}$$

em que:

R = resistência elétrica em ohm;

ρ = resistividade especifica do material (0,0172 para o cobre);

L = comprimento do condutor em metros;

S = seção do condutor em mm².

$$R = \frac{(0,0172 \times 25)}{2,5}$$

$$R = 0,172 \ \Omega$$

2º passo – calcular a "queda de tensão" (considerar que essa tomada alimenta uma carga que consome 9 A e que o fator de potência seja 0,8).

$$\Delta E = 2R \times I \times \cos \theta$$

em que:

ΔE = queda de tensão em volt.

R = Resistência elétrica por fase em ohm.

I = corrente elétrica em ampère.

$\cos \theta$ = fator de potência.

$$\Delta E = 2 \times 0,172 \times 9 \times 0,8$$

$$\Delta E = 2,47 \ V$$

3º passo – calcular o percentual de queda de tensão, considerando uma tensão de 127 V:

$$\Delta E \ \% = 100 \times \frac{\Delta E}{E}$$

em que:

$\Delta E\%$ = percentual de queda de tensão.

ΔE = queda de tensão em volt.

E = tensão em volt.

ΔE% =100 x (2,47/127)

ΔE% = 1,94 %

A norma NBR 5410:2004 - Instalações Elétricas de Baixa Tensão define que a queda de tensão máxima permitida em um circuito terminal é de 4%. Então, a tensão máxima permitida nesse caso é 4% de 127 V, ou seja, 5,08 V. Portanto, o resultado é satisfatório.

DIMENSIONAMENTO PELA SEÇÃO MÍNIMA

A seção mínima de condutor-fase em circuitos de instalações fixas em geral é estabelecida pela 13.7 (Tabela 47 da NBR 5410:2004).

A norma determina que o condutor neutro não pode ser comum a mais de um circuito. Ele deve ter a mesma seção do condutor de fase para seções menores que 25 mm e nos seguintes casos: circuitos monofásicos, bifásicos com neutro (duas fases + neutro) e circuitos trifásicos com neutro. Se o circuito for trifásico equilibrado com neutro, os condutores de fase e neutro forem constituídos do mesmo metal e o condutor neutro for protegido contra sobrecorrentes, a seção do neutro pode ser menor que a dos condutores de fase conforme mostra a Tabela 13.8 (Tabela 48 da NBR 5410:2004).

O dimensionamento do condutor de proteção deve atender a aspectos elétricos e mecânicos. A seção de qualquer condutor de proteção que não faça parte do mesmo cabo ou não esteja contido no mesmo conduto fechado que os condutores de fase não deve ser a inferior a: 2,5 mm² em cobre (16 mm² em alumínio), se for provida proteção contra danos mecânicos; 4 mm² em cobre (16 mm² em alumínio), se não for provida proteção contra danos mecânicos.

A seção mínima do condutor de proteção pode ser determinada através da Tabela 13.9 (Tabela 58 da NBR 5410:2004). Esta tabela é valida apenas se o condutor de proteção for constituído do mesmo metal que os condutores de fase.

Tabela 13.7 - Seção mínima dos condutores

Tipo de Instalação	Utilização do Circuito	Seção Mínima do Condutor (mm²)
Instalação Fixa	Circuito de iluminação	1,5
	Circuito de força (tomadas)	2,5
	Tomada de uso específico	De acordo com o equipamento a ser ligado
Ligações Móveis	Para um equipamento específico	Como especificado na norma do equipamento
	Para qualquer outra aplicação	0,75

Fonte: Tabela 47 da NBR 5410:2004.

Componentes utilizados nas instalações

Tabela 13.8 – Seção mínima do condutor neutro*

Seção dos condutores de fase mm²	Seção reduzida do condutor neutro mm²
S ≤ 25	S
35	25
50	25
70	35
95	50
120	70
150	70
185	95
240	120
300	150
400	185

*As condições de utilização desta tabela são dadas no item 6.2.6.2 da NBR 5410:2004
Fonte: Tabela 48 da NBR 5410:2004.

Tabela 13.9 - Seção mínima do condutor de proteção (PE)

Seção dos condutores de fase (mm²)	Seção mínima do condutor de proteção correspondente (mm²)
S ≤ 16	S
16 ≤ S ≤ 35	16*
S > 35	S/2*

*Para um condutor PEN (funções de neutro e proteção combinadas em um único condutor), a redução da seção só é permitida se não contrariar as regras de dimensionamento do condutor neutro.
Fonte: Tabela 58 da NBR 5410:2004.

CURTO-CIRCUITO

A corrente nominal é determinada pela carga da instalação, porém, a corrente de curto-circuito de modo geral não depende da carga, e sim das características do sistema elétrico de distribuição.

As correntes de curto-circuito são provenientes de defeitos graves (falha de isolação para o terra, para o neutro, ou entre fases distintas) e produzem correntes elevadíssimas, normalmente superiores a 1000% do valor da corrente nominal do circuito.

De acordo com o item 5.3.5 da NBR 5410:2004, a suportabilidade a correntes de curto- circuito dos condutores, determina o tipo de proteção dos mesmos, podendo modificar sua seção.

Os disjuntores de proteção devem ser capazes de interromper um curto-circuito de valor, no mínimo, igual ao valor da corrente de curto-circuito do ponto onde foram instalados.

SOBRECARGA

É importante ressaltar que a sobrecarga não é exatamente um critério de dimensionamento dos condutores, entretanto, intervém na determinação de sua seção.

De acordo com o item 5.4.3 da NBR 5410:2004, para que a proteção dos condutores contra sobrecargas fique assegurada, as características de atuação do dispositivo a provê-la devem ser tais que:

$$I_B \leq I_n \leq I_z \times K_1 \times K_2 \times K_3$$

$$I_2 \leq 1{,}45 \times I_z \times K_1 \times K_2 \times K_3$$

em que:

I_B = corrente de projeto, em A;

I_z = capacidade de condução de corrente dos condutores;

I_n = corrente nominal do dispositivo de proteção (ou corrente de ajuste

para dispositivos ajustáveis), nas condições previstas para sua instalação;

I_2 = corrente convencional de atuação, para disjuntores, ou corrente convencional de fusão, para fusíveis.

K1- fatores de correção para temperaturas ambientes diferentes, conforme NBR 5410:2004 (item 6.2.5.3);

K2- Correção de resistividade do solo, conforme NBR 5410:2004 (Tabela 41);

K3- fator de correção de agrupamento (agrupamento de mais de um circuito em um mesmo eletroduto), conforme NBR 5410:2004 (Tabela 43).

A condição, $I_2 \leq 1{,}45 \times I_z$, é aplicável quando for possível assumir que a temperatura limite de sobrecarga dos condutores não venha a ser mantida por um tempo superior a 100 h durante 12 meses consecutivos, ou por 500 h ao longo da vida útil do condutor. Quando isso ocorrer, a condição deve ser substituída por:

$$I_2 \leq I_z$$

PROTEÇÃO CONTRA CHOQUES ELÉTRICOS

De acordo com o item 5.1.2.2.4 da NBR 5410:2004, os requisitos básicos para proteção contra choques elétricos são: equipotencialização da proteção e seccionamento automático que pode ser feito através de dispositivos de proteção a sobrecorrente e dispositivos de proteção a corrente diferencial-residual (DR).

CAPÍTULO 14

Dispositivos de manobra

Os dispositivos de manobra, também chamados de dispositivos de comando, são aqueles que interrompem os circuitos, isto é, impedem a passagem de corrente. Apesar de parecer um detalhe sem importância, o arquiteto deve escolher bem os lugares onde os interruptores e as tomadas serão instalados.

Os eletrodomésticos não devem ser colocados onde existem interruptores. Na verdade, os interruptores é que devem ser instalados de acordo com a colocação dos eletrodomésticos no *layout* da arquitetura. Se o arquiteto não atentar a este detalhe, os interruptores podem comprometer até mesmo a decoração, além de se tornarem pouco úteis no cômodo.

Por exemplo, em uma cozinha, é importante planejar a localização dos interruptores levando em consideração a posição dos eletrodomésticos, como o fogão e a geladeira. Se os interruptores forem instalados sem considerar o *layout*, podem interferir na estética e na funcionalidade da cozinha.

Para evitar que isso ocorra, uma boa dica é planejar onde os interruptores serão instalados e cogitar múltiplas alternativas com antecedência. Devem ser previstos no *layout* do projeto arquitetônico os eletrodomésticos mais importantes, além de outros que poderão ser adquiridos pelo futuro morador.

Dessa maneira, será mais fácil decidir quantos interruptores e tomadas serão necessários e onde eles poderão ser instalados. Entretanto, o excesso de interruptores e tomadas espalhadas pela casa também pode prejudicar a decoração dos ambientes.

A cor desses dispositivos também é importante. Deve-se priorizar a escolha de tomadas e interruptores neutros e claros, evitando dar destaque a esses detalhes da casa. Alguns projetos de decoração sugerem o uso de interruptores modernos, coloridos ou decorados.

Na etapa de planejamento dos pontos, o arquiteto também deve priorizar a acessibilidade e a segurança, particularmente se entre os moradores houver algum idoso. Se na casa houver crianças, uma boa opção são os protetores de tomada com o intuito de aumentar a segurança e evitar choques elétricos. A seguir apresentam-se os principais dispositivos de manobra utilizados nas instalações elétricas prediais.

INTERRUPTORES

São os dispositivos mais usados para comando de circuitos. A velocidade de abertura independe do operador. Podem ser de uma, duas ou três seções. Além dos tradicionais interruptores, existem hoje no mercado peças que funcionam como minicomputadores (controlam eletrodomésticos e reduzem o consumo de energia).

Os interruptores devem ter capacidade suficiente, em ampères, para suportar por tempo indeterminado as correntes que transportam. Sendo assim, para escolher um interruptor e não sobrecarregar a fiação elétrica é necessário saber quantas lâmpadas serão utilizadas no mesmo interruptor.

Os interruptores devem ser instalados em locais de fácil acesso e próximo aos pontos de entrada e saída dos ambientes. Quando o ambiente possui uma única passagem para entrar e sair, a instalação de apenas um interruptor é suficiente. Se houver duas ou mais passagens será importante definir pontos adicionais de interruptores para evitar a circulação de pessoas dentro de um ambiente sem iluminação, o que pode ocasionar acidentes. É importante lembrar que os interruptores também podem ser colocados em pontos estratégicos dentro do ambiente, visando o conforto dos usuários: próximos às camas, por exemplo, para que seja possível apagar a luz sem se levantar.

As dependências muito grandes, com muitas luminárias, podem ter o comando concentrado num quadro de distribuição. Já os compartimentos pequenos, por exemplo, de uma residência, devem ter os interruptores localizados junto às portas, à distância de 10 cm a 15 cm da guarnição.

A altura de instalação de interruptor varia de 1,10 m a 1,20 m em relação ao piso assentado. Fora desse intervalo, há necessidade de se especificar no desenho.

Os interruptores utilizados para o comando de iluminação podem ser de três tipos: simples, paralelo e intermediário.

Dispositivos de manobra

Figura 14.1 Interruptores de embutir de teclas simples, dupla e tripla.

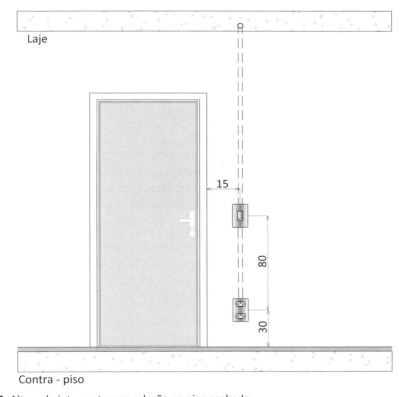

Figura 14.2 Altura do interruptor em relação ao piso acabado.

INTERRUPTOR SIMPLES

Os interruptores simples (comuns) são os controladores de circuito mais usados nas instalações elétricas prediais. Esses interruptores permitem o comando de um ponto apenas e podem ser encontrados com uma, duas ou três seções, permitindo comandar de uma a três lâmpadas ou conjunto de lâmpadas.

Para escolher o interruptor, deve-se saber qual sua capacidade para resistir à corrente do circuito. Por exemplo, um interruptor de cinco ampères deverá ser escolhido até a seguinte carga em 127 volts:

$P = U \times I$

$P = 127 \times 5 = 635\ W$

INTERRUPTOR DUPLO

Esse tipo de interruptor permitem que as lâmpadas sejam acionadas separadamente. É utilizado em ambientes onde é preciso obter uma iluminação separada como por exemplo, em salas, áreas externas e outras. Cada tecla do interruptor é responsável por acender ou apagar uma lâmpada ou conjunto de lâmpadas em momentos diferentes, pois os condutores de retorno são separados. Isso sem interferir no funcionamento da outra lâmpada ou conjunto de lâmpadas.

INTERRUPTOR MÚLTIPLO[1]

Assim como o interruptor duplo, os interruptores múltiplos geralmente são usados em ambientes onde é preciso obter uma iluminação separada. Neste caso, é possível acionar mais de duas lâmpadas ou conjunto de lâmpadas em momentos diferentes, ou seja, cada tecla do interruptor é responsável por acender e apagar uma lâmpada ou conjunto de lâmpadas diferentes, pois os condutores de retorno também são separados.

Os interruptores múltiplos podem ser encontrados como interruptor triplo, interruptor quadruplo e interruptor quíntuplo, podendo acionar três, quatro, cinco e seis lâmpadas ou conjuntos de lâmpadas de forma separada. É importante destacar que através dos interruptores modulares é possível obter os interruptores múltiplos.

INTERRUPTOR PARALELO

O interruptor paralelo tem aspecto externo semelhante ao interruptor simples, mas as ligações que permite são diferentes. É utilizado quando for necessário o comando de locais distintos. São muito usados em escadas ou dependências cujas luzes, pela extensão ou por comodidade, se desejam apagar ou acender de pontos diferentes (ao subir ou descer a escada de um prédio, por exemplo, a pessoa acende a luz e, quando atinge o outro pavimento, pode apagá-la).

---

1 Fonte: https://www.mundodaeletrica.com.br/conheca-os-principais-tipos-de-interruptores/ acesso em 28/7/2021.

INTERRUPTOR INTERMEDIÁRIO

Quando houver necessidade de comandar o circuito em vários pontos diferentes, é utilizado um interruptor intermediário. Como inversor do sentido da corrente, é utilizado em combinação com dois paralelos e serve, por exemplo, para interromper o circuito em quatro ou mais pontos diferentes. Normalmente, é indicado para grandes ambiente que necessitam de diversos pontos de acionamento para uma mesma lâmpada ou conjunto de lâmpadas, comumente utilizado em escadas e corredores por exemplo.

INTERRUPTOR BIPOLAR

Os interruptores bipolares podem possuir as mesmas características dos interruptores citados acima. São usados para ligar e desligar uma lâmpada ou conjunto de lâmpadas bifásicas, normalmente de 220V. Em casos de acionamento de lâmpadas ou conjuntos de lâmpadas bifásicos, de acordo com as normas técnicas de segurança, é obrigatório interromper as duas fases para evitar acidentes.

ESQUEMAS DE LIGAÇÃO E FIAÇÃO DE INTERRUPTORES

A seguir, apresentam-se alguns esquemas de ligação e fiação mais comuns de interruptores.

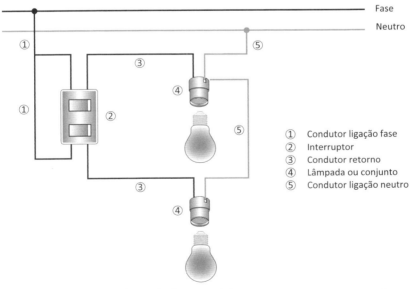

Figura 14.3 Esquema de ligação e fiação de dois ou mais interruptores em uma mesma caixa comandando lâmpadas ou grupos de lâmpadas.

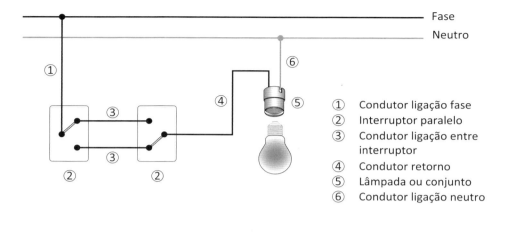

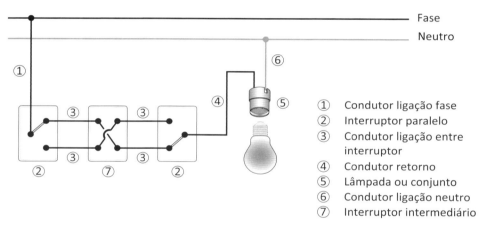

Obs.: Usam-se dois paralelos e tantos intermediários quantos forem os comandos acima de dois lugares.

Figura 14.4 Esquema de ligação e fiação de interruptor paralelo para o comando de apenas dois lugares.

DIMMER

Os dimmers representam uma opção moderna e versátil de interruptores para o controle de iluminação, permitindo ajustar a intensidade da luz de forma gradual e personalizada, adequada para diversas atividades. Além de criar ambientes aconchegantes, eles oferecem vantagens como economia de energia, prolongamento da vida útil das lâmpadas e adaptação a várias fontes de luz, incluindo LED. Modelos avançados podem incluir controle remoto, programação e integração com sistemas de automação residencial, tornando-os uma escolha versátil e conveniente para iluminação residencial e comercial.

CONTACTORES E CHAVES MAGNÉTICAS

Os contactores ou chaves magnéticas são chaves que, além da capacidade de interromper circuitos (comandam o desligamento e a parada) com acionamento eletromagnético, servem como proteção contra sobrecargas e curtos-circuitos.

São muito utilizados para comandar motores e iluminação pesada (estádios, ginásios, indústrias etc.).

CHAVE-BOIA

É um dispositivo que serve para controlar o nível de água ou outro fluido. Quando utilizadas, no caso do abastecimento de água em edifícios, as chaves-boia dos reservatórios superior e inferior devem ser ligadas em série, de modo que o circuito da chave magnética somente se complete quando o reservatório superior estiver vazio e o inferior, cheio.

CAMPAINHA OU CIGARRA

A campainha é um equipamento que, quando energizado, emite um sinal sonoro ou ruído. Ela tem a finalidade de atrair a atenção dos moradores, no caso das instalações residenciais, ou chamar pessoas. Geralmente, são instaladas em residências, anunciando um visitante; em colégios e indústrias, alertando sobre os horários. Para se acionar uma campainha ou cigarra, utiliza-se um interruptor especial, que por seu acionamento, restabelece a passagem de corrente elétrica no circuito. A campainha ou cigarra deve ser acionada apenas por um curto intervalo de tempo; por isso, os interruptores utilizados para o seu acionamento são providos de um mecanismo (mola) que força a abertura dos contatos imediatamente após o acionamento do interruptor.

SENSOR DE PRESENÇA

Ao detectar a presença de pessoas ou animais (por meio de variação da temperatura), liga automaticamente a iluminação de áreas de passagem rápida. É utilizado em *halls*, corredores, garagens etc. Depois de acionado, o sensor desliga em aproximadamente 30 segundos, após não detectar mais nenhuma variação de temperatura. Dessa forma, economiza-se energia evitando que as lâmpadas fiquem acesas sem necessidade.

CAPÍTULO 15
Tomadas de corrente

As tomadas são peças que permitem a captação de tensão alimentadora de um circuito. A maior parte dos equipamentos de utilização é alimentada por meio de tomadas de corrente, por exemplo, os aparelhos eletrodomésticos.

Nas instalações prediais, podemos considerar dois tipos de tomadas: as tomadas de uso geral (TUG), com capacidade até 10 A e a as tomadas de uso específico (TUE), com capacidade de 20 A para uso residencial ou comercial.

A localização das tomadas deve se adequar à posição em que, em condições normais, o equipamento será instalado. Por exemplo, em uma cozinha, é importante que as tomadas estejam meia altura para que seja possível ligar eletrodomésticos e manuseá-los facilmente. Outro exemplo é o chuveiro, que necessita de um ponto alto sem tomada.

É importante lembrar que locais como sala, cozinha e dormitório, possuem certos aparelhos elétricos que contêm fios mais curtos. Isso significa que é preciso planejar a localização de cada tomada e interruptor, para que esses aparelhos fiquem próximos do ponto de acesso e não seja preciso usar extensão elétrica.

Uma tomada instalada muito próxima ao piso também pode causar problemas: eventualmente, ela pode molhar e acabar colocando a segurança dos moradores em risco.

TOMADAS DE USO GERAL

São tomadas que não se destinam à ligação de equipamentos específicos; nelas são sempre ligados aparelhos portáteis, como enceradeiras, aspiradores de pó, abajures etc. A potência dessas tomadas é 100 W, indistintamente. A fiação mínima para tomadas de uso geral é de 2,5 mm².

Em geral, as tomadas são representadas em desenho, com três tipos de altura:

- Tomada baixa: de 20 cm a 30 cm do piso acabado;
- Tomada média: de 100 cm a 130 cm do piso acabado;
- Tomada alta: de 180 cm a 220 cm do piso acabado.

Figura 15.1 Tomadas e conjunto (tomada e interruptor).

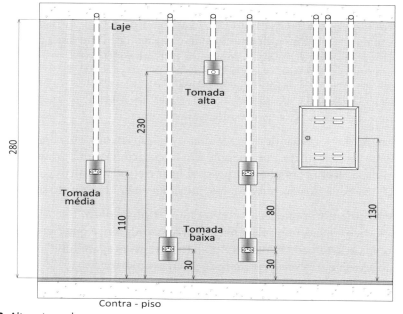

Figura 15.2 Altura tomadas.

Essas alturas são as mais comuns. Para alturas diferentes, há necessidade de indicação da altura junto da representação no desenho. É aconselhável um resumo das alturas de tomadas junto à legenda, na folha de desenho.

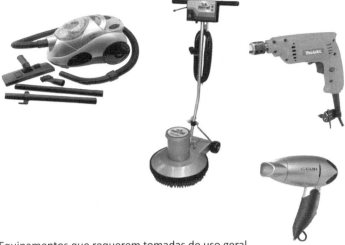

Figura 15.3 Equipamentos que requerem tomadas de uso geral.

TOMADAS DE USO ESPECÍFICO

As tomadas de uso específico são aquelas destinadas à ligação de equipamentos fixos ou estacionários com corrente nominal de 20 A. São exemplos de equipamentos (aparelhos) específicos: forno de micro-ondas, lavadora de louças, ar-condicionado etc. A fiação mínima para as tomadas de uso específico é de 4 mm².

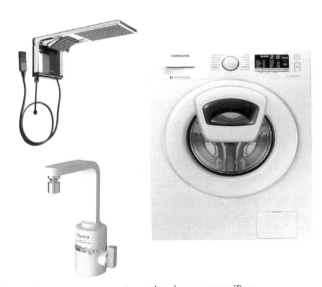

Figura 15.4 Equipamentos que requerem tomadas de uso específico.

QUANTIDADE MÍNIMA DE TOMADAS

É muito comum, na maioria das instalações, uma deficiência de tomadas. O arquiteto sempre deve estar atento aos novos aparelhos eletrodomésticos, que surgem anualmente no mercado, para poder prever uma quantidade de tomadas adequadas.

A quantidade mínima de pontos de tomadas varia de acordo com o cômodo da residência e suas dimensões, segundo prescrições da NBR 5410:2004, mas o número pode ser maior dependendo do perfil de consumo dos moradores. Para calcular a quantidade de tomadas se faz necessário, inicialmente, o estudo do projeto de arquitetura. Com base no *layout* da arquitetura, o engenheiro elétrico pode calcular e locar no projeto de instalações elétricas prediais a quantidade de tomadas de uso geral (TUG) em número suficiente para atender às necessidades do local, bem como a quantidade de tomadas de uso específico (TUE) para os equipamentos fixos e estacionários mais comuns.

TOMADAS DE USO GERAL

Deve-se considerar no mínimo o número de tomadas em função da área construída e carga mínima 100 W e 600 W para a cozinha, área de serviço e banheiro, conforme indicado nas tabelas das distribuidoras de energia elétrica. De acordo com a NBR 5410:2004, a quantidade de tomadas de uso geral é estabelecida a partir do cômodo em estudo, fazendo-se necessário ter: ou o valor da área; ou o valor do perímetro; ou o valor da área e do perímetro.

Instalações residenciais

Para áreas acima de 250 m², o interessado deve declarar o número de tomadas conforme o projeto elétrico da sua residência. No caso do cliente declarar um número maior de tomadas em função da área construída, este prevalecerá. Nas unidades residenciais e nas acomodações de hotéis, motéis e similares, o número de tomadas de uso geral deve ser fixado de acordo com o seguinte critério:

- Cômodos ou dependências com área igual ou inferior a 6 m²: no mínimo, um ponto de tomada;

- Salas e dormitórios, independentemente da área, e cômodos ou dependências com área superior a 6 m²: no mínimo, um ponto de tomada para 5 m ou fração de perímetro, espaçadas tão uniformemente quanto possível;

- Cozinhas, áreas de serviço, lavanderias e locais análogos: no mínimo, um ponto de tomada para cada 3,5 m ou fração de perímetro, independentemente da área. Acima da bancada da pia devem ser previstas, no mínimo, duas tomadas de corrente, no mesmo ponto ou em pontos separados;

- *Halls*, corredores, subsolos, garagens, mezaninos e varandas: pelo menos, um ponto de tomada;

- Banheiros: no mínimo, um ponto de tomada junto ao lavatório com uma distância mínima de 60 cm do limite do boxe.

Em *halls* de escadaria, salas de manutenção e salas de localização de equipamentos, como casas de máquinas, salas de bombas, barrilete e locais semelhantes deve-se prever, no mínimo, uma tomada.

Em diversas aplicações, é recomendável prever uma quantidade de pontos de tomadas maior do que o mínimo calculado, evitando-se, assim, o emprego de extensões e benjamins (tês), que, além de desperdiçarem energia, podem comprometer a segurança da instalação elétrica.

Instalações comerciais

Para calcular a quantidade mínima de tomadas de uso geral nas instalações comerciais, deve-se obedecer aos seguintes critérios:

- Escritórios com áreas iguais ou inferiores a 40 m²: uma tomada para cada 3 m, ou fração de perímetro, ou uma tomada para cada 4 m² ou fração de área (usa-se o critério que conduzir ao maior número de tomadas);

- Escritórios com áreas superiores a 40 m²: dez tomadas para os primeiros 40 m²; uma tomada para cada 10 m², ou fração de área restante;

- Lojas: uma tomada para cada 30 m², ou fração, não computadas as tomadas destinadas a lâmpadas, vitrines e demonstração de aparelhos.

Potência mínima das tomadas de uso geral

A potência mínima de tomadas de uso geral nas instalações residenciais e comerciais deve obedecer às seguintes condições:

- Cozinha, copas, copas-cozinhas, lavanderias, áreas de serviço, banheiros e locais semelhantes: atribuir, no mínimo, 600 VA por tomada, até três tomadas. Atribuir 100 VA para as excedentes, considerando cada um desses ambientes separadamente;

- Outros cômodos ou dependências (salas, escritórios, quartos etc.): atribuir, no mínimo, 100 VA para as demais tomadas;

- Instalações comerciais: atribuir 200 VA por tomada.

Aos circuitos terminais que sirvam às tomadas de uso geral em salas de manutenção e salas de localização de equipamentos (casas de máquinas, salas de bombas, barrilete etc.), deve ser atribuída uma potência de, no mínimo, 1.000 VA.

TOMADAS DE USO ESPECÍFICO

São aquelas destinadas à alimentação elétrica de apenas um eletrodoméstico com corrente nominal superior a 10 A. Entre os aparelhos que necessitam de uma tomada de uso específico, estão chuveiro, lava-louças, torneira elétrica, geladeira, ar-condicionado, bomba de piscina, aparelho de sauna, motor de portão automático, entre outros.

A quantidade de tomadas de uso específico, de acordo com a NBR 5410:2004, é estabelecida de acordo com o número de aparelhos de utilização que vão estar fixos em uma determinada posição no ambiente da edificação. Para saber o posicionamento das tomadas de uso específico, é fundamental a observância do *layout* da arquitetura.

As tomadas de uso específico devem ser instaladas, no máximo, a 1,5 m do local previsto para o equipamento a ser alimentado. Essa proximidade entre a tomada de uso específica e o equipamento a ser alimentado ajuda a evitar o uso de extensões elétricas, o que pode ser perigoso se não for feito corretamente.

Potência mínima das tomadas de uso específico

- Às tomadas de uso específico deve ser atribuída uma potência igual à potência nominal do equipamento a ser alimentado;

- Quando não for conhecida a potência nominal do equipamento a ser alimentado, deve-se atribuir à tomada de corrente uma potência igual à potência nominal do equipamento mais potente com possibilidade de ser ligado, ou à potência determinada a partir da corrente nominal da tomada e da tensão do respectivo circuito.

A seguir apresenta-se um exemplo de cálculo de tomadas de uso geral e específico de acordo com o critério estabelecido pela NBR 5410:2004.

Exemplo de aplicação

Calcular a quantidade mínima de tomadas de uso geral (TUG's) e tomadas de uso específico (TUE's) para os equipamentos fixos e estacionários (forno micro-ondas, lavadora de louças e chuveiro elétrico) da planta residencial, representada na Figura 15.5.

Tomadas de corrente

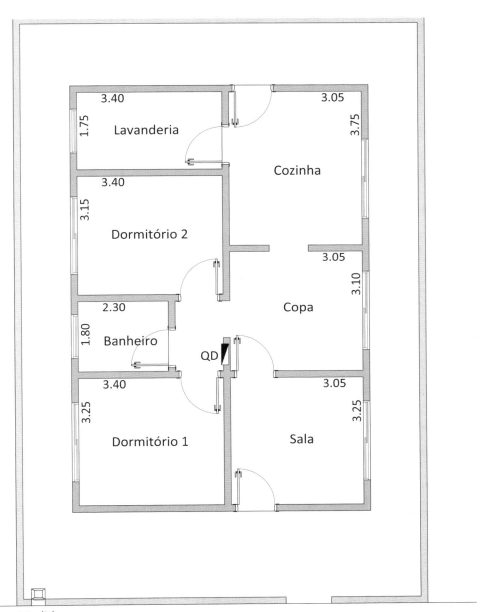

Medidor

QD - Quadro de distribuição

Figura 15.5 Planta residencial.

Tabela 15.1 Quantidade mínima de tomadas de uso geral e específico

Dependência	Dimensões		Quantidade Mínima	
	Área (m²)	Perímetro (m)	PTUG	PTUE
Sala	9,91	3,25 x 2 + 3,05 x 2 = 12,6	3	-
Copa	9,45	3,10 x 2 + 3,05 x 2 = 12,3	4	-
Cozinha	11,43	3,75 x 2 + 3,05 x 2 = 13,6	4	1 forno de micro-ondas 1 lavadora de louças
Dormitório 1	11,05	3,25 x 2 + 3,40 x 2 = 13,3	3	-
Dormitório 2	10,71	3,15 x 2 + 3,40 x 2 = 13,1	3	-
Banho	4,14	1,80 x 2 + 2,30 x 2 = 8,2	1	1 chuveiro elétrico
Área de serviço	5,95	1,75 x 2 + 3,40 x 2 = 10,3	3	-
Hall	1,80	-	1	-
Área externa	-	-	-	-

Obs.: Em área inferior a 6 m², não interessa o perímetro.

Tabela 15.2 Prevendo as cargas de pontos de tomadas de uso geral e específico

Dependência	Dimensões		Quantidade		Previsão de cargas	
	Área (m²)	Perímetro (m)	PTUG	PTUE	PTUG	PTUE
Sala	9,91	12,6	4*	-	4 x 100 VA	-
Copa	9,45	12,3	4	-	3 x 600 VA 1 x 100 VA	-
Cozinha	11,43	13,6	4	2	3 x 600 VA 1 x 100 VA	1 x 1.200 W (forno de micro-ondas) 1 x 1.500 W (lavadora de louças)
Dormitório 1	11,05	13,3	4*	-	4 x 100 VA	-
Dormitório 2	10,71	13,1	4*	-	4 x 100 VA	-
Banho	4,14	8,2	1	1	1 x 600 VA	1 x 3.500 W (chuveiro)
Área de serviço	5,95	10,6	3	-	3 x 600 VA	-
Hall	1,80	-	1	-	1 x 100 VA	-
Área externa	-	-	-	-	-	-

* *Obs.*: Nesses cômodos, optou-se por instalar uma quantidade de PTUGs maior do que a quantidade mínima anteriormente calculada.

Tomadas de corrente **147**

Figura 15.6 Posicionamento das tomadas em função do *layout*.

ESQUEMAS DE LIGAÇÃO E FIAÇÃO DE TOMADAS

A seguir, apresentam-se alguns esquemas de ligação e fiação mais comuns de tomadas.

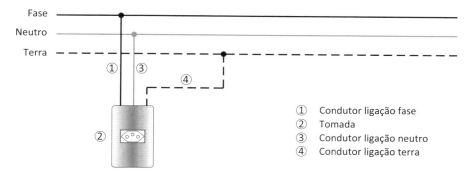

Figura 15.7 Esquema de ligação (fiação) para uma tomada simples.

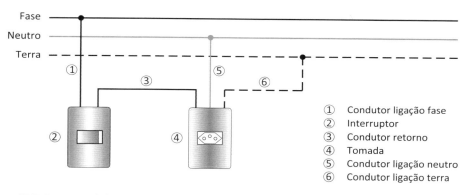

Figura 15.8 Esquema de ligação (fiação) para uma tomada de exaustor.

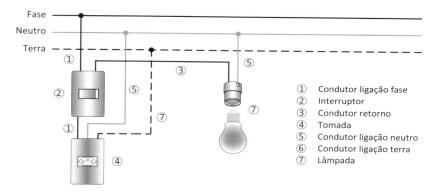

Figura 15.9 Esquema de ligação (fiação) para interruptor com tomada.

CAPÍTULO 16

Aparelhos de iluminação

Os aparelhos de iluminação (luminárias) visam basicamente a: permitir a produção de luz por lâmpadas que possam ser substituídas; filtrar ou modificar a luz emitida pelas lâmpadas; evitar ofuscamento; dirigir a luz para onde for desejado; e ainda servir como elemento de decoração.

Nas instalações prediais residenciais, os tipos de luminárias mais comuns incluem plafons para iluminação geral, lustres decorativos para áreas de estar, arandelas para iluminação indireta, spots direcionais para destacar objetos, luminárias embutidas para cozinhas e banheiros, abajures de mesa para iluminação localizada, fitas LED versáteis, balizadores para caminhos externos, pendentes suspensos e plafons de sobrepor quando uma instalação embutida não é possível. A escolha da iluminação depende da função e do estilo desejado para cada espaço, contribuindo para uma iluminação eficaz e uma estética agradável na residência.

A iluminação emitida pelos aparelhos de iluminação pode ser classificada em cinco sistemas conforme sua distribuição (veja Tabela 16.1): iluminação direta, semi-indireta, difusa ou mista, semi-indireta e indireta.

A maioria dos modelos de embutir, principalmente os de teto, são instalados pelo sistema de encaixe sob pressão, oferecendo luz direta ou indireta. As peças apresentam foco fixo ou regulável, permitindo composições bastante variadas. Confeccionadas geralmente em metal (latão, alumínio e aço), essas luminárias têm diferentes desenhos e acabamentos para acompanhar qualquer tipo de decoração.[1] De acordo com as prescrições gerais da NBR 5410:2004, os equipamentos de iluminação instalados em locais molhados ou úmidos devem ser especialmente projetados para esse uso, de forma que, quando instalados, não permitam que a água se acumule em condutor, porta-lâmpadas ou outras partes elétricas.

Os equipamentos de iluminação devem ser firmemente fixados, e a fixação de equipamentos de iluminação pendentes deve ser tal que: rotações repetidas no mesmo sentido não possam causar danos aos meios de sustentação; a sustentação não seja efetuada por intermédio dos condutores de alimentação; um vínculo isolante separe as partes metálicas de seu suporte.

A princípio, a quantidade de pontos de luz, suas potências e sua distribuição num edifício devem ser obtidos mediante um projeto específico de iluminação. A potência a ser instalada é calculada em função da área do compartimento, do tipo de luz, do modelo da luminária, do tipo de pintura nas paredes e do fator de manutenção.

Figura 16.1 Exemplos de aparelhos de iluminação (pontos de luz).

---

1   Cavalcanti, Mariza. Tire partido da iluminação embutida em todos os ambientes. Arquitetura & Construção, São Paulo, Abril, n. 9, p. 96-97, set. 1990

Tabela 16.1 Sistemas de iluminação

Iluminação direta	A totalidade do fluxo luminoso emitido é dirigido sobre a superfície a iluminar.	Evita que haja grandes perdas por absorção no teto e paredes. Produz grandes sombras e encadeamento.
Iluminação semi-direta	A maior parte do fluxo é dirigido para a superfície a iluminar (60% a 90%), dirigindo-se o restante noutras direções.	Neste caso o contraste sombra-luz não é tão acentuado como no sistema de iluminação direta.
Iluminação difusa ou mista	O fluxo luminoso distribui-se em todas as direções.	Não há praticamente zonas de sombra nem encadeamento. Uma boa parte do fluxo luminoso chega à superfície a iluminar por reflexão no teto e paredes.
Iluminação semi-indireta	Cerca de 60% a 90% do fluxo luminoso é dirigido para o teto.	Evita praticamente o encadeamento. Tem a desvantagem de proporcionar um baixo rendimento luminoso devido às elevadas perdas por absorção no teto e paredes.
Iluminação indireta	Neste tipo de iluminação 90% a 100% do fluxo luminoso é dirigido para o teto.	Anula o encadeamento. Tem um rendimento luminoso muito baixo devido às elevadas perdas por absorção no teto e paredes.

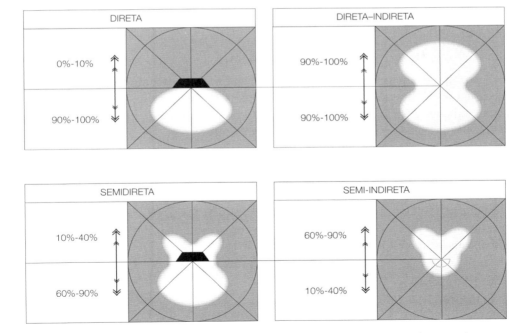

Figura 16.2 Classificação das luminárias conforme o tipo de distribuição luminosa *(continua)*.

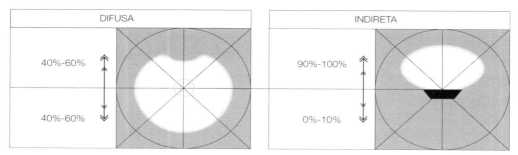

Figura 16.2 Classificação das luminárias conforme o tipo de distribuição luminosa *(continuação)*.

TIPOS DE LUMINÁRIAS SEGUNDO A FORMA DE APLICAÇÃO DA LUZ

LUMINÁRIA COMUM

É a forma mais encontrada de aplicação da luz, que se dispersa por todo o ambiente. Dependendo da necessidade e da potência da lâmpada, pode ser usada isolada ou em série. Esse tipo de luminária deve ser evitado quando o pé-direito do ambiente for muito baixo, pois, como não controla a direção da luz, pode causar ofuscamento.

LUMINÁRIA DIRECIONADORA DE LUZ

É um tipo de aparelho muito utilizado, mas é principalmente aplicada quando há necessidade de direcionar o foco da luz. Muitas possuem refletores, o que melhora ainda mais a eficiência da luz focalizada. É preciso evitar que se direcione para a altura dos olhos das pessoas que transitam no ambiente.

LUMINÁRIA DE LUZ INDIRETA

Seu efeito estético peculiar atrai muito os projetistas. É usada para valorizar formas arquitetônicas e objetos decorativos, e como a luz não incide diretamente nos olhos, causa um conforto visual muito agradável.

LUMINÁRIA DECORATIVA

Não precisa ter necessariamente a função de iluminar, pois sua função é muito mais estética que funcional.

LUMINÁRIA COM REFLETORES E ALETAS PARABÓLICOS

Esse tipo de luminária, apesar de ter um nome bastante estranho, é muito comum em locais de trabalho e estudo. Desenvolvidas para lâmpadas fluorescentes, distribuem bem a iluminação pelo ambiente, produzindo um excelente conforto visual, evitando reflexões diretas ou indiretas nos olhos ou aparelhos como telas de microcomputador e televisão.

TIPOS DE LÂMPADAS[2]

São vários os tipos de lâmpadas e modelos para uso residencial, e a escolha vai depender exclusivamente do gosto de cada um e da linha adotada pelo projeto de arquitetura. É importante ressaltar que a escolha da lâmpada e da luminária bem como de sua posição são prerrogativas do arquiteto ou design de interiores.

As lâmpadas mais utilizadas nas instalações prediais são: a nova geração de fluorescentes compactas e de LED, que economizam energia, as halógenas, as dicroicas e as multivapores. Cada tipo serve para uma iluminação específica.

Desde julho de 2016, as lâmpadas incandescentes tiveram sua venda suspensa no Brasil por não atenderem à portaria do Ministério de Minas e Energia que determinou eficiência luminosa mínima para a fabricação e comercialização de lâmpadas no país.

As lâmpadas halógenas, disponíveis nos modelos palito, bipino, dicroica e *sealed beam*, são incandescentes que sofreram a adição de gases halógenos (os gases reagem com as partículas de tungstênio liberadas pelo filamento). São mais duradouras (entre 2.000 e 4.000 horas) que as lâmpadas incandescentes e possuem excelente padrão na reprodução de cores. Esse tipo de lâmpada é ideal para ambientes que precisam de muita luz e que possuem pé-direito alto.

As dicroicas são dotadas de um refletor capaz de reduzir o calor excessivo produzido por esse tipo de lâmpada. Desse modo, evita-se que o calor afete a área iluminada. Por isso, são ideais, por exemplo, para iluminação de obras de arte. Na instalação dessas lâmpadas, é indispensável a presença de um transformador (quase sempre integrado à luminária) para diminuir a tensão de 110 ou 220 volts para apenas 12 volts, a potência exigida.

As lâmpadas fluorescentes podem ser classificadas de acordo com seu formato: as tradicionais lâmpadas fluorescentes tubulares (utilizadas em cozinhas, áreas de serviço e locais similares) e as compactas (utilizadas em salas de estar e jantar e dormitórios), que gastam bem menos energia.

---

2   COSTA, Danilo; MEDEIROS, Edson G. Luz sob controle. *Arquitetura & Construção*, São Paulo, Abril, n. 11, p. 104-105, nov. 2004.

Antigamente, existia certo preconceito em relação à utilização das lâmpadas fluorescentes em residências, pois, quando se falava em fluorescente, muitas pessoas imaginavam aquela luz azul que deixava as pessoas parecendo doentes. Hoje, isso faz parte do passado, pois existem várias cores. Antes de comprar, deve-se perguntar sobre a temperatura de cor. Ela vai de 2.700 K (Kelvin), que é a luz amarelada (que deixa o ambiente com características de mais quente), até mais de 6.000 K, bastante azulada (que deixa o ambiente com característica mais fria).

Graças ao aumento da vida útil, as lampadas LED (*light emitting diode*) se colocam como opção de alto desempenho para iluminação convencional. Apesar de ter cinco décadas de vida, somente agora em nosso país, esse tipo de iluminação está se consolidando como principal alternativa de iluminação de alta eficiência. Com o progressivo aumento de potência, maior vida útil, maior precisão de cor e padrão lumínico, essa tecnologia, aos poucos, ganha espaço também na iluminação convencional. Encontradas em três cores, no padrão RGB (vermelho, verde e azul), podem gerar até 16 milhões de cores, possibilitando diferentes cenários e climas, em ambientes internos e externos. Por permitir a reprodução de mídias, esse tipo de iluminação sempre chamou a atenção dos arquitetos, decoradores e técnicos de iluminação nas fachadas, espetáculos e estádios.

O desenvolvimento do LED branco – que, na verdade, nada mais é do que a cápsula (chip) azul revestida com pó de fósforo – permitiu que essa tecnologia evoluísse para diversas formas geradoras de luz, chegando à forma de lâmpadas para uso corporativo e até doméstico.

A aplicação do LED tem evoluído tanto nos aspectos técnicos quanto no aspecto econômico. Os LEDs atingiram maior capacidade de geração de luz por unidade e potência elétrica, maior estabilidade de cor branca, maior eficiência luminosa e, principalmente, custo mais competitivo, fatores que podem ser facilmente demonstrados por um estudo de viabilidade técnico-econômica.

Além disso, os LEDs são altamente versáteis e podem ser usados em uma variedade de configurações, incluindo lâmpadas, fitas flexíveis, luminárias embutidas, luminárias de teto, entre outros. A tecnologia LED tem sido fundamental para a transição para uma iluminação mais eficiente e sustentável em todo o mundo.

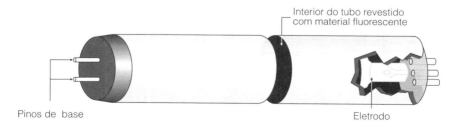

Figura 16.3 Constituição de uma lâmpada fluorescente comum.

Aparelhos de iluminação 155

Figura 16.4 Tipos de lâmpadas fluorescentes compactas (LFC).

Fonte: Osram/Philips.

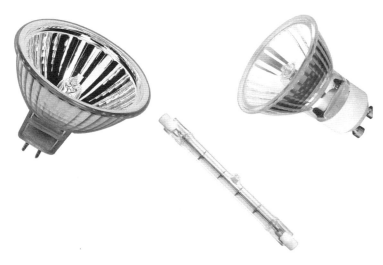

Figura 16.5 Tipos de lâmpadas especiais (halógenas dicroicas).

Fonte: Osram/Philips.

Figura 16.6 LEDs, suas aplicações em variadas necessidades de iluminação.

Tabela 16.2 Características das lâmpadas

Tipo de lâmpada	Potência (W)	Vida média (h)	Vantagens	Desvantagens	Observações
Vapor de mercúrio	80 125 250 400	15000	Boa eficiência luminosa, pequeno volume, longa vida média.	Custo elevado, que pode ser amortiza-do durante o uso; demora de quatro/cinco minutos para chegar à emissão luminosa máxima.	Necessita de dispositivos au-xiliares (reator) e é ligada somente em 220 volts.
Fluorescente comum	15 20 30 40	7500 a 12000	Ótima eficiência luminosa e baixo custo de funcio-namento. Boa re-produção de cores. Boa vida média.	Custo elevado de instalação (dependendo do tipo de reator).	Necessita de dis-positivos auxiliares (reator mais *starter* ou somente reator de partida rápida).
Fluorescente especial	16 32	7.500			
Fluorescente compacta	10 15 20 25 40	3000 a 12000	Ótima eficiência luminosa. Baixo custo. Boa vida média. Boa repro-dução de cores.	Custo mais elevado que as incandescentes.	A vida mediana diminui muito em função da frequên-cia de acendimentos e desligamentos.
Vapor de sódio alta pressão	50 70 100 150 250 400	18000	Ótima eficiência lu-minosa, longa vida útil, baixo custo de funcionamento, di-mensões reduzidas, nenhuma limitação para a posição de funcionamento, razoável rendimen-to cromático (apre-senta uma luz e cor branco-dourada).	Custo elevado que é amortizado com o uso. Demora em torno de cinco minutos para atingir 90% do fluxo luminoso total.	Necessita de dis-positivos auxiliares específicos (reator + ignitor) e é ligada em 220 volts.
Halógenas	20 35 50 75 100	2000	Iluminação deco-rativa (utilizada em vários segmentos).	Custo e consumo mais elevado.	Necessita de dis-positivos auxiliares para sua ligação.

(*continua*)

Aparelhos de iluminação **157**

Tabela 16.2 Características das lâmpadas *(continuação)*

Tipo de lâmpada	Potência (W)	Vida média (h)	Vantagens	Desvantagens	Observações
Dicróica	20 35 50	2000	Baixo custo de substituição devido ao grande número de horas de uso. Iluminação direcionada e decorativa (destaque).	Consumo de energia mais elevado. Luminosidade quente.	Pode ser ligada diretamente ou através de dispositivos auxiliares.
LED	7 9 12 15	25000	Baixo consumo de energia, maior tempo de vida útil, robustez praticamente não há liberação de calor e várias opções de cor.	Fiabilidade (muitas disparidades na qualidade dos dispositivos), preço mais elevado (uma boa lâmpada é necessariamente cara), razoável qualidade e projeção da luz.	As lâmpadas são ligadas através de dispositivos eletrônicos embutidos na própria lâmpada.

LÂMPADAS ECONÔMICAS

Entre as lâmpadas mais econômicas disponíveis no mercado atualmente, estão a fluorescente compacta (LFC) e a de LED. Em relação à diferença de consumo, as lâmpadas mais econômicas são as de LED, e são dois os principais motivos que explicam isso: o primeiro motivo é que a energia consumida pela LED é revertida quase que totalmente em luz e não em calor. Na prática, enquanto a LFC gasta em média 15 W, a mesma luminosidade em um ambiente pode ser alcançada por um LED com 10 W. O segundo motivo que demonstra que as lâmpadas mais econômicas são as de LED é a vida útil. Entretanto, apesar das lâmpadas de LED não "queimarem" como as demais lâmpadas, ela vai perdendo seu brilho lentamente. Sua vida útil é de 25 mil horas até que seu brilho caia a 70% da sua capacidade normal, momento que é considerado entre os pesquisadores quando de fato as pessoas passam a perceber a diminuição do brilho.

Tabela 16.3 Equivalências entre a antiga lâmpada incandescente comum, fluorescente compacta e LED

Incandescente comum	LFC	LED
40 W	10 W	7 W
60 W	15 W	9 W
75 W	20 W	12 W
100 W	25 W	15 W

CÁLCULO DE ILUMINAÇÃO

A quantidade de aparelhos de iluminação, suas respectivas potências, bem como sua distribuição num dado local de uma edificação, devem, em princípio, ser obtidas por um projeto específico de iluminação, elaborado por um profissional capacitado.

Um projeto de iluminação feito por um profissional capacitado, como um designer de iluminação ou um engenheiro eletricista especializado em sistemas de iluminação, leva em conta diversos fatores, tais como: requisitos funcionais, eficiência energética, e outros. Por exemplo, um escritório pode exigir uma iluminação mais intensa para facilitar a leitura, enquanto um ambiente mais relaxante, como uma sala de estar, pode se beneficiar de uma iluminação mais suave. Além de ser funcional, a iluminação também desempenha um papel importante no design de interiores.

A NBR 5410:2004 estabelece as condições mínimas que devem ser adotadas com relação à determinação das potências, bem como a quantidade e a localização dos pontos de iluminação e tomadas em unidades residenciais (casas e apartamentos) e acomodações de hotéis, motéis ou similares.

São vários os métodos para o cálculo da iluminação (veja a Seção "Luminotécnica"). Os principais requisitos para o cálculo da iluminação são a quantidade e qualidade da iluminação de uma determinada área, quer seja de trabalho, quer seja lazer ou simples circulação.

Para dimensionamento de circuitos de iluminação em instalações residenciais, não devem ser considerados pontos de luz com menos de 100 W no teto e 60 W na parede (arandela). Nos banheiros, é importante a previsão de uma arandela sobre a pia, além do ponto de luz no teto.

Em ambientes comerciais e industriais, é comum o uso de diferentes tipos de aparelhos de iluminação, como luminárias fluorescentes, de vapor de mercúrio, de sódio, entre outros. A escolha dessas luminárias deve ser cuidadosamente selecionada, atendendo às necessidades específicas de iluminação do espaço e a eficiência energética e não deve dispensar o projeto de iluminação.

Com relação à previsão de carga de iluminação, a NBR 5410:2004 (Instalações Elétricas de Baixa Tensão – Procedimentos) faz as seguintes prescrições:

- As cargas de iluminação em ambientes de trabalho devem ser determinadas como resultado da aplicação da ANBT NBR ISO/CIE 8995-1:2013 (Iluminação de ambientes de trabalho - Parte 1: Interior), que especifica os requisitos de iluminação para locais de trabalho internos e os requisitos para que as pessoas desempenhem tarefas visuais de maneira eficiente, com conforto e segurança durante todo o período de trabalho;

- Para os aparelhos fixos de iluminação, a descarga, a potência nominal a ser considerada deverá incluir a potência das lâmpadas, as perdas e o fator de potência dos equipamentos auxiliares (reatores e ignitores);

Aparelhos de iluminação

- Em cada cômodo ou dependência de unidades residenciais e nas acomodações de hotéis, motéis e similares, deve ser previsto pelo menos um ponto de luz fixo no teto, com potência mínima de 100 VA, comandado por interruptor de parede;

CARGA MÍNIMA DE ILUMINAÇÃO (NBR 5410:204)

A norma estabelece diretrizes e orientações para o projeto de carga de iluminação em instalações residenciais:

Condições para se estabelecer a quantidade mínima de pontos de luz

Deve-se prever, pelo menos, um ponto de luz no teto de cada cômodo, comandado por interruptor de parede. As arandelas no banheiro devem estar distantes, no mínimo, 60 cm do limite do boxe.

Condições para se estabelecer a potência mínima de iluminação

De acordo com a NBR 5410:2004, a carga de iluminação é feita em função da área do cômodo da residência.

- Para área igual ou inferior a 6 m², atribuir um mínimo de 100 VA;
- Para área superior a 6 m², atribuir um mínimo de 100 VA para os primeiros 6 m², acrescido de 60 VA para cada aumento de 4 m² inteiros.

Os valores apurados por esse método correspondem à potência destinada à iluminação para efeito de dimensionamento dos circuitos, e não necessariamente à potência nominal das lâmpadas.

ILUMINAÇÃO EXTERNA

É importante ressaltar que a NBR 5410:2004 não estabelece critérios para iluminação de áreas externas em residências. Portanto, a decisão fica por conta do projetista e do cliente. Embora a norma não estabeleça critérios, a escolha de iluminação externa é essencial em projetos de paisagismo. Iluminar elementos paisagísticos, como árvores e arbustos, pode realçar a beleza do ambiente, enquanto a iluminação de caminhos e áreas de estar aumenta a segurança e a utilidade do espaço. É aconselhável a utilização de lâmpadas LED de baixo consumo de energia, enquanto a introdução de sistemas de controle inteligentes pode melhorar o conforto e também reduzir o consumo de energia O resultado será uma iluminação externa com economia de energia, que realça a paisagem e cria um ambiente agradável para os ocupantes.

Exemplo de aplicação

Prever a carga de iluminação para dimensionamento dos circuitos da planta residencial representada na Figura 16.7. De acordo com a NBR 5410:2004, não devem ser considerados pontos de luz com menos de 100 W em cada cômodo:

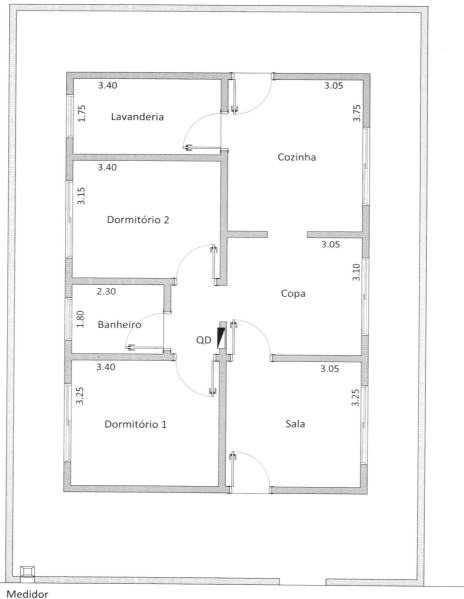

Medidor

QD - Quadro de distribuição

Figura 16.7 Planta residencial.

Aparelhos de iluminação

161

Tabela 16.4 Prevendo a carga de iluminação da planta residencial utilizada para o exemplo

Dependência	Dimensões área (m²)	Potência de iluminação (VA)
Sala	A = 3,25 x 3,05 = 09,91	100 VA
Copa	A = 3,10 x 3,05 = 09,45	100 VA
Cozinha	A = 3,75 x 3,05 = 11,43	160 VA
Dormitório 1	A = 3,25 x 3,40 = 11,05	160 VA
Dormitório 2	A = 3,15 x 3,40 = 10,71	160 VA
Banho	A = 1,80 x 2,30 = 04,14	100 VA
Área de serviço	A = 1,75 x 3,40= 05,95	100 VA
Hall	A = 1,80 x 1,00 = 01,80	100 VA
Área externa	—	100 VA

Fonte: Instalações Elétricas Residenciais, Prysmian.

Observação importante

Os valores da tabela correspondem à potência destinada à iluminação para efeito de dimensionamento dos circuitos, mas é possível utilizar lâmpadas com potência menor do que as recomendadas pela norma (por exemplo, lâmpadas de potência inferior a 100 W) em pontos de luz de instalações residenciais, desde que essas lâmpadas proporcionem uma iluminação adequada e atendam às necessidades do ambiente. As lâmpadas de tecnologia LED, por exemplo, são conhecidas por fornecer alta eficiência luminosa com potência reduzida, o que pode resultar em economia de energia. Portanto, a escolha das lâmpadas deve ser baseada na qualidade da luz, no ambiente específico e na eficiência energética, em vez de simplesmente seguir uma potência específica.

Por exemplo, uma lâmpada LED de 12 watts pode produzir a mesma quantidade de luz que uma lâmpada incandescente de 100 watts, enquanto uma lâmpada LED de 8 watts pode fornecer uma intensidade de luz equipada a uma lâmpada incandescente de 60 watts, lembrando que não se fabrica mais lâmpadas incandescentes. Esse princípio se estende a outras tecnologias, como lâmpadas fluorescentes compactas, onde uma LFC de 15 watts pode ser equivalente a uma lâmpada incandescente de 75 watts, e uma LFC de 10 watts pode oferecer uma iluminação semelhante a uma lâmpada incandescente de 60 watts. Essa flexibilidade permite escolher lâmpadas com menor potência, economizando energia sem comprometer a qualidade da iluminação desejada.

Embora as lâmpadas antigas incandescentes não sejam mais fabricadas em nosso país, a eficiência das lâmpadas econômicas, como as lâmpadas fluorescentes compactas (LFC) e LED, é frequentemente comparada às lâmpadas incandescentes tradicionais.

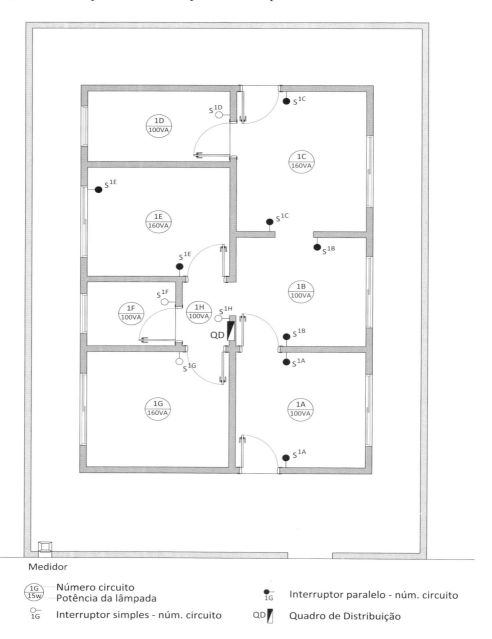

Figura 16.8 Interruptores e pontos de luz.

CAPÍTULO 17
Instalações prediais de telefonia

CONSIDERAÇÕES GERAIS

Este capítulo tem como objetivo estabelecer alguns parâmetros que devem ser observados na compatibilização do projeto arquitetônico com o projeto de telefonia.

Com a proliferação dos ramais, das extensões, das ligações para computadores, internet e dos pontos de TV a cabo, a telefonia ganhou destaque nas obras, tornando-se um item indispensável em qualquer projeto. Essa evolução tecnológica exige uma infraestrutura elétrica e de comunicações bem planejada e integrada ao projeto de arquitetura, garantindo a funcionalidade e a flexibilidade para acomodar as crescentes demandas de conectividade nas residências e ambientes comerciais.

Um projeto de instalação telefônica tem por objetivo dimensionar os cabos, bem como as caixas de distribuição associadas ao distribuidor geral. Deve ser baseado nas normas Telebrás, onde são definidas as quantidades de pontos de acordo com o fim a que se destina: se predial, comercial ou industrial.

Todos os projetos de tubulações telefônicas, referentes a edificações com três ou mais pavimentos e (ou) seis ou mais pontos telefônicos, deverão ser submetidos à aprovação da concessionária. Em tais casos, nenhuma tubulação telefônica deverá ser executada sem que seu projeto tenha sido aprovado. O pedido de aprovação deve ser elaborado conforme o padrão determinado pela concessionária de telefonia. Tal documento identifica a obra e os responsáveis técnicos pelo projeto.

É importante ressaltar, porém, que a entrada e as tubulações de telefonia devem ser exclusivas, ou seja, independentes de outras instalações. Além disso, os fios telefônicos devem ser sempre tubulados e embutidos.

As tubulações telefônicas podem ser divididas em três partes: tubulação de entrada, tubulação primária e tubulação secundária. A tubulação de entrada é a parte da tubulação que dá entrada ao cabo de rede externa da concessionária, compreendida entre a caixa de distribuição geral e o ponto terminal de rede. A tubulação primária interliga as caixas de distribuição com a caixa de distribuição geral e a tubulação secundária interliga as caixas de saída entre si e estas com as caixas de distribuição.

Os materiais a serem utilizados na instalação devem ser rigorosamente adequados às finalidades a que se destinam e devem satisfazer as normas aplicáveis da ABNT. Devem ser adquiridos em lojas especializadas, e a execução dos serviços, feita, preferencialmente, por profissionais habilitados. Todas as modificações que o construtor precisar introduzir em um projeto de tubulação deverão ser analisadas e aprovadas previamente pela concessionária.

Em função da escassa bibliografia sobre o assunto, valemo-nos do *Manual de instalação telefônica Telesp* (atual Vivo)[1] e da Norma de instalações telefônicas em edifícios, da CPFL.

Também foi importante para a pesquisa a Norma Telebras 224-3115-01/02, que aborda as instruções relativas aos procedimentos que devem ser seguidos para a apresentação e aprovação de projetos de tubulações telefônicas em prédios, e material específico fornecido pela Telesp (atual Vivo), que discorre sobre os procedimentos para a instalação de tubulação telefônica em residências.

Além das instalações elétricas e de telefonia, complementarmente, uma edificação necessita de uma série de sistemas adicionais: interfone, antena coletiva, TV por assinatura, internet, alarme patrimonial, circuito fechado de televisão (CFTV), alarme de incêndio e sonorização etc, e com o avanço tecnológico outros sistemas ainda surgirão.

Portanto, caberá ao projetista de instalações a elaboração de projetos específicos, os quais podem ser considerados como projetos independentes aos projetos principais e serem feitos separadamente.

---

1 Manual de Redes Telefônicas Internas: Tubulação Telefônica em Prédios – Projeto. v. 1. Departamento de Controle Operacional. Telecomunicações de São Paulo S.A., 1985.

ENTRADA TELEFÔNICA

Geralmente, a entrada telefônica segue praticamente o mesmo critério de entrada de energia elétrica. Deve ser preservada uma distância mínima de 20 cm entre o eletroduto de telefonia, os da eletricidade e os destinados a outros usos, como os computadores, antena de TV, interfone e energia elétrica, para evitar interferências.

Para a entrada telefônica de uma residência, é utilizado o mesmo poste particular previsto para a entrada de energia elétrica, seguindo praticamente o mesmo critério. Esse poste será de concreto armado, conforme norma da concessionária de energia local, com eletroduto de entrada de 19 mm de diâmetro.

No poste particular, a tubulação de entrada deve ser amarrada e possuir curva de 180° na ponta (tipo "bengala"). A tubulação telefônica de entrada deve ser compatível com o número de pontos necessários na obra, não sendo permitido o uso de tubo flexível (corrugado). A fixação do eletroduto no poste deve ser feita com fita de aço inox, braçadeira ou arame galvanizado. Não é permitido o uso de tubo flexível (corrugado).

As tubulações telefônicas devem ser embutidas em paredes (preferencialmente) ou pisos, e as curvas utilizadas nas instalações devem ser de 90° do tipo longa. Por ocasião da construção ou reforma, deve-se deixar o conduíte embutido com arame-guia galvanizado de 10 BWG (3,4 mm) para posteriormente puxar o fio telefônico. O eletroduto na parede externa (sentido horizontal) deve ter sempre uma declividade em direção à caixa de passagem para que a água condensada dentro do duto escoe e não fique em contato com o fio telefônico.

A entrada direta pela fachada só é permitida em edificações sem recuo. Para casas com recuo, é necessário o poste particular de acesso. Em qualquer situação, deve ser instalado, na fachada, um suporte com abrigo e bloco XT2P, roldana para fio FE e parafuso de fixação para conexão do fio telefônico FE. O suporte deve ficar aproximadamente 20 cm distante da caixa de entrada, "bengala" ou tubo de proteção, conforme o caso.

ENTRADA DE INTERNET

A entrada de internet em uma edificação segue princípios semelhantes à entrada de energia elétrica, incluindo a preservação de uma distância mínima de 20 cm entre os eletrodutos de telefonia, energia elétrica e outras utilidades, como computadores, antenas de TV, interfone etc., para evitar interferências. No entanto, não existe uma norma específica como a NBR 5410:2004 para a entrada de internet. Recomenda-se o uso de cabos de certificados de qualidade pelo provedor de serviços de internet, preferencialmente blindados. Rotear os cabos de internet separadamente dos cabos elétricos ajuda a evitar interferências, e um sistema de aterramento adequado é essencial. Organizar os cabos em caixas de distribuição ou quadros específicos também contribui para uma instalação organizada e eficiente.

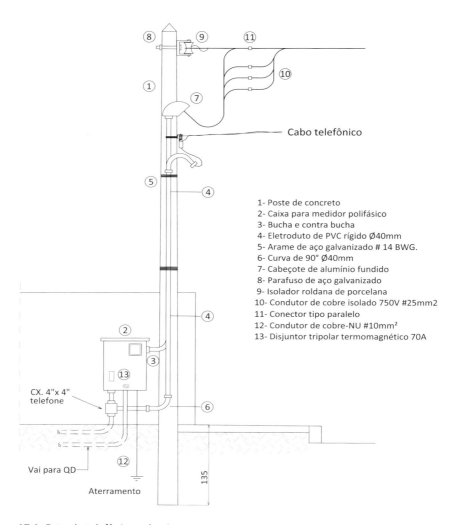

Figura 17.1 Entrada telefônica pelo piso.

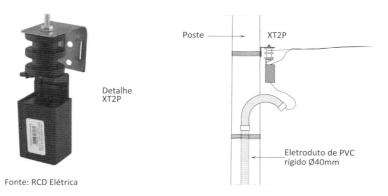

Figura 17.2 Detalhe da entrada telefônica.

Fonte: www.tigre.com.br

Figura 17.3 Curva 90° utilizada na instalação.

POSTE PARTICULAR PARA ENTRADA TELEFÔNICA

Como mencionado, para a entrada telefônica de uma residência, é utilizado o mesmo poste particular previsto para a entrada de energia elétrica, que pode ser de concreto armado com eletroduto de 19 mm (¾") de diâmetro.

Tabela 17.1 Alturas mínimas para a entrada de cabos aéreos

Situações típicas de entradas aéreas	Altura mínima da ferragem com relação ao passeio (m)	Altura mínima do eletroduto de entrada com relação ao passeio (m)
Cabo aéreo do mesmo lado do edifício	3,5	3
Cabo aéreo do outro lado da rua	6	3
Edifício em nível inferior ao do passeio	Estudo conjunto com a concessionária	

Os seguintes afastamentos mínimos devem ser observados entre o cabo telefônico de entrada e os cabos de energia elétrica, que alimentam o edifício:

- Cabos de baixa tensão: 0,6 m;
- Cabos de alta tensão: 2 m.

O poste particular para a entrada telefônica deve ser usado sempre que houver recuo da edificação superior a cinco metros, ou quando não for possível assegurar as alturas mínimas do fio telefônico em relação ao piso acabado da rua.

Em edificações sem recuo, é permitida a entrada telefônica direta pela fachada. Para imóveis com recuo, é necessário o poste particular de acesso.

No caso de edificações já existentes, se o poste de entrada não permitir as alturas mínimas preestabelecidas pela empresa fornecedora de telefonia, será necessário que se substitua o existente ou que se instale outro poste auxiliar para que o telefone possa ser ligado dentro dos padrões exigidos.

A distância mínima entre o fio de entrada de energia e o fio de entrada telefônica, no poste particular, deve ser de 60 cm, e o fio telefônico deve ficar sempre abaixo do fio de energia.

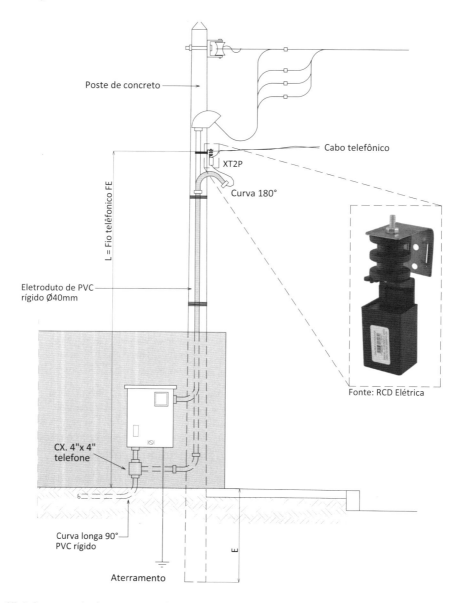

Figura 17.4 Poste particular para entrada telefônica.

CAIXA EXTERNA PARA ENTRADA TELEFÔNICA

A caixa externa utilizada para entrada telefônica deve ser de chapa de ferro estampada, de 25 cm × 15 cm × 10 cm, própria para embutir em paredes, provida de fundo de madeira de 15 mm de espessura e porta com ventilação, tipo veneziana, a ser instalada próxima à base do poste.

Essas caixas externas desempenham um papel fundamental na proteção dos equipamentos telefônicos contra intempéries, como chuva e poeira, garantindo a integridade dos componentes internos.

Se a tubulação de entrada do edifício for subterrânea, deverá terminar em uma caixa subterrânea, que é dimensionada em função do número total de pontos da edificação, conforme tabela:

Tabela 17.2 Dimensionamento da caixa de entrada do edifício

Número total de pontos do edifício	Tipo de caixa	Dimensões internas			
		Comprimento (cm)	Largura (cm)	Altura (cm)
Até 35	R1	65	35	50
De 36 a 140	R2	107	52	50
De 141 a 420	R3	120	120	130
Acima de 420	1	215	130	180

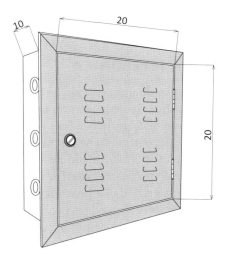

Figura 17.5 Caixa externa para entrada telefônica.

ATERRAMENTO

Objetivando aumentar a segurança do usuário e de seus equipamentos telefônicos contra possíveis descargas atmosféricas, as empresas concessionárias de telefonia exigem o aterramento independente do sistema telefônico na caixa do DG (distribuidor geral).

O aterramento consiste na interligação de todas as caixas de distribuição do prédio à haste de aterramento, através de um condutor devidamente tubulado. Deve ser projetada uma tubulação de diâmetro interno mínimo de 13 mm, interligando todas as caixas de distribuição e caixa de distribuição geral à caixa de aterramento.

A caixa para haste de aterramento deve ser em alvenaria nas dimensões 30 × 30 × 30 cm, com tampa removível de concreto. A haste de aterramento deve ser enterrada verticalmente e, afastada, no mínimo, 2.500 mm de qualquer haste de aterramento de energia elétrica e 500 mm de qualquer fundação. A haste de aterramento de telefonia deve ser do tipo cilíndrico, de aço revestido galvanicamente em cobre de 254 micra de espessura e dimensões 2,4 m × 15 mm (5/8") com conector apropriado para a conexão do condutor de aterramento nela.

O condutor de aterramento deve ser de cobre, de seção mínima de 10 mm², isolado para 750 volts, cor verde/verde-amarelo, tão curto e retilíneo quanto possível, sem dobras e emendas, e não ter dispositivo que possa causar sua interrupção. Deve ser protegido mecanicamente por meio de eletrodutos de PVC enterrado, com diâmetro mínimo de 20 mm (1/2").

É importante salientar que o ponto de ligação do condutor de aterramento ao eletroduto de aterramento deve estar acessível por ocasião da vistoria das instalações telefônicas. Somente após a sua aprovação, a haste poderá ser coberta visando a reconstituir o piso. Os critérios a serem adotados para a proteção elétrica e aterramento da edificação devem ser os descritos na NBR 5410:2004 - Instalações elétricas de baixa tensão.

RAMAL DE ENTRADA TELEFÔNICA

O ramal de entrada telefônica de uma edificação pode ser aéreo ou subterrâneo. O ramal será aéreo quando: a edificação possuir um poste de concreto particular na sua divisa com o passeio público, em que o ramal da rede telefônica externa da concessionária se interligará com a edificação; o número de pontos telefônicos previsto para a edificação for igual ou inferior a 21; for determinado pela concessionária na aprovação do projeto de tubulação telefônica do prédio. O ramal de entrada será subterrâneo quando: a rede externa de telefonia for interligada ao poste da concessionária instalado no passeio público; o número de pontos telefônicos previsto para a edificação for superior a 21; o construtor optar pela entrada subterrânea por razões estéticas. Para a realização de ramais de entrada subterrâneos deverá ser apresentado um projeto de tubulação para ser analisado e aprovado previamente pela concessionária.

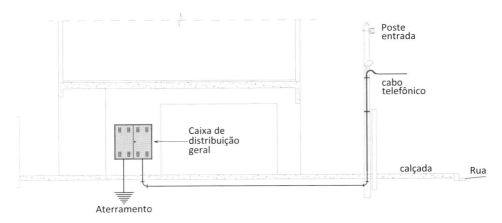

Figura 17.6 Tubulação de entrada aérea.

Embora apresentem desvantagens em relação às redes subterrâneas, as redes aéreas ainda são usadas e a razão principal é o baixo custo de implantação. Além do apelo estético, que não pode ser desprezado, as redes subterrâneas também apresentam vantagens técnicas importantes: aumento dos níveis de segurança; facilidade de manutenção e confiabilidade

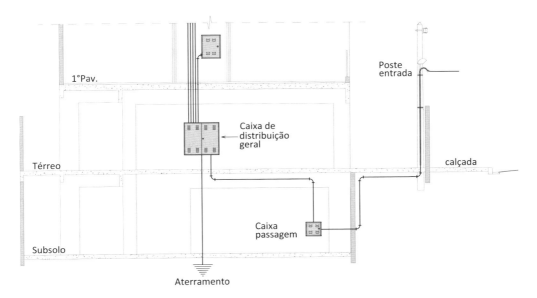

Figura 17.7 Tubulação de entrada aérea com caixa de passagem.

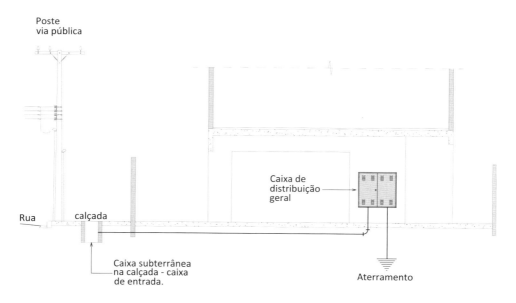

Figura 17.8 Tubulação de entrada subterrânea.

PRUMADA TELEFÔNICA

A prumada telefônica de um prédio corresponde a um conjunto de meios físicos dispostos verticalmente, destinado à instalação de blocos e cabos telefônicos para atendimento dos andares. Geralmente, é localizada em áreas comuns do prédio que apresentem a maior continuidade vertical, do último andar até o andar térreo, onde quase sempre está situada a caixa de distribuição geral.

A verticalidade dos cabos nas prumadas desempenha um papel essencial na conectividade interna do edifício, permitindo a distribuição de serviços telefônicos para todas as unidades habitacionais e comerciais. Essa infraestrutura vertical é projetada para facilitar a manutenção e o gerenciamento de cabos e conexões, garantindo assim a confiabilidade do serviço. Além disso, a localização da caixa de distribuição geral no andar térreo simplifica o acesso para técnicos e equipes de manutenção, agilizando a solução de problemas e garantindo que todos os residentes ou inquilinos tenham acesso aos serviços telefônicos de maneira eficiente e conveniente.

Um prédio pode possuir mais de uma prumada, em razão de: existência de obstáculos intransponíveis no trajeto da tubulação vertical gerando desvio(s) na prumada; arquitetura da edificação constituída por vários blocos separados sobre uma mesma base; edifícios que possuam várias entradas com áreas de circulação independentes. As prumadas telefônicas podem variar, de acordo com as características, finalidades do prédio e o número de pontos telefônicos acumulados.

Em edifícios com arquitetura complexa, dispostos por vários blocos independentes sobre uma mesma base, a instalação de prumadas independentes pode garantir que cada parte do edifício seja atendida e que eventuais falhas em uma prumada não afetem a conectividade em todo o prédio. Além disso, a variação no número de pontos telefônicos acumulados ao longo do tempo pode exigir ajustes nas prumadas, adaptando-se às necessidades em constante evolução dos ocupantes e das atividades realizadas no edifício.

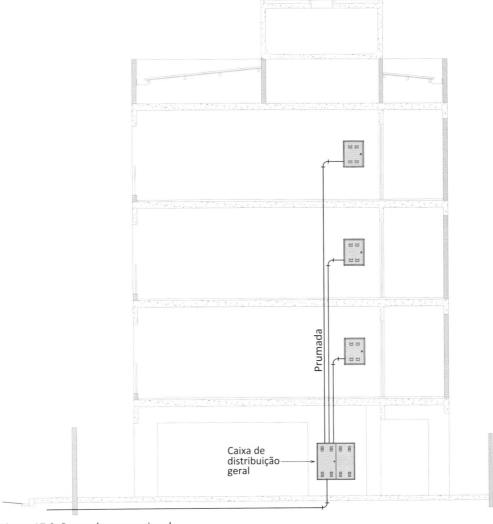

Figura 17.9 Prumada convencional.

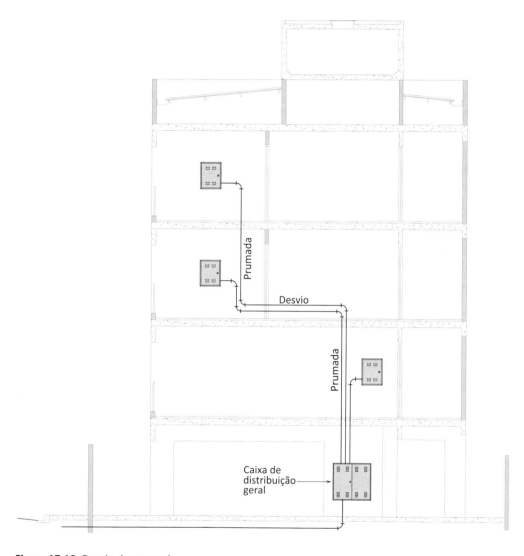

Figura 17.10 Desvio de prumada.

Instalações prediais de telefonia

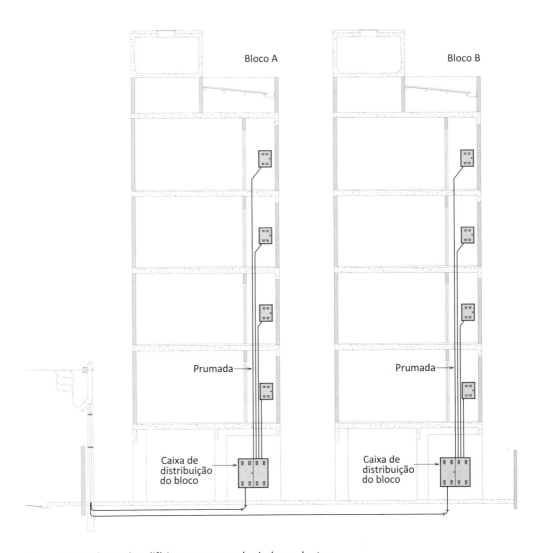

Figura 17.11 Blocos de edifícios com prumadas independentes.

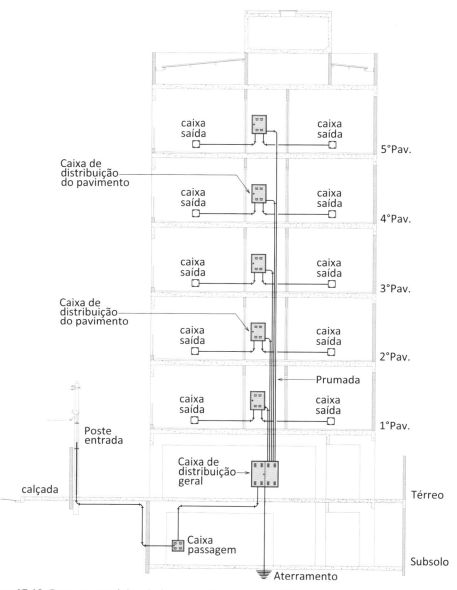

Figura 17.12 Esquema geral da tubulação telefônica de um edifício.

CAIXAS DE DISTRIBUIÇÃO

As caixas de distribuição (geral ou de passagem) são caixas providas de uma ou duas portas com dobradiças, fechadura(s) padronizada(s) e fundo de madeira compensada pintada na cor cinza chumbo e com espessura de 16 mm ou 19 mm.

Instalações prediais de telefonia 177

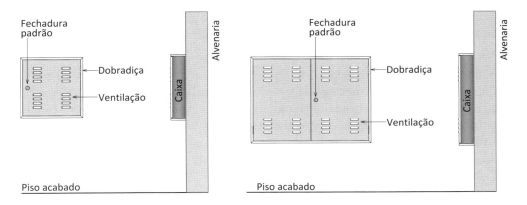

Figura 17.13 Caixas de distribuição e de passagem (de embutir).

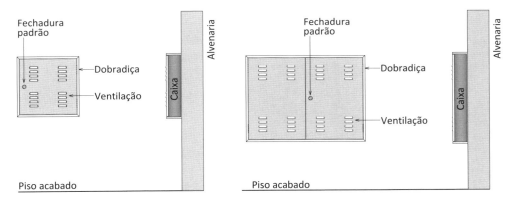

Figura 17.14 Caixas de distribuição e de passagem (de sobrepor).

As caixas de distribuição geral, de distribuição e de passagem devem ser instaladas a 130 cm do seu centro ao piso acabado e devidamente niveladas, podendo variar de 90 cm a 130 cm quando houver algum impedimento técnico, decorrente das características de construção do prédio.

As caixas de distribuição devem ser localizadas em áreas comuns, obrigatoriamente em áreas internas e cobertas da edificação ou em halls de serviços, se houver. Não devem ser localizadas: em halls sociais, áreas que dificultam o acesso a elas, no interior de salão de festas, embutidas em paredes à prova de fogo e atrás de portas.

Essas caixas desempenham um papel crucial na organização e distribuição eficiente dos cabos de comunicação em redes telefônicas ou de internet. A escolha do tamanho adequado para essas caixas é determinada pela demanda atual e futura de conexões, levando em consideração fatores como expansão da rede e capacidade de manutenção.

As caixas de passagem, de distribuição e distribuição geral, instaladas dentro do edifício, são dimensionadas com base no número de pontos telefônicos ou de comunicação acumulada nelas, o que influencia diretamente a capacidade do cabo telefônico ou de dados a serem utilizados.

Quando o porte do edifício for tal, que exigir uma caixa de distribuição geral de grandes dimensões, será necessário projetar uma sala especial para o distribuidor geral. As dimensões da sala do distribuidor geral devem ser determinadas em conjunto entre a concessionária e o construtor, e sua altura deve corresponder à altura do pavimento onde estiver localizada. A área necessária para a sala do distribuidor geral, pode ser determinada em função do número de pontos telefônicos. Esses critérios não são rígidos e servem apenas como orientação:

- edifícios com até 1.000 pontos: 6 m^2;
- edifícios com mais de 1.000 pontos: 1 m^2 adicional para cada 500 pontos ou fração que ultrapassar os 1.000 pontos iniciais.

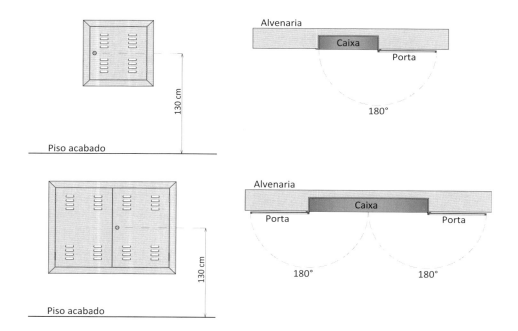

Figura 17.15 Detalhes de instalação de caixas de distribuição geral, de distribuição e de passagem.

Instalações prediais de telefonia

Tabela 17.3 Dimensionamento de caixas telefônicas internas*

N. de pontos telefônicos acumulados na caixa	Caixa de distribuição		Caixa de distribuição geral		Caixa de passagem			
					Direta		Com derivação	
	N.	Dimensões	N.	Dimensões	N.	Dimensões	N.	Dimensões
1 a 5	–	–	–	–	1	10 x 10 x 5	2	20 x 20 x 12
6 a 7	3	40 x 40 x 12	4	60 x 60 x 12	2	20 x 20 x 12	3	40 x 40 x 12
8 a 14	3	40 x 40 x 12	4	60 x 60 x 12	2	20 x 20 x 12	3	40 x 40 x 12
15 a 21	3	40 x 40 x 12	5	80 x 80 x 12	3	40 x 40 x 12	4	60 x 60 x 12
22 a 35	4	60 x 60 x 12	5	80 x 80 x 12	3	40 x 40 x 12	4	60 x 60 x 12
36 a 70			6	120 x 120 x 12	4	60 x 60 x 12	5	80 x 80 x 12
71 a 140			6	120 x 120 x 12	5	80 x 80 x 12	5	80 x 80 x 12
141 a 210			7	150 x 150 x 15	5	80 x 80 x 12		
211 a 280			8	200 x 200 x 20	5	80 x 80 x 12		
281 a 420								
421 a 560			Sala de DG		Consulta à concessionária			
561 a 630								
631 a 840								

* Dimensões em cm.

Tabela 17.4 Dimensões padronizadas para as caixas internas

Caixas	Dimensões internas		
	Altura (cm)	Largura (cm)	Profundidade (cm)
N. 1	10	10	5
N. 2	20	20	12
N. 3	40	40	12
N. 4	60	60	12
N. 5	80	80	12
N. 6	120	120	12
N. 7	150	150	15
N. 8	200	200	20

CAIXAS DE SAÍDA

As caixas de saída podem ser de dois tipos: de parede ou de piso. A caixa de saída de parede é de chapa metálica estampada, com furações para eletrodutos, própria para instalações embutidas em paredes. Essa caixa mede 10 cm ×10 cm × 5 cm. A caixa de saída de piso é metálica, e própria para instalações embutidas no piso, provida de tampa removível, medindo 10 cm × 10 cm × 6,5 cm. Ambas as caixas são utilizadas para passagem de fio(s) telefônico(s) ou instalação de tomada telefônica.

As caixas de saída de parede devem ser instaladas a 30 cm do centro ao piso, ou 130 cm do centro do piso acabado, para telefones de parede. As caixas de saída de piso devem ser instaladas de modo que a tampa fique nivelada com o piso acabado.

Ambos os tipos de caixas de saída, seja de parede ou de piso, servem como pontos de acesso para a passagem de fios telefônicos ou para a instalação de tomadas telefônicas. Essas caixas desempenham um papel fundamental na criação de uma infraestrutura de comunicação confiável e ordenada, garantindo que as conexões telefônicas estejam disponíveis quando necessário, enquanto mantêm uma estética limpa e organizada nos ambientes que estão instalados. Portanto, a escolha entre uma caixa de parede ou de piso dependerá das necessidades específicas do projeto.

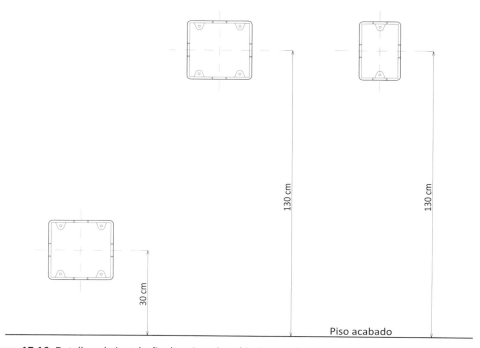

Figura 17.16 Detalhes de instalação de caixas de saída de parede.

Instalações prediais de telefonia

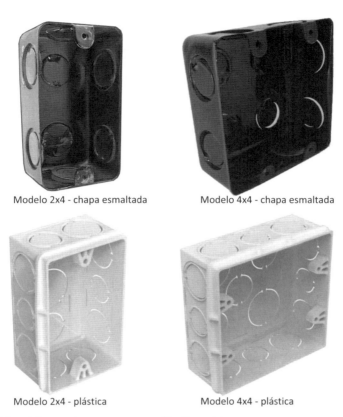

Modelo 2x4 - chapa esmaltada   Modelo 4x4 - chapa esmaltada

Modelo 2x4 - plástica   Modelo 4x4 - plástica

Figura 17.17 Caixas internas de passagem ou saída de parede.

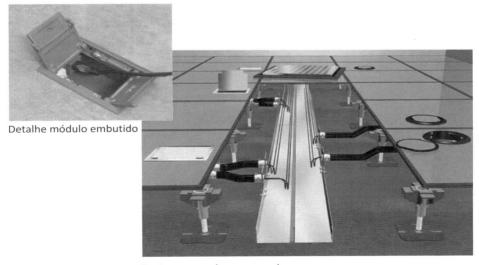

Detalhe módulo embutido

Fonte: www.valemam.com.br

Figura 17.18 Instalação de caixa de saída de piso.

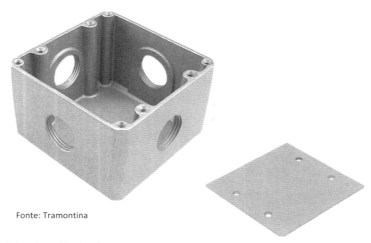

Fonte: Tramontina

Figura 17.19 Caixa de saída de piso.

TOMADAS DE TELEFONIA

Embora ainda se encontrem as antigas tomadas de quatro pinos chatos em um plugue quadrado, o mercado atual apresenta modelos mais recentes de tomadas de telefonia: os RJ11. Os modelos mais recentes de tomadas de telefonia, conhecidos como RJ11, representam uma evolução significativa em termos de design e funcionalidade. Em contraste com as antigas tomadas de quatro pinos chatos em um plugue quadrado, o RJ11 adota um padrão mais universal, facilitando a conexão de dispositivos telefônicos, como telefones fixos e modems. Sua característica distintiva é o pequeno terminal de plástico transparente, que não apenas fornece uma estética mais moderna e discreta, mas também simplifica a inserção dos cabos telefônicos. Essa padronização beneficia os consumidores, tornando a instalação e a manutenção de dispositivos telefônicos mais acessíveis e convenientes em um mercado globalizado.

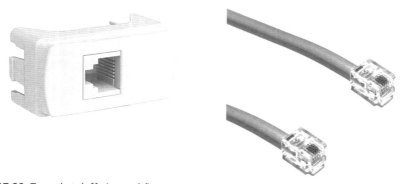

Figura 17.20 Tomada telefônica padrão.

Fonte: Rontek e Schneider.

Instalações prediais de telefonia

CRITÉRIO PARA PREVISÃODE PONTOS TELEFÔNICOS

As tubulações telefônicas são dimensionadas em função do número de pontos telefônicos previstos para o edifício, acumulados em cada uma de suas partes. Cada ponto telefônico corresponde à demanda de um telefone principal ou qualquer outro serviço que utilize pares físicos e que deva ser conectado à rede pública, não estando incluídas nessa previsão as extensões dos telefones ou serviços principais.

Os critérios para a previsão do número de pontos telefônicos são fixados em função do tipo de edificação e do uso a que se destinam, ou seja:

Residências ou apartamentos

- de até dois quartos: um ponto telefônico;
- de três quartos: dois pontos telefônicos;
- de quatro ou mais quartos: três pontos telefônicos.

Lojas

Um ponto telefônico para cada 50 m^2.

Escritórios

Um ponto telefônico para cada 10 m^2.

Indústrias

Área de escritórios: um ponto telefônico a cada 10 m^2;

Área de produção: estudos especiais, a critério do proprietário.

Cinemas, teatros, supermercados, depósitos, armazéns, hotéis e outros

Estudos especiais, em conjunto com a concessionária, respeitando os limites estabelecidos nos critérios anteriores.

CRITÉRIO PARA PREVISÃO DE CAIXAS DE SAÍDA

O número de caixas de saída previsto para uma determinada parte de um edifício deve corresponder ao número de pontos telefônicos mais as extensões necessárias para aquela parte do prédio.

O número de caixas de saída e sua localização devem ser determinados de acordo com os seguintes critérios, respeitando-se sempre os valores estabelecidos na previsão de pontos telefônicos.

RESIDÊNCIAS OU APARTAMENTOS

Prever, no mínimo, uma caixa de saída na sala, na copa ou cozinha e nos quartos. As seguintes regras gerais devem ser observadas na localização dessas caixas de saída:

- Sala – a caixa de saída deve ficar, de preferência, no hall de entrada, se houver, e sempre que possível, próximo à cozinha. As caixas previstas devem ser localizadas na parede, a 30 cm do piso;

- Quartos – se for conhecida a provável posição das cabeceiras das camas, as caixas de saída devem ser localizadas ao lado dessa posição, na parede, a 30 cm do piso;

- Cozinha – a caixa de saída deve ser localizada a 1,5 m do piso (caixa para telefone de parede) e não deverá ficar nos locais onde provavelmente serão instalados o fogão, a geladeira, a pia ou os armários.

LOJAS

As caixas de saída devem ser projetadas nos locais onde estiverem previstos os balcões, as caixas registradoras, as empacotadeiras e mesas de trabalho, evitando-se as paredes nas quais estiverem previstas prateleiras ou vitrines.

ESCRITÓRIOS

- Em áreas onde estiverem previstas até 10 caixas de saída, as mesmas devem ser distribuídas equidistantemente ao longo das paredes, a 30 cm do piso;

- Em áreas onde estiverem previstas mais de 10 caixas de saída, deverão ser projetadas caixas de saída no piso, de modo a distribuir uniformemente as caixas previstas dentro da área a ser atendida. Nesse caso, é necessário projetar uma malha de piso, com tubulação convencional ou canaletas.

TIPOS DE ELETRODUTOS UTILIZADOS

Existem dois tipos principais de eletrodutos utilizados em instalações de telefonia: eletroduto rígido metálico galvanizado e de PVC rígido.

Instalações prediais de telefonia **185**

O eletroduto rígido metálico galvanizado é utilizado em instalações externas, expostos ao tempo ou em instalações internas, embutidas ou aparentes.

O eletroduto de PVC rígido é utilizado em instalações internas e externas embutidas ou aparentes.

Não devem ser utilizados eletrodutos corrugados e mangueiras, em nenhuma parte da tubulação telefônica da edificação.

FIO TELEFÔNICO

O fio telefônico é um tipo de cabo projetado especificamente para a transmissão de sinais de voz e dados em sistemas telefônicos. Ele tem algumas características distintas em comparação com a fiação elétrica, que é projetada para transportar energia elétrica

Embora as normas e regulamentações possam contribuir para a qualidade e confiabilidade dos fios telefônicos, ainda é possível que problemas ocorram devido a uma variedade de fatores, como desgaste natural, danos físicos, interferência eletromagnética, entre outros.

Além disso, as condições de instalação, manutenção e o ambiente onde os fios são colocados também desempenham um papel importante na determinação da qualidade e da confiabilidade da infraestrutura de telefonia. Portanto, mesmo que existam normas rígidas em vigor, problemas ocasionalmente podem surgir devido a diversos fatores externos.

É importante manter a manutenção adequada e realizar verificações regulares nas instalações de telefonia para garantir que a rede funcione de maneira eficaz e que qualquer problema seja identificado e solucionado de forma oportuna.

Figura 17.21 Fio telefônico para instalações internas (cor cinza).

CANALETAS DE PISO

São dutos de seção retangular de chapa pré-zincada a fogo, próprios para instalações no piso, ou de PVC (para rodapés). Podem ser de dois tipos, dependendo da sua utilização: duto retangular liso, utilizado para passagem de fios e/ou cabos telefônicos ou duto retangular modulado, canaleta provida de luvas para saída de fios e/ou cabos telefônicos.

São utilizados dutos retangulares com seções transversais de 25 × 70 mm e 25 × 140 mm, em peças de 3 m de comprimento. As luvas de saída dos dutos retangulares modulados devem possuir 50 mm de diâmetro, e a distância entre elas deve ser de 150 cm.

CAIXAS DE DERIVAÇÃO

As caixas de derivação são utilizadas para junção e derivações de canaletas. São normalmente utilizadas nos sistemas de distribuição telefônica de piso.

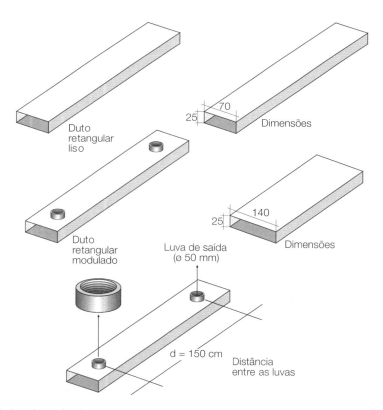

Figura 17.22 Canaletas de piso.

Instalações prediais de telefonia 187

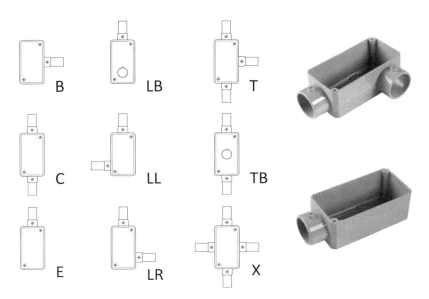

Figura 17.23 Caixas de derivação.

CAPÍTULO 18
Simbologia básica

O projetista deve ter sempre em mente os símbolos mais usados, de modo que possa ler (interpretar) os projetos de sistemas elétricos prediais. Existe grande diversidade de representações. Sabendo as quantidades de pontos de luz, tomadas e o tipo de fornecimento, o projetista pode elaborar sua simbologia e dar início ao desenho do projeto elétrico na planta da edificação. De qualquer maneira, a legenda completa deve abranger todos os símbolos e abreviaturas utilizados no projeto e ser colocada em todas as pranchas para uma perfeita interpretação dos desenhos.

SIMBOLOGIA UTILIZADA NAS INSTALAÇÕES ELÉTRICAS

Os símbolos gráficos para instalações elétricas, por se tratar de uma forma de linguagem, bem como todo o conjunto que completa um determinado projeto (esquemas, detalhes, desenhos etc.) devem ser compreensíveis. A simbologia deve ser clara e de fácil interpretação para os que a utilizarem.

Tabela 18.1 Dutos e distribuição

Símbolo	Significado	Observações
⊸— ø 25	Eletroduto embutido no teto ou parede	Todas as dimensões em mm. Indicar a seção se não for de 15 mm
⊸— ø 25	Eletroduto embutido no piso	
———	Telefone no teto	
—·—·—	Telefone no piso	
—···—···—	Tubulação para campaínha, som, anunciador ou outro sistema	Indicar, na legenda, o sistema passante
—┼—	Condutor de fase no interior do eletroduto	Cada traço representa um condutor. Indicar seção, número de condutores, número do circuito e a seção dos condutores, exceto se forem de $1,5\ mm^2$
—┐—	Condutor neutro no interior do eletroduto	
—┴—	Condutor de retorno no interior do eletroduto	
—┬—	Condutor terra no interior do eletroduto	
—+┼—	Condutor positivo no interior do eletroduto	
—–┼—	Condutor negativo no interior do eletroduto	
—T—T—50.	Cordoalha de terra	Indicar a seção utilizada; em 50. significa $50\ mm^2$
3 (2 × 25.) + 2 × 10. ⌐T	Leito de cabos com um circuito passante composto por três fases, cada um por dois cabos de 25 mm^2 mais dois cabos de neutro de seção de 10 mm^2	25. significa $25\ mm^2$ 10. significa $10\ mm^2$
[P] Caixa de passagem (200 × 200 × 100)	Caixa de passagem no piso	Dimensões em mm
(P) Caixa de passagem (200 × 200 × 100)	Caixa de passagem no teto	Dimensões em mm

Simbologia básica

Tabela 18.1 Dutos e distribuição *(continuação)*

Símbolo	Significado	Observações
Caixa de passagem (200 × 200 × 100)	Caixa de passagem na parede	Indicar a altura e, se necessário, detalhar (dimensões em mm)
	Eletroduto que sobe	
	Eletroduto que desce	
	Eletroduto que passa descendo	
	Eletroduto que passa subindo	
Tomadas Caixa de passagem	Sistema de calha de piso	No desenho, aparecem quatro sistemas que são habitualmente: I - luz e força II - telefone (Telebrás) III - Telefone (P(A)BX, KS, ramais) IV - Especiais (Comunicações)
	Condutor seção 1,0 mm^2, fase para campaínha	Se for de seção maior, indicá-la
	Condutor seção 1,0 mm^2, neutro para campaínha	
	Condutor seção 1,0 mm^2, retorno para campaínha	

Tabela 18.2 Quadros de distribuição

Símbolo	Significado	Observações
	Quadro parcial de luz e força aparente	
	Quadro parcial de luz e força embutido	
	Quadro geral de luz e força aparente	Indicar as cargas de luz em watts e de força em watts ou quilowatts
	Quadro geral de luz e força embutido	
	Caixa de telefones	
medidor	Caixa para medidor	

Tabela 18.3 Interruptores (simbologia utilizada em plantas)

Símbolo	Significado	Observações
a	Interruptor de uma seção	Letra minúscula indica o ponto comandado
a b	Interruptor de duas seções	Letras minúsculas indicam os pontos comandados
a b a	Interruptor de três seções	Letras minúsculas indicam os pontos comandados
a	Interruptor paralelo ou *Three-Way*	Letra minúscula indica o ponto comandado
a	Interruptor intermediário ou *Four-Way*	Letra minúscula indica o ponto comandado
M	Botão de minuteria	
	Botão de campainha na parede (ou comando à distância)	
	Botão de campainha no piso (ou comando à distância)	

Simbologia básica 193

Tabela 18.4 Interruptores (simbologia utilizada em diagramas)

Símbolo	Significado	Observações
	Fusível	Indicar tensão, correntes nominais
	Chave seccionadora com fusíveis, abertura em carga	Indicar tensão, correntes nominais. Ex.: chave tripolar
	Chave seccionadora com fusíveis, abertura com carga	Indicar tensão, correntes nominais. Ex.: chave bipolar
	Chave seccionadora abertura sem carga	Indicar tensão, correntes nominais. Ex.: chave monopolar
	Chave seccionadora abertura em carga	Indicar tensão, correntes nominais
	Disjuntor a óleo	Indicar tensão, corrente, potência, capacidade nominal de interrupção e polaridade
	Disjuntor a seco	Indicar tensão, corrente, potência, capacidade nominal de interrupção e polaridade através de traços
	Chave reversora	

Tabela 18.5 Luminárias, refletores, lâmpadas

Símbolo	Significado	Observações
a, -4-, 2 × 100 W	Ponto de luz incandescente no teto para indicar o número de lâmpadas e a potência em W	A letra minúscula indica o ponto de comando, e o número entre dois traços, o circuito correspondente
a, -4-, 2 × 60 W	Ponto de luz incandescente na parede (arandela)	Deve-se indicar a altura da arandela
a, -4-, 2 × 100 W	Ponto de luz incandescente no teto (embutido)	
a, -4-, 4 × 20 W	Ponto de luz fluorescente no teto (indicar o número de lâmpadas e na legenda o tipo de partida e reator	A letra minúscula indica o ponto de comando e o número entre dois traços o circuito correspondente
a, -4-, 4 × 20 W	Ponto de luz fluorescente na parede	Deve-se indicar a altura da luminária

(continua)

Tabela 18.5 Luminárias, refletores, lâmpadas *(continuação)*

Símbolo	Significado	Observações
4 × 20 W	Ponto de luz fluorescente no teto (embutido)	
	Ponto de luz incandescente no teto em circuito vigia (emergência)	
	Ponto de luz fluorescente no teto em circuito vigia (emergência)	
	Sinalização de tráfego (rampas, entradas etc.)	
	Lâmpada de sinalização	
	Refletor	Indicar potência, tensão e tipo de lâmpadas
	Pote com duas luminárias para iluminação externa	Indicar potência, tensão e tipo de lâmpadas
	Lâmpada obstáculo	
	Minuteria	Diâmetro igual ao do interruptor
	Ponto de luz de emergência na parede com alimentação independente	
	Exaustor	
	Moto bomba para bombeamento da reserva técnica de água para combate a incêndio	

Simbologia básica   **195**

Tabela 18.6 Tomadas

Símbolo	Significado	Observações
300 W -5-	Tomada de luz na parede, baixa (300 mm do piso acabado)	A potência deverá ser indicada ao lado em W (exceto se for de 100 W) como também o número do circuito correspondente e a altura da tomada, se for diferente da normatizada; se a tomada for de força, indicar o número de W ou kW
300 W -5-	Tomada de luz a meia altura (1.300 mm do piso acabado	
300 W -5-	Tomada de luz alta (2.000 mm do piso acabado)	
	Tomada de luz no piso	
	Saída para telefone externo na parede (rede Telebrás)	
	Saída para telefone externo na parede a uma altura "h"	Especificar "h"
	Saída para telefone interno na parede	
	Saída para telefone externo no piso	
	Saída para telefone interno no piso	
	Tomada para rádio e televisão	
	Relógio elétrico no teto	
	Relógio elétrico na parede	
	Saída de som, no teto	
	Saída de som, na parede	Indicar a altura "h"

(continua)

Tabela 18.6 Tomadas *(continuação)*

Símbolo	Significado	Observações
	Cigarra	
	Campaínha	
(IV)	Quadro anunciador	Dentro do círculo, indicar o número de chamadas em algarismos romanos

Tabela 18.7 Motores e transformadores

Símbolo	Significado	Observações
G	Gerador	Indicar as características nominais
M	Motor	Indicar as características nominais
	Transformador de potência	Indicar a relação de tensões e valores nominais
	Transformador de corrente (um núcleo)	Indicar a relação de espiros, classe de exatidão e nível de isolamento A barra de primário deve ter um traço mais grosso
	Tranformador de potencial	
	Transformador de corrente (dois núcleos)	
	Retificador	

Simbologia básica   **197**

Tabela 18.8 Acumuladores

Símbolo	Significado	Observações
⊣├	Acumulador ou elemento de pilha	a) O traço longo representa o polo positivo e o traço curto, o polo negativo b) Este símbolo poderá ser usado para representar uma bateria se não houver risco de dúvida. Nesse caso, a tensão ou o número e o tipo dos elementos devem ser indicados
⊣╷╷├	Bateria de acumuladores ou pilhas. Forma 1	Sem indicação do número de elementos
⊣├--⊣├	Bateria de acumuladores ou pilhas. Forma 2	Sem indicação do número de elementos

SIMBOLOGIA UTILIZADA NAS INSTALAÇÕES DE TELEFONIA

Tabela 18.9 Simbologia básica utilizada nas instalações prediais de telefonia

Descrição	Em planta	Em elevação
Caixa de saída ou de passagem para fios, na parede, a 30 cm do centro ao piso	N. 1 ou 2	
Caixa de saída ou de passagem para fios, na parede, a 130 cm do centro ao piso	N. 1 ou 2	N. N. 1, 2, 3...8
Caixa de distribuição ou passagem para cabos, na parede		
Caixa de distribuição geral	D. G.	N. D. G.
Centro do distribuidor geral	D. G.	D. G.

(continua)

Tabela 18.9 Simbologia básica utilizada nas instalações prediais de telefonia *(continuação)*

Descrição	Em planta	Em elevação
Cubículo em poço de elevação		
Caixa subterrânea para emenda ou passagem de cabos (pisos)		
Caixa de saída ou de passagem, para fios no piso		
Tubulação desce		
Tubulação sobe		
Tubulação	No piso / No teto	
Sumário de contagem (a) pontos por andar; (b) pontos acumulados no andar		a / b

PARTE II

INTERFACES DAS INSTALAÇÕES ELÉTRICAS COM O PROJETO DE ARQUITETURA

CAPÍTULO 19

Interfaces do quadro de medição de energia, campainha com interfone e câmeras de segurança

Antes de iniciar o projeto, o arquiteto deve efetuar um estudo do terreno e a posteação da rua para definir a melhor localização do conjunto: hidrômetro, medidor de energia elétrica, caixa de correspondência, campainha com interfone e câmera de TV. Os equipamentos de medição de água e energia elétrica serão instalados pelas concessionárias, em local previamente preparado, dentro da propriedade particular, preferencialmente no limite do terreno com a via pública, em parede externa da própria edificação, em muros divisórios, e servirão para medir o consumo de água e energia elétrica da edificação.

A entrada de energia e água deve sempre compor com a ideia usada para o poste, de modo que se consiga uma coerência de padrões. Para o padrão poste com caixa incorporada, a altura do centro de medição de energia deve ser de 1,7 m, em relação ao piso acabado.

Em prédio residencial ou comercial de múltiplos pavimentos existem várias instalações a considerar, uma por unidade de consumo. Assim, temos uma instalação para cada apartamento, loja ou conjunto comercial (salas) e geralmente uma para chamada "administração" do prédio, englobando todas as áreas comuns do edifício. Os medidores e as proteções gerais das diversas instalações, e portanto as respectivas origens, estão agrupadas em um ou mais centros de medição, sendo o caso mais comum para prédios verticais, o de um único centro de medição no pavimento térreo ou no subsolo do prédio.

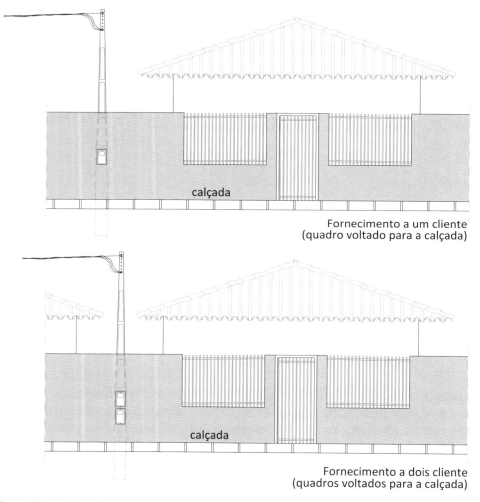

Figura 19.1 Padrão de entrada com centro de medição voltado para a calçada.

Fonte: CPFL.

Nota: Padrão de Entrada Multi 100 Duplo permitido para 2 UC's no mesmo terreno: frente (fundo) ou sobrado pavimento superior (inferior). Na lateral somente para empreendimentos comerciais. Em ambos os casos devem ser consultados os requisitos estabelecidos pela concessionária em suas normas técnicas.

Interfaces do quadro de medição de energia, campainha com interfone e câmeras de segurança 203

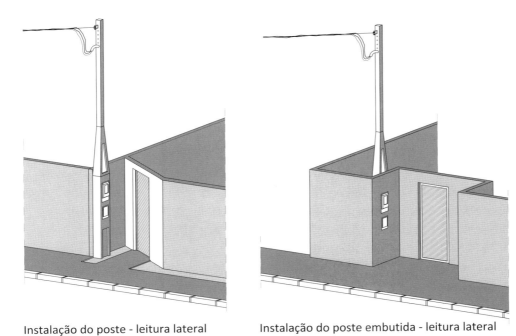

Instalação do poste - leitura lateral   Instalação do poste embutida - leitura lateral

Figura 19.2 Padrão de entrada (instalação lateral).

Fonte: CPFL.

Nota: Padrão de Entrada Multi 100 Duplo permitido para 2 unidades consumidoras (UC's) no mesmo terreno: frente (fundo) ou sobrado pavimento superior (inferior), conforme requisitos estabelecidos pela concessionária.

Além da localização do hidrômetro e do medidor de energia elétrica, o estudo detalhado do terreno e da infraestrutura da área circundante também é fundamental para determinar a melhor localização de vários componentes essenciais, como, a caixa de correspondência, a campainha com interfone e a câmera de TV.

A localização da caixa de correspondência deve ser conveniente para os moradores e acessível para o carteiro. Geralmente, fica próximo à entrada da propriedade, como no portão de entrada ou na área próxima à porta principal.

A campainha com interfone deve ser instalada em uma posição estratégica, geralmente também fica perto da entrada principal da residência ou do edifício. Isso permite que os visitantes se identifiquem e solicitem acesso.

Câmeras de segurança, sejam elas parte de um sistema de CFTV (Circuito Fechado de Televisão) ou de um sistema de segurança residencial, devem ser posicionadas para cobrir áreas críticas, como entradas, áreas de estacionamento e áreas de interesse. A localização exata dependerá dos requisitos de segurança e vigilância.

Portanto, a localização ideal para esses componentes deve ser cuidadosamente planejada durante a fase de projeto para garantir que sejam convenientes, eficientes e atendem às necessidades dos moradores ou usuários da construção.

CAPÍTULO 20
Interfaces dos aparelhos eletrodomésticos

O termo aparelho elétrico é geralmente usado para designar três tipos de equipamentos de utilização, que são: os aparelhos eletrodomésticos, destinados à utilização residencial, os aparelhos eletroprofissionais, destinados à utilização em estabelecimentos comerciais e de prestação de serviços e os aparelhos de iluminação (lâmpadas, luminárias e acessórios). Antes de ser introduzida essa atual variedade de aparelhos eletrodomésticos em nossas casas, a instalação elétrica se resumia a um simples passar de fios e conduítes. Com o avanço tecnológico e o surgimento de aparelhos cada vez mais sofisticados no mercado fez com que a importância de uma instalação crescesse na mesma proporção.

Obviamente, um projeto elétrico mal concebido e com circuitos mal dimensionados comprometerá a qualidade da edificação, além de possibilitar a ocorrência de sinistros. Como quase tudo em uma obra, a chance de evitar esses problemas se dá antes da construção, no momento em que os projetos estão sendo definidos. A disposição dos ambientes, a área construída, o pé-direito, todos esses elementos têm influência direta sobre o tipo de instalação a ser feita e do material a ser utilizado.

Os principais aparelhos eletrodomésticos utilizados nas instalações residenciais são, por exemplo: televisão, ar condicionado, fogão ou cooktop, forno elétrico, micro--ondas, geladeira, máquina de lavar louças, máquina de lavar roupas etc.

Esses aparelhos facilitam muito nossas vidas e trazem muito conforto, mas alguns consomem bastante energia. A maioria deles possui resistência, que é um componente elétrico que produz calor, a partir de um considerável consumo de energia elétrica para o seu funcionamento. Como exemplos de aparelhos que consomem uma quantidade considerável de energia elétrica, podemos citar: aquecedor central elétrico de água, torneira elétrica, secadora de roupas, condicionador de ar e chuveiro elétrico.

Na hora de comprar aparelhos eletrodomésticos ou eletrônicos, o custo da instalação também não pode ser ignorado. Muitas vezes, o procedimento pode ser feito pelo próprio consumidor. Dependendo da instalação é melhor que um profissional capacitado faça o serviço. Também é possível recorrer à instalação oferecida pelo fabricante, algumas vezes, até de graça. Algumas assistências técnicas também têm esse tipo de atendimento.

A seguir apresentam-se algumas observações e interfaces importantes para instalação dos principais aparelhos eletrodomésticos.

TELEVISÃO

É importante verificar nos ambientes, quais pontos estão previstos para TV e se possuem tomadas extras para colocar aparelhos diversos como DVD, vídeo game, *home theater* etc. Também é importante verificar se existe ponto de internet próximo para passagem de cabeamento. No caso de instalação de *home theater*, é preciso saber se o aparelho que será instalado tem compatibilidade com a marca do receiver e se possui o número de entradas e saídas de cabos HDMI suficientes para ligar todos os aparelhos. É necessário respeitar uma altura de no mínimo 110 cm do piso acabado para instalação da TV na parede.

AR CONDICIONADO

Antes da instalação de aparelhos de ar condicionado é importante verificar se o imóvel está preparado para receber o ar condicionado. Normalmente é para o tipo Split. Deve-se consultar o manual do fabricante, a posição da laje técnica e seguir as recomendações de projeto. A quantidade de BTUs exigida é feita mediante cálculo do tamanho do ambiente e quantidade de calor que recebe das fachadas (veja a Seção "Sistemas de condicionamento de ar"). É importante ressaltar que apesar de ser mais barato, um ar condicionado com potência menor vai gastar mais energia, pois o aparelho irá trabalhar sempre no seu limite. Um aparelho dimensionado corretamente é mais econômico e tem maior vida útil.

FOGÃO OU COOKTOP

Primeiramente, é importante verificar se no *layout* foi pensado fogão tipo cooktop ou de pé e qual a potência total das tomadas e disjuntor. Verificar também se existe um ponto para coifa (tipo depurador, sem exaustão) e qual altura e posição do ponto, pois pode interferir no modelo da coifa. Durante a elaboração do projeto da cozinha planejada com os armários também é importante a previsão de uma tomada de fácil acesso.

As cozinhas atuais seguem com a tendência de posicionar cooktop e forno de forma separada.

FORNO ELÉTRICO E MICRO-ONDAS

Na instalação de forno elétrico e micro-ondas é importante verificar se a potência, a bitola do fio e a amperagem do disjuntor são compatíveis com a instalação desses aparelhos. Devem ser previstas tomadas de uso exclusivo (veja Seção "Tomadas de uso específico") e de fácil acesso para a instalação desses aparelhos. Antes da instalação é fundamental ler o manual dos fabricantes desses equipamentos.

GELADEIRA

Antes de comprar ou instalar a geladeira deve-se verificar no layout do projeto de arquitetura se tem uma geladeira e freezer ou se o espaço é para um *side by side* por exemplo. Se a geladeira exige ponto de água, é importante verificar se na cozinha de sua residência (apartamento) possui ponto de água próximo ao ponto elétrico da geladeira. Não é possível aproveitar o ponto de água do filtro se ele estiver distante do ponto da geladeira.

MÁQUINA DE LAVAR LOUÇAS

A instalação de máquinas de lavar louças também precisa de um ponto exclusivo de energia, ou seja, uma tomada. Isso parece simples, mas pode se tornar complicado caso não tenha sido previsto uma tomada livre de uso específico para a máquina de lavar louças no projeto de arquitetura e no projeto de instalações elétricas. Se a máquina for ligada em uma tomada qualquer de forma improvisada pode sobrecarregar a tomada e o circuito de energia, podendo queimar o aparelho.

MÁQUINA DE LAVAR ROUPAS

A tomada para a ligação da máquina de lavar roupa deve ser prevista no *layout* da área de serviço (lavanderia) e no projeto de instalações elétricas. Antes da instalação da máquina é importante verificar os pontos de água e esgoto, se o disjuntor segue especificação do manual da máquina e se a bitola do fio da tomada também atende a potencia a ser instalada, para não perder garantia do equipamento. As tomadas devem ter acesso fácil para a instalação do equipamento e também deve ter plugue mais largo (tomada com entrada mais larga) devido à potência do aparelho.

SELO PROCEL

Na hora de comprar um aparelho é importante verificar se o equipamento tem o selo Inmetro-Procel. O Instituto Nacional de Metrologia, Normalização e Qualidade Industrial (Inmetro) é uma autarquia federal brasileira, vinculada ao Ministério do Desenvolvimento, Indústria e Comércio Exterior. O selo Procel de Economia de Energia ou simplesmente selo Procel, tem por objetivo orientar o consumidor no ato da compra, indicando os produtos que apresentam os melhores níveis de eficiência energética dentro de cada categoria, proporcionando assim economia na sua conta de energia elétrica. Também estimula a fabricação e a comercialização de produtos mais eficientes, contribuindo para o desenvolvimento tecnológico e a preservação do meio ambiente. Para saber o valor do consumo dos equipamentos dentro de uma casa, basta consultar a placa atrás de cada equipamento ou o manual do fabricante, multiplicando a potência pelas horas de uso durante o mês. Para maior economia de energia deve ser adquirido equipamentos com Selo Procel classe A ou B. É importante também ler o manual do fabricante.

Figura 20.1 Selo Procel.

Fonte: Inmetro.

RUÍDOS EM ELETRODOMÉSTICOS

Atualmente, o consumidor está mais atento às construções com melhor desempenho acústico, reclama por apartamentos mais silenciosos. Isso também está acontecendo com relação a compra de eletrodomésticos com menores níveis de ruído.

Esse interesse crescente por ambientes mais silenciosos reflete a preocupação com o conforto e a qualidade de vida, especialmente em áreas urbanas onde o ruído excessivo pode ser uma fonte significativa de incômodo. Portanto, a demanda por construções e eletrodomésticos mais silenciosos está se tornando uma consideração importante para muitos consumidores.

Desde fevereiro de 2014, alguns eletrodomésticos estão sendo fabricados com um selo que visa classificar barulho emitido por eletrodomésticos, o Selo Ruído. A versão atual do Selo, além de informar o Nível de Potência Sonora do produto, apresenta um gráfico de cores e uma escala de 1 a 5, que representa do mais silencioso ao menos silencioso, mais ou menos como é a classificação no Selo Procel para consumo de energia elétrica nos eletrodomésticos.

Sem dúvida é uma grande evolução para popularizar o selo e incentivar o consumo de produtos mais silenciosos.

Figura 20.2 Selo Ruído.

Fonte: Inmetro.

CAPÍTULO 21
Previsão de pontos de elétrica em instalações residenciais

Durante o planejamento da obra, particularmente na etapa de elaboração do projeto de arquitetura, é preciso prever a instalação de diversos pontos de elétrica em vários ambientes.

Os futuros moradores precisam especificar quais são os aparelhos que desejam incluir. Afinal, cada uma dessas informações altera a quantidade de pontos de rede, tomadas e a infraestrutura que serão executadas durante o processo.

No *briefing* elétrico, entre os exemplos de perguntas que o arquiteto deve fazer para o seu cliente, estão: A TV será Smart e contará com internet? Será incluso um sistema de *home theater*? Haverá um roteador *wi-fi* ou uma rede cabeada para o home office? Os equipamentos serão interligados na automação? Haverá um repetidor de sinal de internet para garantir a estabilidade?

Os pontos de elétrica (iluminação e tomadas) não podem ser escassos, muito menos excessivos. A falta de pontos pode significar áreas desabastecidas, desconforto para o usuário final etc. Já a quantidade exagerada de pontos nas áreas comuns propiciará ao empreendimento maior consumo de energia e pode configurar baixa eficiência energética. Por outro lado, é importante ressaltar que um dos grandes desafios impostos aos projetistas, nos dias atuais, é justamente equilibrar as necessidades dos empreendimentos e dos usuários, cada vez mais amplas, com questões de sustentabilidade.

As normas da ABNT podem servir como uma orientação na hora de se definir a estratégia de distribuição dos pontos de consumo, ainda que essas normas nem sempre deem conta de atender a todas as situações e possibilidades que podem existir em projetos.

A compatibilização dos projetos e uma boa comunicação entre arquiteto, projetista de instalações elétricas e empreendedor são fundamentais para minimizar erros no dimensionamento e distribuição dos pontos de elétrica. A falta de coordenação e entendimento entre os profissionais envolvidos na elaboração dos projetos pode gerar erros na distribuição dos pontos, podendo causar a escassez em determinados lugares ou uma quantidade excessiva em outras áreas do edifício.

A seguir, apresentam-se algumas sugestões para a instalação dos pontos de elétrica em projetos residenciais.

SALA

As tomadas e interruptores só costumam ser foco de atenção no momento em que se constata sua ausência em determinado ponto da residência. Por essa razão, alguns arquitetos e designers de interiores orientam sobre a importância de se observar a quantidade e a posição desses terminais em cada ambiente antes de elaborar o projeto de decoração.

Para as salas, deve-se observar a localização dos pontos, de acordo com o *layout* do local, e também os interruptores *three-ways*, que devem ser instalados na entrada da sala de estar, e na porta que dá acesso à área íntima da casa.

Deve-se observar também se os dispositivos (tomadas e interruptores) estão em altura adequada e, além da quantidade mínima necessária, é recomendável instalar tomadas a mais para uso esporádico, como carregar celular, ligar o aspirador de pó etc.

Além da quantidade suficiente de tomadas e interruptores outra questão importante é a harmonia entre esses dispositivos e a decoração. Hoje, o aspecto estético, funcional e decorativo do segmento de interruptores e tomadas, em nosso país, é muito diversificada. As empresas que se sobressaem buscam *design* arrojado, novas cores e formas, tornando mais amplo esse item na decoração.

A seguir, apresentam-se algumas sugestões de pontos para a instalação desses dispositivos em salas de estar e jantar:

- Interruptores em paralelo – em salas grandes, dois interruptores para mesma lâmpada, em cantos opostos;

- Pontos de luz – normalmente, as lâmpadas dependem de um projeto de iluminação, mas a mesa de jantar precisa estar sob um ponto.

Previsão de pontos de elétrica em instalações residenciais

Atrás do painel de TV, na sala de estar, deve-se prever a passagem de uma tubulação de uma polegada pela parede para abrigar todos os cabos multimídia necessários, mesmo que esses cabos sejam instalados mais adiante.

ESCRITÓRIO

Em ambientes como escritórios, sugere-se:

- Ponto de telefone – além da linha de uso geral, uma exclusiva para a internet, mesmo que só haja uma linha, é recomendável deixar a tubulação pronta para a próxima;
- Tomada com fio terra – instalada acima da bancada de trabalho para computador.

No escritório, próximo a mesa de trabalho, também deve-se prever a passagem de tubulação para abrigar todos os cabos multimídia necessários.

DORMITÓRIO

É usual que em cada ambiente, especialmente nos dormitórios, exista somente um ponto de antena e telefone, e estes devem estar na mesma parede da cabeceira. Ainda nos dormitórios, o ideal é o uso de *three-ways*, ou seja, um interruptor junto à porta de entrada, e outro a um dos lados da cabeceira da cama.

A seguir, apresentam-se algumas sugestões de pontos de elétrica para o dormitório:

- Interruptor de luz na cabeceira – para maior comodidade;
- *Dimmer* – colocado perto da cama, se possível, permite regular a intensidade da luz;
- O ar-condicionado requer uma tomada de 220 V, colocada a mais de 1,5 m do chão (no caso de ar-condicionado de janela);
- Tomada no armário – para desumidificador (contra mofo);
- Ponto de antena de TV.

No dormitório, atrás do painel onde será instalada a televisão, também deve-se prever a passagem de tubulação para abrigar todos os cabos multimídia necessários.

HOME THEATER

No projeto de um *home theater*, a iluminação e o posicionamento estratégico das tomadas desempenham um papel fundamental na criação de uma experiência de entretenimento imersiva. A iluminação deve ser personalizada para oferecer opções de controle de intensidade, permitindo a criação de ambientes adaptáveis, desde uma iluminação mais suave para assistir a filmes até uma iluminação mais brilhante para outras atividades. Além disso, é importante considerar a minimização de reflexos indesejados na tela. Quanto aos pontos de tomadas, é fundamental posicionar aqueles destinados a equipamentos como TVs, sistemas de som, reprodutores de mídia e consoles de jogos, garantindo fácil acesso e evitando a necessidade de extensões elétricas.

BANHEIROS

Todas as partes das instalações elétricas devem ser projetadas e executadas de modo que seja possível prevenir, por meios seguros, os perigos de choque elétrico e todos os outros tipos de acidentes.

Como se sabe, água e eletricidade fazem uma combinação perigosa, portanto qualquer manejo na parte elétrica de sanitários deverá ser feito por um profissional, usando lâmpadas, aparelhos e bulbos especialmente projetados para lugares úmidos.

Como a água é boa condutora de eletricidade, é preciso ter muito cuidado ao usar e (ou) colocar aparelhos elétricos em lugares molhados (por exemplo, quando estiver no chuveiro ou na banheira).

Outra recomendação importante é, quando estiver utilizando algum aparelho elétrico, não encostar em canos metálicos de água. Como eles estão em contato com a terra, a corrente elétrica poderá passar através de seu corpo.

É importante ressaltar que, de acordo com a NBR 5410:2004, os circuitos que atendem aos sanitários devem ser protegidos pelo disjuntor DR.

Com relação a iluminação, é importante lembrar que o banheiro é um lugar para relaxar depois de uma dia de trabalho, então a luz deve ser tênue. Luz pendente pode ser excessiva e provocar muitas sombras, por isso o projetista deve optar por luzes de parede, colocando-as acima da altura dos olhos para promover uma iluminação mais agradável. O espelho do banheiro requer um cuidado especial, pois as pessoas irão utilizá-lo para fazer a barba, passar maquiagem etc. Uma boa dica é usar lâmpada com filamento de tungstênio em volta do espelho, como nos camarins, porque ela projeta uma luz mais quente na face, evitando o efeito depreciativo associado a banheiros de restaurantes e bares.

A seguir, apresentam-se sugestões para pontos de iluminação e tomadas em banheiros:

- Ponto de luz – para uma lâmpada acima do espelho;

- Tomada – perto da pia, para barbeador e secador de cabelos;

- Ponto elétrico – para o chuveiro; mesmo se houver aquecimento central, ele pode falhar;

- Ponto elétrico – para banheira de hidromassagem.

Previsão de pontos de elétrica em instalações residenciais 215

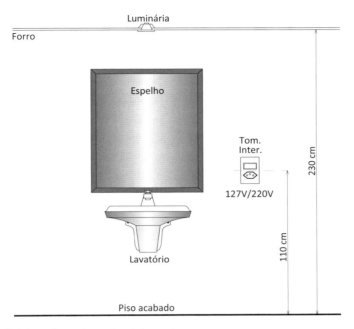

Figura 21.1 Luminária no forro, tomada e interruptor.

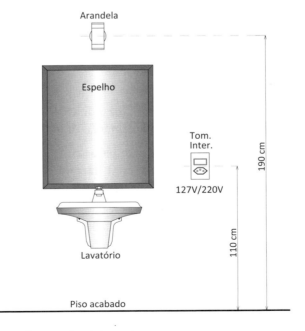

Figura 21.2 Arandela na parede, tomada e interruptor.

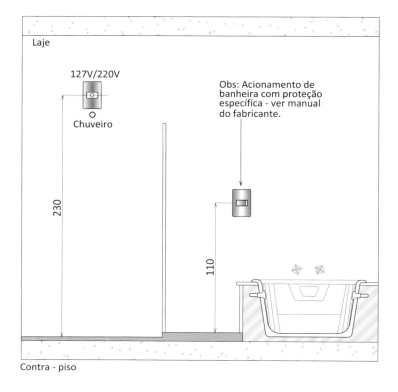

Figura 21.3 Altura de chuveiro, tomada e interruptor para banheira.

COZINHA

Hoje, os eletrodomésticos estão mais funcionais, como, por exemplo, os fornos de micro-ondas, as geladeiras com programação digital e muitas outras inovações.

Por essa razão, o projeto de instalação elétrica da cozinha deve ser muito bem planejado, antes da execução da obra, e estar harmonizado com o projeto de arquitetura. Isso vale não apenas para a cozinha, mas também para todos os ambientes da residência.

Portanto, a preocupação com a cozinha deve ser maior, pelo fato de ela concentrar um grande número de eletrodomésticos com grande potência, como torneira elétrica, *freezers*, geladeiras, máquina de lavar louças, forno de micro-ondas etc.

Com a crescente sofisticação dos equipamentos eletrodomésticos, a eficiência energética também se torna uma consideração crucial no projeto elétrico da cozinha. A escolha de aparelhos que atendam aos padrões de eficiência e economia de energia pode não apenas reduzir os custos operacionais a longo prazo, mas também contribuir para a sustentabilidade ambiental. Além disso, é importante garantir uma distribuição adequada de tomadas elétricas, posicionando-as estrategicamente para evitar sobrecargas e facilitar o uso simultâneo de vários aparelhos.

Para o bom funcionamento de uma cozinha, deve-se distribuir os seus elementos formando o que se chama de "triângulo de trabalho", cujos três vértices são a pia, a geladeira e o fogão, como visto na Figura 21.4. Essa é a forma que permite que a pessoa trabalhe com o menor número de movimentos de um ponto a outro quando está preparando as refeições.

Entretanto, na prática, nem sempre o ambiente permite essa distribuição, chamada "triângulo de trabalho". Por isso, considera-se a forma do ambiente tentando distribuir os elementos (pia, geladeira e fogão) preservando essa ideia, da melhor maneira possível.

A seguir, apresentam-se algumas sugestões para a instalação de pontos de iluminação e tomadas em cozinhas:

- Ponto de luz – uma bancada bem iluminada facilita o trabalho no fogão, especialmente à noite;
- Acima da bancada da pia devem ser previstos, no mínimo, dois pontos de tomadas de corrente (110 V ou 220 V) para ligar cafeteira, torradeira, liquidificador e outros equipamentos que fiquem sempre à mão;
- Ponto elétrico para coifa – essencial para a renovação do ar, em geral, pede um ponto de 220 V, que deve ficar perto do teto;
- Tomadas com fio terra – geladeira, *freezer*, máquina de lavar, micro-ondas e outros aparelhos que consomem muita energia devem ter circuitos independentes.

Figura 21.4 Triângulo de trabalho.

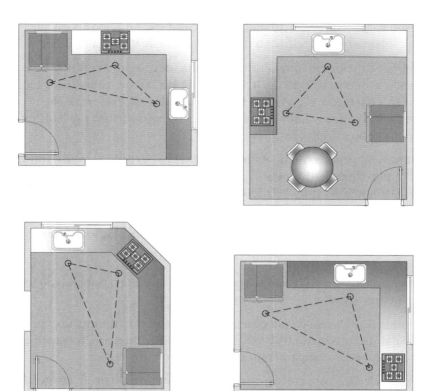

Figura 21.5 Exemplos de formatos de cozinha.

ÁREA DE SERVIÇO

Na área de serviço de uma residência, é essencial garantir uma iluminação adequada com luminárias à prova d'água, posicionadas tanto para iluminar a área de trabalho quanto os equipamentos, como tanque e máquina de lavar roupa. Além disso, recomenda-se posicionar tomadas elétricas estrategicamente, próximas a aparelhos e áreas de trabalho, para facilitar a conexão de equipamentos sem a necessidade de extensões elétricas. Também é importante garantir que todas as instalações elétricas estejam em conformidade com as normas de segurança e sejam instaladas por profissionais capacitados, promovendo um ambiente seguro e funcional para atividades de lavanderia e limpeza.

Como já visto, a NBR 5410:2004 estabelece a quantidade de tomadas de uso geral a partir do cômodo em estudo, fazendo-se necessário ter: ou o valor da área; ou o valor do perímetro; ou o valor da área e do perímetro.

Em cozinhas, áreas de serviço, lavanderias e locais análogos se estabelece, no mínimo, um ponto de tomada para cada 3,5 m ou fração de perímetro, independentemente da área. No caso da cozinha e da área de serviço, é preciso até mais tomadas além desse mínimo, pois a segurança é o primeiro item a ser observado em qualquer instalação elétrica.

A seguir, apresenta-se uma sugestão para a instalação de tomadas em áreas de serviço:

- Tomada para máquina de lavar roupa;
- Tomada acima da bancada para ferro elétrico;
- Tomada para secadora de roupa.

PONTOS EXTERNOS

Para uma iluminação eficaz em jardins e piscinas, é importante considerar diferentes tipos de luminárias, como luminárias embutidas no solo, refletores subaquáticos e luminárias de destaque, que criam um ambiente atraente e seguro à noite. As tomadas elétricas devem ser à prova de água, equipadas com proteção contra falhas de corrente e estrategicamente posicionadas para instalações elétricas, como luminárias de jardim, bombas de piscina e outros dispositivos. É fundamental seguir as normas de segurança e buscar orientação profissional para garantia de instalações elétricas seguras e em conformidade com a NBR 5410:2004.

CAPÍTULO 22
Instalação de antenas e TV a cabo

Para prover os pontos de antena de televisão existem duas possibilidades, a primeira é apenas utilizar o tradicional sistema de antena coletiva, onde somente o sinal aberto pode ser captado. A segunda opção prevê a utilização do sistema de TV a cabo por assinatura. A instalação de antenas, aparentemente, é uma tarefa bastante simples, mas que exige alguns cuidados. Pode ser uma atividade de risco quando efetuada próxima a redes elétricas, já que os suportes dessas antenas, em geral, são metálicos e condutores de eletricidade. Dessa forma, a instalação de antenas deve ser feita por um profissional qualificado e obedecer aos seguintes requisitos:

- Ser bem fixada para evitar a sua queda sobre as redes elétricas;

- Não ser instalada próxima a para-raios e nem interligar o seu cabo aos condutores elétricos desses equipamentos de proteção;

- Jamais arremessar o cabo utilizado para ligação de antenas sobre a rede elétrica, mesmo que ele seja encapado. A capacidade de isolamento do cabo não é suficiente para evitar a passagem da eletricidade existente nas redes elétricas;

- Não utilizar marquises de edifícios para a instalação de antenas, pois, geralmente, ficam próximas das redes elétricas;

- Se a antena cair sobre a rede elétrica, não tentar resgatá-la. Ligar imediatamente para a concessionária de energia local.

Existem no mercado muitos tipos de antenas que são utilizadas para várias finalidades, por exemplo, receber e transmitir sinais de televisão.

As antenas parabólicas canalizam o sinal em forma de cone, sendo indicadas para aplicações de longa distância. A antena semiparabólica, uma variação da parabólica, emite o sinal de forma elíptica. Os modelos *grid* (grelha) são menos suscetíveis à ação dos ventos em razão de eles passarem através da estrutura em forma de gaiola; seu sinal pode chegar de 40 km a 50 km em condições eletricamente visuais.

As antenas setoriais têm formato amplo e plano. Normalmente, são montadas em paredes, podendo ser internas ou externas. São mais recomendadas para *links* entre prédios com distâncias de até 8 km. Algumas podem operar até 3 km, dependendo do ganho específico no projeto. [1]

Independente do projeto prever apenas a antena coletiva ou já contemplar TV a cabo, devem ser previstos no mínimo os pontos de antena conforme descrito na Tabela 22.1.

O sistema de TV a cabo é mais comum nos condomínios verticais e horizontais de alto e médio padrão. Porém, esse sistema necessita de uma infraestrutura adequada para ser implantado, pois possui um cabeamento e equipamentos de distribuição e amplificação independentes da antena coletiva.

Os projetos atuais de instalações prediais de telefonia devem prever a instalação tanto de antena coletiva, como de TV a cabo. Tal exigência passou a ocorrer devido a ser comum ver instalações de TV a cabo via a prumada de telefonia nos prédios mais antigos.[2]

Na Figura 22.2 estão representados os componentes de uma instalação predial de TV a cabo: caixa de distribuição geral (QDGTV), tubulação primária (prumada), caixa de distribuição, tubulação secundária e caixa de saída.

Tabela 22.1 Pontos de antena (caixas de saídas de TV a cabo)

Tipo de local	Ambientes que deve possuir ponto de antena
Apartamentos e residenciais	Salas e dormitórios (no mínimo 1 caixa na sala e uma em cada dormitório)
Edificações comerciais e industriais	Salas de esperas, refeitórios e outras onde poderá receber sinal de TV
Hotéis	Apartamentos, sala de estar, lanchonete e bares

1 Fonte: http://antenas.com.via6.com.
2 File:///C:/Users/Usu%C3%A1rio/Downloads/Aula%2002%20-%20Projetos%20complementares.pdf acesso em 28/01/2021.

Instalação de antenas e TV a cabo

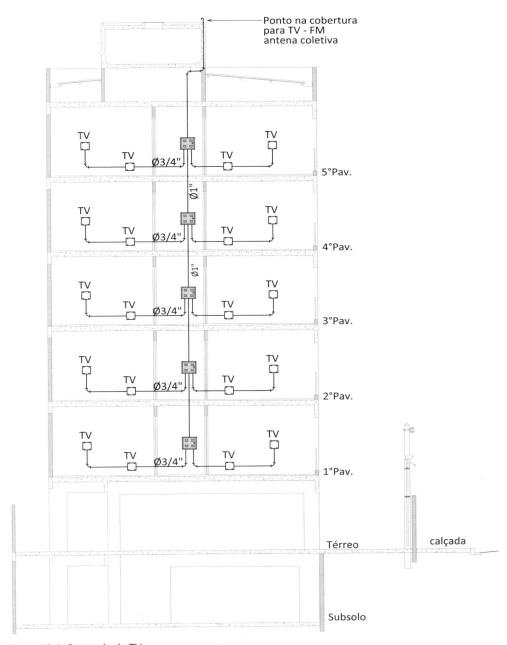

Figura 22.1 Prumada de TV.

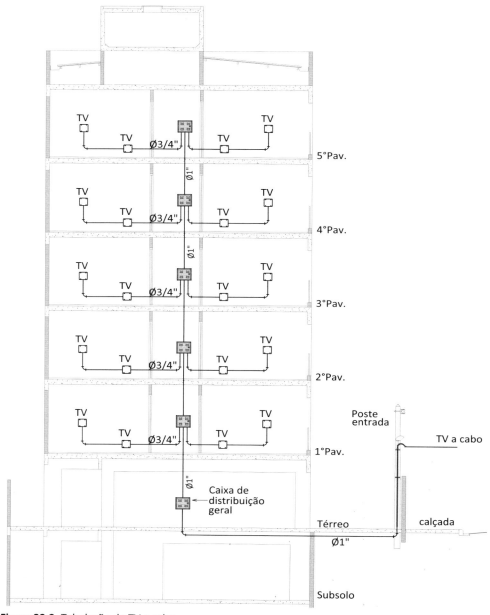

Figura 22.2 Tubulação de TV a cabo.

CAPÍTULO 23
Sistema de proteção contra descargas atmosféricas (SPDA)

A instalação de para-raios, tecnicamente chamados de SPDA (Sistema de Proteção contra Descargas Atmosféricas) tem por finalidade evitar a incidência direta dos raios (descargas elétricas de milhões de volts que nascem entre as nuvens e descem até o solo) sobre os prédios, ou melhor, oferecer condições técnicas adequadas para que os raios, se caírem sobre a edificação, sejam escoados para o solo sem causar quaisquer danos, nem à construção, nem aos moradores em seu interior. Por isso, é de suma importância que esses equipamentos estejam sempre em perfeitas condições de funcionamento.

Não se encontrou ainda um sistema totalmente seguro contra raios, entretanto é possível minimizar seus efeitos devastadores. Não existe um sistema com 100% de eficiência na proteção contra descargas atmosféricas, pois se trata de um fenômeno que ainda não é conhecido perfeitamente pelos pesquisadores. O nível de proteção desejável para uma edificação é definido pela NBR 5419-1:2015 - Proteção contra descargas atmosféricas Parte 1: Princípios gerais, que traz tabelas que classificam a edificação de acordo com o tipo de ocupação, de construção, seu conteúdo, sua localização e a topografia da região. Conforme a classificação da estrutura, a norma indicará a necessidade de haver ou não SPDA, além do nível de proteção e respectiva eficiência.[1]

Além da NBR 5419-1:2015, também devem ser consultadas as normas: NBR 5419-2:2015 – Proteção contra descargas atmosféricas Parte 2: Gerenciamento de risco, que estabelece os requisitos para análise de risco em uma estrutura devido às descargas atmosféricas para a terra; NBR 5419-3:2015 – Proteção contra descargas atmosféricas – Parte 3: Danos físicos a estruturas e perigos à vida, que estabelece os requisitos para proteção de uma estrutura contra danos físicos por meio de um SPDA – Sistema de Proteção contra Descargas Atmosféricas – e para proteção de seres vivos contra lesões causadas pelas tensões de toque e passo nas vizinhanças de um SPDA; NBR 5419-4:2015 – Proteção contra descargas atmosféricas – Parte 4: Sistemas elétricos e eletrônicos internos na estrutura, que fornece informações para o projeto, instalação, inspeção, manutenção e ensaio de sistemas de proteção elétricos e eletrônicos (Medidas de Proteção contra Surtos – MPS) para reduzir o risco de danos permanentes internos à estrutura devido aos impulsos eletromagnéticos de descargas atmosféricas (LEMP).

Os principais componentes de um SPDA são: elementos da captação (responsável pela recepção das descargas atmosféricas); elementos de descida (responsáveis por conduzir as correntes da descarga até o aterramento; para edificações com mais de 20 m de altura, também atuam como elementos de captação lateral); elementos de aterramento (responsáveis por dissipar as correntes no solo); equipotencialização (reduz os riscos de centelhamentos perigosos, preservando equipamentos, instalações e pessoas. Pode ser feita de forma direta ou indireta, via DPS – Dispositivos de Proteção contra Surtos.

Existem três métodos para cálculo de SPDAs. O sistema de proteção mais adotado, por ser mais simples de conceber, é o do tipo Franklin, que recebe esse nome em homenagem a Benjamin Franklin. O cálculo considera que cada mastro vertical, que recebe as descargas, protege o volume de um cone com vértice na ponta do captor. A angulação depende do nível de proteção desejado e da altura do mastro. Conforme aumenta a altura, diminui o ângulo e a superfície de proteção.

Outro método é a "gaiola de Faraday", em referência ao físico inglês Michael Faraday. Nesse método, a função de recepção de descargas é exercida por malhas condutoras instaladas na cobertura. São colocadas pequenas hastes coletoras, espalhadas pelas extremidades da edificação, interligadas por cabos de cobre ou fita de alumínio. Quando um raio atinge a edificação, esse sistema se encarrega de distribuir a carga pelos diferentes ramais, que vão até o solo e mantêm a construção eletricamente neutra.

---

1   LOTURCO, Bruno. Descargas sob controle. *Téchne*, São Paulo, Pini, p. 54-58, maio 2008.

ALVES, Borges Virgilio Normando. Sistema externo de proteção contra descargas atmosféricas. *Téchne*, São Paulo, Pini, p. 61-64, fev. 2009.

Sistema de proteção contra descargas atmosféricas (spda)

O método mais moderno é o eletrogeométrico, ou método da esfera rolante. Esse método foi desenvolvido para proteção de linhas de transmissão e considera que, como a eletricidade vem aos saltos da nuvem para o solo, a proteção tem de ser feita com base no comprimento desse salto. Como o salto pode ser em qualquer direção, a área passível de descarga direta é esférica e definida a partir da proteção exigida, em norma, de acordo com o tipo de edificação.

A diferença entre os métodos apresentados, em relação à eficiência, é desprezível. Deve-se procurar sempre uma empresa especializada para dimensionar adequadamente a sua proteção e indicar a melhor solução técnica e econômica. Para elaboração de projeto, execução da instalação e laudos é necessário recolhimento de ART de um profissional habilitado.

Quando se instala um SPDA externo, como no caso das edificações prontas, o projetista deve ficar atento aos detalhes arquitetônicos para escolher os melhores locais a fim de posicionar os condutores de descida e anéis de cintamento horizontal. A questão estética também é importante e deve ser considerada. O arquiteto pode tomar decisões de menor impacto sobre as fachadas do edifício.

É importante ressaltar que os para-raios protegem apenas a edificação. Eles não preservam eletrodomésticos nem computadores. Portanto, se a sobrecarga vier pela rede elétrica, pelo fio do telefone ou até mesmo pelo cabo da TV por assinatura, é possível a ocorrência de danos nesses aparelhos.

Portanto, além do SPDA (Sistema de Proteção contra Descargas Atmosféricas), é importante a instalação de um DPS (Dispositivo de Proteção contra Surtos) na instalação elétrica predial. Ambos os sistemas desempenham funções distintas e complementares para proteger a edificação e os equipamentos elétricos contra danos causados por surtos de tensão.

O DPS tem a função de proteger a instalação elétrica interna e os dispositivos eletrônicos sensíveis contra surtos elétricos induzidos por descargas atmosféricas próximas, manobras na rede elétrica ou outros eventos (veja a Seção "Dispositivos de proteção contra surtos"). O DPS é instalado em quadros elétricos e atua desviando e absorvendo os surtos de tensão, impedindo que eles alcancem os equipamentos conectados à rede elétrica.

O DPS pode ser instalado tanto no quadro de medição quanto no quadro de distribuição de circuitos, dependendo da configuração e das necessidades específicas da instalação elétrica. Em algumas instalações, o DPS é colocado no quadro de medição, o que permite proteger toda a instalação elétrica a partir do ponto em que a eletricidade entra no edifício. Isso ajuda a proteger todo o sistema elétrico contra surtos vindos da rede externa, como descargas atmosféricas. Em outras situações, o DPS pode ser instalado no quadro de distribuição de energia, que é onde a eletricidade é distribuída para os diversos circuitos e equipamentos dentro do edifício. Isso ajuda a proteger os equipamentos e dispositivos conectados a partir desse ponto, mas não necessariamente protege a instalação elétrica antes do quadro de distribuição.

A decisão de onde instalar o DPS depende do sistema elétrico da edificação e dos objetivos de proteção. Em algumas instalações mais sensíveis, pode ser benéfico ter esses dispositivos em ambos os locais para garantir uma proteção abrangente.

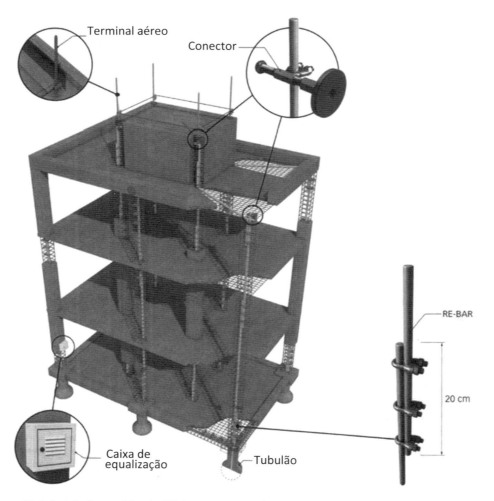

Figura 23.1 Instalação genérica de SPDA externo em prédio.

CAPÍTULO 24

Adequação das instalações para pessoas que necessitam de acessibilidade

A sociedade em geral, hoje, está mais concientizada sobre a necessidade de proporcionar uma vida digna, confortável e independente para as pessoas que necessitam de acessibilidade. Assim, o arquiteto não pode ignorar essa realidade e deve prever, em seu projeto, as providências a serem tomadas para garantir o conforto e a segurança a essas pessoas.

A NBR 9050:2020 - Acessibilidade a edificações, mobília, espaços e equipamentos urbanos é uma norma brasileira que estabelece critérios e parâmetros técnicos a serem seguidos para tornar os ambientes e edificações acessíveis às pessoas com deficiência ou mobilidade reduzida. No contexto das instalações elétricas prediais, existem várias disposições e diretrizes importantes a serem consideradas para cumprir com os requisitos de acessibilidade. Quem assina o projeto de arquitetura é considerado o responsável por cumprir o que regulamenta a norma. Embora ela seja de extrema importância, pode ser que algumas obras acabem não cumprindo suas regulações, seja por desconhecimento da norma, ou ainda por descaso com esse público.

Para a elaboração de qualquer projeto com compartimentos que necessitem de acessibilidade, em virtude da complexidade e do detalhamento do assunto, é recomendável a observação global das leis e normas existentes.

Esse assunto é de fundamental importância, não apenas no aspecto arquitetônico da edificação, mas também nos projetos de instalações hidrossanitárias e elétricas, pois exige adaptações significativas, principalmente no caso de reformas.

Com relação ao projeto de instalações elétricas prediais, de uma forma geral, a solução encontrada passa pelo uso da mesma ferramenta: a automação residencial e predial. A integração tão necessária entre os projetos de automação residencial e de instalações elétricas é fundamental nos casos de locais que necessitam considerar as questões fundamentais de acessibilidade.

A norma estabelece que as tomadas e interruptores devem ser instalados em alturas acessíveis para pessoas em cadeiras de rodas ou com mobilidade reduzida, geralmente entre 0,40 e 0,90 m do piso. Deve haver espaço suficiente para a manobra de uma cadeira de rodas em frente às tomadas, interruptores e quadros elétricos, considerando um raio de giro apropriado. Os aparelhos telefônicos devem ter sua parte superior a 1,20 m do piso.

É importante incorporar sinalização tátil no entorno das instalações elétricas para orientar pessoas com deficiência visual. Deve ser utilizado núcleos e contrastes adequados para facilitar a identificação das tomadas, interruptores e dispositivos elétricos, especialmente para pessoas com deficiência visual.

O emprego de sensores de presença e de voz que acionam luzes, aparelhos eletroeletrônicos, alarmes, campainhas, cortinas, etc. torna a vida menos difícil para as pessoas que necessitam de acessibilidade. Para maior segurança e comodidade, deve-se instalar sensor de presença para acionamento da iluminação (veja Figura 24.2). Os quadros elétricos e painéis devem ser instalados em locais de fácil acesso, com espaço para a proximidade frontal, e com todos os dispositivos de controle posicionados em alturas acessíveis. Deve ser evitado fios e cabos soltos que possam representar riscos de tropeçar ou dificultar a passagem de cadeiras de rodas.

Os botões de chamada de elevador devem estar instalados em alturas acessíveis e serem adaptados para uso por pessoas com diferentes tipos de deficiência. Pode ser necessário incorporar sinalização sonora para alertar sobre o funcionamento de dispositivos elétricos, como elevadores ou portas automáticas.

É fundamental consultar a NBR 9050:2020 (que trata da acessibilidade a edificações, mobiliário, espaços e equipamentos urbanos) para garantir o cumprimento de todas as diretrizes relevantes em relação às instalações elétricas prediais e à acessibilidade. Além disso, é preciso contar com profissionais qualificados, especialistas em acessibilidade, para garantir o cumprimento de todas as diretrizes relevantes e criar instalações elétricas seguras e acessíveis.

Adequação das instalações para pessoas que necessitam de acessibilidade 231

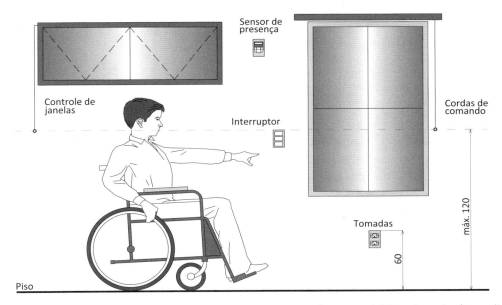

Figura 24.1 Alturas ideais para interruptores, tomadas e comandos em sanitários adaptados às condições de acessibilidade.

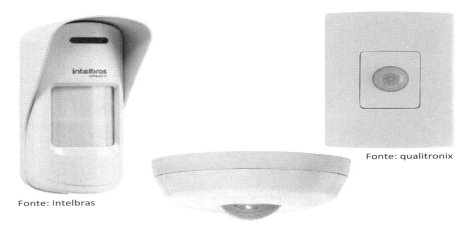

Figura 24.2 Sensor de presença.

CAPÍTULO 25
Luminotécnica[1]

A luminotécnica trata da disposição, quantidade e integração dos pontos de luz interno e externo em uma edificação. Uma boa iluminação, racionalmente distribuída nos ambientes, apresenta vários benefícios: proteção à vista, elevação do rendimento do trabalho, diminuição de erros e acidentes, além de contribuir para maior conforto, bem-estar e segurança.

Um projeto de iluminação deverá ser feito levando-se em conta as dimensões do ambiente, bem como sua função, a atividade operacional e a quantidade de horas que as pessoas ficarão expostas à iluminação artificial.

Para aumentar a eficiência energética e a qualidade dos ambientes em uma edificação, deve-se pensar na complementaridade entre a luz natural e a artificial. O arquiteto precisa considerar a integração entre os dois tipos de fonte de luz e, para isso, é

---

1   A pesquisa sobre novos conceitos de iluminação e suas interfaces com o projeto arquitetônico foi realizada, particular e principalmente, nas revistas *Arquitetura & Construção*, da Editora Abril e *Téchne* (*Revista Tecnológica da Construção*), editada pela Editora Pini, com colaboração técnica do Instituto de Pesquisas Tecnológicas do Estado de São Paulo (IPT) e catálogos técnicos de diversos fabricantes. Portanto, algumas citações, desenhos, fragmentos de parágrafos importantes, colecionados durante a pesquisa bibliográfica nessas revistas, bem como navegações pela internet nos sites dos fabricantes, foram selecionados e parcialmente transcritos.

fundamental o conhecimento básico tanto da luz natural quanto dos tipos de equipamentos de iluminação a serem utilizados na arquitetura.

No projeto de iluminação, uma de suas principais decisões é a definição dos sistemas artificial e natural. Cada componente desses sistemas (lâmpadas, luminárias, reatores, sistemas de controle, janela etc.) tem desempenho e qualidade diferentes, que dependem do tipo de tecnologia empregada em sua fabricação.

A distribuição uniforme dos aparelhos e das luminárias dentro da edificação é um fator importante. Escolher com critério os aparelhos de iluminação e os tipos de lâmpadas que serão utilizadas é de extrema importância em um projeto de iluminação, para que o ambiente não tenha suas cores deformadas e a decoração, prejudicada. A iluminação é parte de um projeto global. Ela define, em muitos casos, as características do ambiente: se ele é alegre ou triste, frio ou quente, comercial ou íntimo. A iluminação de cada ambiente deve ser, principalmente, projetada de acordo com sua função, valorizando sempre o conforto visual.

INTERFACES DA ILUMINAÇÃO COM A SUPERFÍCIE DE TRABALHO[2]

Para uma boa visibilidade sobre a superfície de trabalho, é de extrema importância o estudo da intensidade de iluminação (expressa em lux). Além disso, o contraste entre a figura e o fundo também é importante. A luminância (ou brilho) é a quantidade de luz que é refletida para os olhos, medida em candela por m² (cd/m^2).

Para determinar a quantidade de luz, é necessário fazer distinções entre a luz ambiental, a iluminação no local de trabalho e a iluminação especial.

Uma luz ambiental de 10 lux a 200 lux é suficiente para lugares onde não há tarefas exigentes. É o caso de corredores, depósitos e outros lugares onde não há tarefa de leitura. O mínimo necessário para visualizar obstáculos é de 10 lux. Para ler avisos, bem como evitar grandes contrastes (figura/fundo), é necessária uma intensidade maior.

Para tarefas normais, como leitura de livros, montagens de peças e operações com máquinas, aplicam-se as seguintes recomendações:

- Uma intensidade de 200 lux é suficiente para tarefas com contrastes, como na leitura de letras pretas sobre um fundo branco, sem necessidade de percepção de muitos detalhes;

- É necessário aumentar a intensidade luminosa à medida que o contraste diminui e se exige a percepção de pequenos detalhes;

---

2   DUL, Jan; WEERDMEESTER, Bernard. *Ergonomia prática*. 2. ed. São Paulo: Blucher, 2004.

Luminotécnica   **235**

- Uma intensidade maior pode ser necessária para reduzir as diferenças de brilhos no campo visual, por exemplo, quando há presença de uma lâmpada ou uma janela no campo visual;

- As pessoas idosas e aquelas com deficiência visual requerem mais luz.

Quando há grandes exigências visuais, o nível de iluminação deve ser aumentado, colocando-se um foco de luz diretamente sobre a tarefa. Isso ocorre, por exemplo, em tarefas de inspeção de qualidade ou montagens de pequenas peças, em que detalhes minúsculos devem ser observados, ou quando o contraste figura/fundo é muito pequeno. Para tarefas especiais, recomenda-se uma intensidade de 800 lux a 3.000 lux. Níveis de iluminação muito elevados, porém, podem provocar fadiga visual.

As diferenças de brilho também podem influenciar o campo visual, resultando em reflexos, focos de luz e sombras. Isso também ocorre com a TV ligada em ambientes escuros. Essas diferenças são expressas pela razão entre os brilhos da figura e do fundo.

O campo visual pode ser dividido em três zonas: área da tarefa, área circunvizinha e ambiente geral. A diferença de brilho entre a área da tarefa e a circunvizinha e o ambiente geral não pode ultrapassar dez vezes, pois produz incômodos e fadiga visual. As diferenças muito pequenas também devem ser evitadas, porque a uniformidade produz monotonia e dificulta a concentração.

Tabela 25.1 Razões de brilho entre a figura e o fundo

Razão de brilho (figura/fundo)	Percepção da figura
1	Imperceptível
2	Moderada
10	Alta
30	Bem alta
100	Exagerada, desagradável
300	Desagradável ao extremo

Obs.: Valores acima de 10 são considerados elevados.

É importante ressaltar que a iluminação pode ser melhorada providenciando-se intensidade luminosa suficiente sobre objetos e evitando-se as diferenças excessivas de brilho no campo visual, causadas por focos de luz, janelas, reflexos e sombras. Quando a informação for pouco legível, recomenda-se melhorar a sua legibilidade em vez de aumentar o nível de iluminação, pois, os aumentos da intensidade luminosa acima de 200 lux não aumentam significativamente a eficiência visual, além de serem antieconômicos.

A iluminação localizada, sobre a tarefa, deve ser ligeiramente superior à luz ambiental. A relação entre elas depende das diferenças de brilho entre a tarefa e o ambiente, e também das preferências pessoais. De qualquer maneira, sempre será conveniente que a intensidade da luz seja regulável.

A luz natural também pode ser usada para compor a iluminação ambiental. Diferenças excessivas de brilho, porém, podem ocorrer nos postos de trabalho próximos de janelas. As grandes variações da luz natural, durante o dia, podem ser reguladas com o uso de cortinas ou persianas. As incidências diretas da luz nos olhos sempre devem ser evitadas, colocando-se anteparos entre a fonte de luz e os olhos. Contudo, algumas superfícies podem ficar mal iluminadas. Quando isso ocorre, a luz natural pode ser complementada ou substituída pela luz artificial, convenientemente posicionada. Como regra geral, a fonte dessa luz não deve ficar dentro do campo visual, podendo ficar acima da cabeça ou ao lado, atrás dos ombros.

Devem ser evitados reflexos e sombras. A luz deve ser posicionada, em relação à superfície de trabalho, de modo a evitar os reflexos e as sombras conforme mostra a Figura 25.1. Nos trabalhos com monitores, toma-se cuidado para evitar os reflexos sobre a tela.

Os reflexos e sombras podem ser diminuídos com o uso de luz difusa no teto. Isso é feito também substituindo-se as superfícies lisas e polidas das mesas, paredes e objetos por superfícies foscas e difusoras, que dispersam a luz. A proporção entre a luz incidente e a parte refletida em uma superfície chama-se refletância, que varia de zero, para os corpos negros (totalmente absorventes), até 1, para corpos brancos (totalmente refletores). O valor ótimo dessa refletância depende do objetivo da superfície.

A refletância desempenha um papel essencial em projetos de iluminação residencial, impactando a distribuição uniforme da luz, a percepção de espaço e a eficiência energética. Superfícies com alta refletância, como paredes claras, ajudam a distribuir a luz de forma uniforme, criando um ambiente equilibrado e agradável. Além disso, ao refletir a luz, essas superfícies podem fazer um espaço parecer maior e mais arejado, contribuindo para uma sensação de amplitude.

Tabela 25.2 Valores recomendados da refletância para vários tipos de superfícies

Superfície	Refletância
Teto	0,8 a 0,9 (claro)
Parede	0,4 a 0,6
Tampo de mesa	0,25 a 0,45
Piso	0,2 a 0,4 (escuro)

Luminotécnica

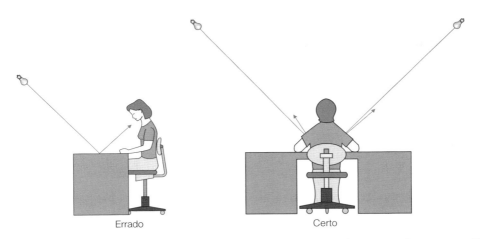

Figura 25.1 As fontes de luz devem estar localizadas de modo a evitar reflexos e sombras na superfície de trabalho.

INTERFACES DA ILUMINAÇÃO COM O PROJETO ARQUITETÔNICO

Alguns erros referentes à iluminação são facilmente evitados com a elaboração de um projeto específico antes de começar a obra. Ao elaborar um projeto de iluminação, é necessário desenhar um *layout* do mobiliário, bem como estudar corretamente a funcionalidade da edificação.

O projetista deve começar um projeto de iluminação pensando primeiro na iluminação geral, e completar depois com a localizada (quadros, obras de arte etc.). Ele também deve testar as luminárias antes da fixação. Além da posição correta, a definição da altura também é importante. O arquiteto pode tirar partido da iluminação em todos os ambientes.[3]

As luminárias, por exemplo, podem ser embutidas diretamente na laje, em forros falsos rebaixados de vários materiais e também em sancas (geralmente, executadas em gesso e madeira) para destacar um ambiente, ou apenas parte dele. Também podem ser instaladas em paredes de corredores e escadas, onde atuam como balizadores durante a noite, evitando quedas e acidentes. Quando instaladas em lajes e rebaixos, requerem a instalação de alojamentos das luminárias (a própria abertura, tubos de PVC, caixas pré-moldadas etc.).

---

3 CAVALCANTI, Mariza. Tire partido da iluminação embutida em todos os ambientes. *Arquitetura & Construção*, São Paulo, Abril, n. 9, p. 96-97, set. 1990.

As sancas, muito utilizadas por arquitetos e decoradores, podem receber lâmpadas de qualquer tipo. De acordo com a necessidade do projeto, oferecem iluminação: direta, indireta ou mista. Além disso, camuflam a fiação e emolduram o encontro do teto com a parede.

Também é importante ressaltar que o arquiteto sempre deve prever no mínimo um ponto de luz no teto, comandado por interruptor de parede, que proporciona uma iluminação mais uniforme e adequada. Esses pontos de luz no teto jamais devem ser substituídos por arandelas (pontos de luz de parede), pois estas não apresentam a mesma qualidade de iluminação. As arandelas podem complementar a iluminação do ambiente, pois servem para uma iluminação localizada, dirigida ou decorativa.

Um projeto moderno de iluminação deve ser também uma proposta econômica, tanto do ponto de vista de investimento inicial como do custo operacional, não só do usuário como para toda a sociedade.

Um projeto integrado de iluminação natural e artificial, por exemplo, permite a redução do consumo de energia elétrica de uma casa em mais de 30%.

CONCEITOS E GRANDEZAS LUMINOTÉCNICAS FUNDAMENTAIS

Antes de escolher a iluminação mais adequada a um determinado ambiente, é necessário conhecer algumas grandezas e respectivos conceitos que a ela estão relacionados, utilizando as considerações estabelecidas na norma.

Os conceitos e grandezas luminotécnicas são pilares fundamentais na área de iluminação, impactando tanto o design quanto o desempenho eficaz dos sistemas luminosos.

A seguir, serão apresentados os principais conceitos e grandezas luminotécnicas fundamentais para o entendimento e planejamento eficaz de sistemas de iluminação em diferentes contextos.

LUZ

É a forma de energia radiante que impressiona nossos olhos e nos permite ver.

A percepção do olho humano às ondas de luz visível se encontra na faixa de 380 a 780 nanômetros (nm).

$1 \text{ nm} = 10^{-9} \text{ m} = 10 \text{ Å (angströns)}$

Isto equivale ao limite inferior dos raios ultravioletas e ao limite superior dos raios infravermelhos.

FLUXO LUMINOSO (Ø)

É a potência de radiação total emitida por uma fonte de luz e capaz de estimular a retina ocular à percepção da luminosidade,ou seja, a quantidade de luz emitida por uma lâmpada para determinada direção.

Símbolo: ø

Unidade: lúmen (ℓm)

O lúmen representa o quanto uma lâmpada ilumina um ambiente: quanto maior esse número, mais luz a lâmpada emite. Já o Watt, que também é conhecido como potência, está relacionado ao consumo de energia da lâmpada. Portanto, não representa a emissão de luz. Apesar de serem características separadas, elas andam juntas quando o assunto é iluminação.

Uma boa lâmpada, por exemplo, irá iluminar bem consumindo pouca energia. Ela terá um fluxo luminoso superior e menor potência.

EFICIÊNCIA LUMINOSA (Eℓ)

É a medida da relação entre a quantidade de luz produzida e a energia consumida.

Símbolo: E ℓ

Unidade: lúmen por watt (ℓm/W)

O cálculo de eficiência luminosa é essencial na iluminação, pois ajuda a medir a eficiência de um sistema na conversão de energia elétrica em luz visível. Isso resulta em economia de energia, sustentabilidade, melhoria na qualidade da iluminação, conformidade com as exigências e melhor seleção de equipamentos. As lâmpadas LED podem atingir valores de eficiência luminosa de 80 ℓm/W a mais de 200 ℓm/W, dependendo do modelo e da qualidade da lâmpada. As lâmpadas LFC, também conhecidas como lâmpadas economizadoras de energia, têm uma eficiência luminosa média de cerca de 50-70 ℓm/W..

Exemplos de eficiência luminosa:

- Lâmpada LED de 12 W que produz um fluxo luminoso de 1.055 ℓm:

  E ℓ = lúmen/watt = 1.055/12 = 88 ℓm/W

- Lâmpada fluorescente compacta de 15 W que produz um fluxo luminoso de 810 ℓm:

  E ℓ = lúmen/watt = 810/15 = 54 ℓm/W

Tabela 25.3 Eficiência luminosa das lâmpadas LED

Potência (w)	Fluxo luminoso (lm)	Eficiência luminosa (lm/W)
6	470	78
10	700	70
12	1055	88
18	1800	100

Tabela 25.4 Eficiência luminosa das lâmpadas LED e LFC (fluorescentes compactas)

Potência (w)	Fluxo luminoso (lm)	Eficiência luminosa (lm/W)
15	810	54
20	1100	55
23	1400	61
100	1620	16
150	2505	16
200	3520	17

INTENSIDADE LUMINOSA (I)

É a concentração de luz específica (potência de radiação visível) disponível em determinada direção.

Símbolo: I

Unidade: candela (cd)

A intensidade luminosa é mostrada na forma de um diagrama polar (CDL), em termos de candelas por 1.000 lúmens do fluxo da lâmpada.

O que ocorre, na maioria das vezes, é que o fluxo luminoso da lâmpada possui valores diferentes desse valor. Quando isso ocorrer, deve-se multiplicar o valor obtido no diagrama polar ou na curva de distribuição luminosa (CDL) por fator correspondente.

Exemplo de aplicação:

Se o fluxo luminoso da lâmpada for 3.200 lúmens, o fator de multiplicação será:

3.250 : 1.000 = 3,25

Essas curvas têm por finalidade determinar a característica luminotécnica de luminárias.

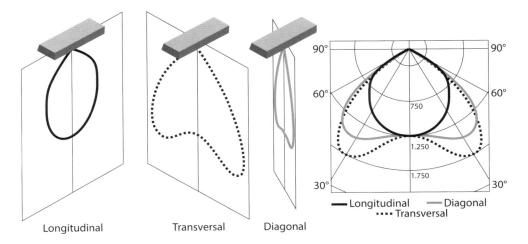

Figura 25.2 Curvas de distribuição de intensidades luminosas de uma luminária.

Fonte: IWASHITA, Juliana. Luminotécnica aplicada. *O Setor Elétrico*, São Paulo, p. 34-36, fev. 2008.

ILUMINAMENTO OU ILUMINÂNCIA (E)

A iluminância determina a distância e a densidade da luz que atinge uma superfície. Ou seja, o quanto o fluxo luminoso incide em uma unidade de área. É a relação entre o fluxo luminosos incidente em uma superfície pela área dessa superfície:

Símbolo: E

Unidade: lux (ℓx)

$$E = \frac{\phi}{S}$$

Onde:

E = iluminamento ou iluminância, em lux (ℓx).

ϕ = fluxo luminoso, em lúmen (ℓm).

S = área da superfície, em metro quadrado (m²).

Observação:

Na prática, o iluminamento (E) corresponde ao valor médio, porque o fluxo luminoso não se distribui uniformemente sobre a superfície.

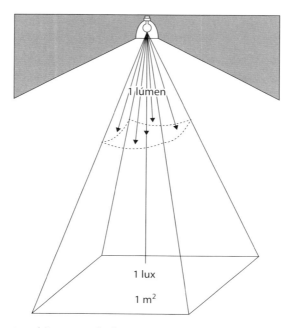

Figura 25.3 Iluminamento médio perpendicular a uma superfície.

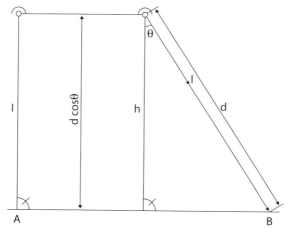

Figura 25.4 Iluminamento a partir da fonte de intensidade luminosa.

Luminotécnica

O iluminamento em um ponto A da superfície, afastada de uma distância de uma luminária, é calculada por:

$$E = \frac{I}{d^2}$$

No caso de a incidência da luz ser oblíqua, o iluminamento no ponto B, é calculado por:

$$E = \frac{I}{d^2} \cdot \cos\phi = \frac{I}{h^2} \cdot \cos^3\phi$$

A seguir apresenta-se uma tabela da NBR 5413:1992 - Iluminância de interiores, com informações para cálculo de quantidade de luz ideal por ambiente. Essa tabela pode ser usada para ter essas informações e poder fazer um cálculo de quantidade de luz. Porém, é importante ressaltar que esses valores devem ser usados como base, pois não é uma regra e sim uma forma de orientação.

O planejamento luminotécnico deve levar em consideração fatores específicos de cada ambiente, como a sua finalidade, o conforto visual desejado e a natureza das atividades realizadas no local, a fim de garantir uma iluminação eficaz e adequada às necessidades dos usuários.

Na tabela 25.5 observa-se que em alguns ambientes como escritórios, precisam de uma iluminação mais intensa e estimulante. Enquanto no quarto pode ser mais acolhedora e suave. Por isso a quantidade de lux indicada para cada ambiente é diferente.

Tabela 25.5 Quantidade de luz ideal por ambiente

Ambiente	Lúmens/m² (lux)
Sala - Luz geral	100 - 200
Sala - Luz local (leitura)	300 - 750
Cozinha - Luz geral	100 - 200
Cozinha - Luz Local (pia, mesa e fogão)	200 - 500
Dormitório - Luz geral	100 - 200
Dormitório - Luz local (cabeceira)	200 - 500
Banheiro - Luz geral	100 - 200
Banheiro Luz local (espelho)	200 - 500
Hall, escada, despensa e garagem	75 - 150
Escritório - Mesa de trabalho	300 - 500

Exemplo de aplicação

Segundo a tabela, um dormitório precisa de 100 a 200 lúmens por metro quadrado de luz geral. Então, em dormitório de 3,5 metros por 4,0 metros, isto é, com 14 m² de área, serão necessários de 1400 a 2800 lúmens. Se cada lâmpada utilizada tiver 1000 lúmens, serão necessárias de 2 a 3 lâmpadas nesse ambiente.

LUMINÂNCIA (L)

A luminância de uma fonte de luz, em uma dada direção, em um ponto na superfície, em um ponto a caminho do facho, provoca no olho do observador uma sensação de maior ou menor claridade.

Símbolo: L

Unidade: cd.m² ou nit

$$L = \frac{I}{S}$$

Onde:

L = luminância, em cd/m².

I = intensidade luminosa, em cadelas (cd).

S = área de superfície, em metros quadrados (m²).

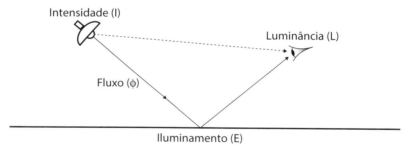

Figura 25.5 Intensidade luminosa, fluxo luminoso, iluminamento e luminância.

CÁLCULO LUMINOTÉCNICO

Em alguns casos específicos não se dispensa um projeto de iluminação. Como foi visto, para o cálculo luminotécnico, é necessário analisar quatro critérios principais: a quantidade de luz; o equilíbrio da iluminação; o ofuscamento e a reprodução de cor.

Todos esses critérios são importantes. Por essa razão, deve ser dada a maior atenção, pois estão diretamente relacionados com as necessidades visuais, conforto visual e o bem-estar do ser humano.

Existem vários métodos para o cálculo da iluminação, os principais são os seguintes:

- Pela carga mínima exigida pela norma NBR 5410:2004 (veja a Seção "Cálculo de iluminação");
- Pelo método dos Lumens ou método do Fluxo Luminoso;
- Pelo métodos das cavidades zonais;
- Pelo método ponto por ponto;
- Pelo métodos dos fabricantes.

A seguir, apresentam-se os dois principais métodos utilizados no cálculo luminotécnico.

MÉTODO DOS LUMENS

É o método mais utilizado para sistemas de iluminação em edificações. Esse método também é conhecido como método do Fluxo Luminoso (lumens) necessário para determinado ambiente baseado no tipo de atividade desenvolvida, cores das paredes e teto e do tipo de lâmpada-luminária escolhidos.

A sequência de cálculo é a seguinte:

- determinação do nível da iluminância;
- escolha da luminária e lâmpadas;
- determinação do índice do local;
- determinação do coeficiente de utilização da luminária;
- determinação do coeficiente de manutenção;
- cálculo do fluxo luminoso total (lumens);
- cálculo do número de luminárias;
- ajuste final do número e espaçamento das luminárias.

Determinação do nível de iluminância

O nível de iluminância deve ser escolhido de acordo com as recomendações da ABNT NBR ISO/CIE 8995-1:2013 – Iluminação de ambientes de trabalho Parte 1: Interior. A Tabela 25.6 (resumida) traz um exemplo de níveis de iluminância para diferentes atividades. Para mais informações é imprescindível consultar a norma.

Tabela 25.6 Iluminância para cada grupo de atividades visuais (resumida)

Faixa	Iluminância (Lux)	Tipo de atividade
A Iluminação geral para áreas usadas interruptamente ou com tarefas visuais simples	20 – baixa	Áreas públicas com arredores escuros
	30 – média	
	50 – alta	
	50 – baixa	Orientação simples para permanência curta
	75 – média	
	100 – alta	
A (tarefas visuais simples)	100 – baixa	Recintos não usados para trabalho contínuo, depósitos
	150 – média	
	200 – alta	
B Iluminação geral para áreas de traballho	200 – baixa	Tarefa com requisitos visuais limitados, trabalho bruto de maquinaria, auditórios
	300 – média	
	500 – alta	
	500 – baixa	Tarefas com requisitos visuais normais, trabalho médio de maquinaria, escritórios
	750 – média	
	1.000 – alta	
	1.000 – baixa	Tarefas com requisitos especiais, gravação manual, inspeção, indústria de roupas
	1.500 – média	
	2.000 – alta	
C Iluminação geral para tarefas visuais difíceis	2.000 – baixa	Tarefas visuais exatas prolongadas, eletrônica de tamanho pequeno
	3.000 – média	
	5.000 – alta	
	5.000 – baixa	Tarefas visuais muito exatas, montagem de microeletrônica
	7.500 – média	
	10.000 – alta	
	10.000 – baixa	Tarefas visuais muito especiais, cirurgias
	15.000 – média	
	20.000 – alta	

Escolha da luminária

A luminária pode ser escolhida em função de diversos fatores:

- distribuição adequada de luz;
- rendimento máximo;

- estética e aparência geral;
- facilidade de manutenção, incluindo a limpeza;
- fatores econômicos.

Essa escolha depende basicamente do projetista e do usuário. A tendência atual é buscar luminárias que proporcionem melhor eficiência de luminosidade, reduzindo as necessidades de consumo de energia.

Determinação do índice do local (K)

Esse índice é calculado relacionando-se as dimensões do local que será iluminado. Pode ser calculado pela seguinte expressão:

$$K = \frac{C.L}{h.(C + L)}$$

sendo:

C = comprimento do recinto;

L = largura do recinto;

h = distância da luminária ao plano de trabalho.

Determinação do coeficiente de utilização (u) da luminária

Parte do fluxo emitido pelas lâmpadas é perdido nas próprias luminárias. Assim sendo, apenas uma parte do fluxo atinge o plano de trabalho. O coeficiente de utilização (u) de uma luminária é, pois, a relação entre o fluxo luminoso útil recebido pelo plano de trabalho e o fluxo emitido pela luminária:

$$u = \frac{\varphi_{\text{útil}}}{\varphi_{\text{total}}}$$

Esse índice pode ser obtido por meio do uso de tabelas desenvolvidas pelo fabricantes para cada tipo de luminária a partir do índice do local (K) e dos coeficientes de reflexão do teto e paredes. A Tabela 25.7 mostra exemplos desses dados para luminárias de lâmpadas fluorescente compacta. A Tabela 25.8 apresenta os valores de reflexão normalmente adotados para as cores de paredes e tetos.

Na Tabelas 25.7 a primeira coluna apresenta valores do índice do local (K). Na primeira linha da tabela, tem-se o índice de reflexão do teto (em porcentagem). Na segunda e terceiras linhas têm-se o índice de reflexão (em porcentagem) da parede e do plano de trabalho respectivamente. A interseção desses índices proporciona a obtenção do índice de utilização (u).

Tabela 25.7 Fator de utilização (u) – luminárias de lâmpadas fluorescentes.

Teto		70			50			30	
Parede		50	30	10	50	30	10	30	10
Plano de trabalho		10			10			10	
K	0,60	0,39	0,33	0,28	0,38	0,32	0,28	0,32	0,28
	0,80	0,48	0,42	0,37	0,47	0,41	0,37	0,41	0,37
	1,00	0,55	0,48	0,44	0,53	0,48	0,43	0,47	0,43
	1,25	0,61	0,55	0,50	0,59	0,54	0,50	0,53	0,50
	1,50	0,65	0,60	0,55	0,64	0,59	0,55	0,58	0,55
	2,00	0,71	0,67	0,63	0,70	0,66	0,62	0,64	0,61
	2,50	0,75	0,71	0,68	0,74	0,70	0,67	0,69	0,66
	3,00	0,78	0,75	0,71	0,76	0,73	0,70	0,72	0,70
	4,00	0,82	0,79	0,76	0,80	0,77	0,75	0,76	0,74
	5,00	0,84	0,81	0,79	0,82	0,80	0,78	0,78	0,77

Tabela 25.8 Índices de reflexão.

Teto	Branco	0,7 (70%)
	Claro	0,5 (50%)
	Médio	0,3 (30%)
Parede	Clara	0,5 (50%)
	Média	0,3 (30%)
	Escura	0,1 (10%)

Coeficiente de manutenção (d)

Com o passar do tempo, as luminárias acumulam poeira, resultando em diminuição do fluxo emitido. Isto pode ser parcialmente reduzido por meio de uma manutenção eficiente, porém mesmo assim o rendimento da instalação diminuirá.

Assim, é necessário considerar essa perda na determinação do número das luminárias. Isso é efetuado por meio da determinação do coeficiente de manutenção (d).

Esse coeficiente deve ser calculado para cada ambiente e leva em consideração, além do período de manutenção das luminárias, as condições gerais de limpeza do local em estudo.

Para determinação do índice (d) lança-se mão de curvas, como a mostrada na Figura 25.6.

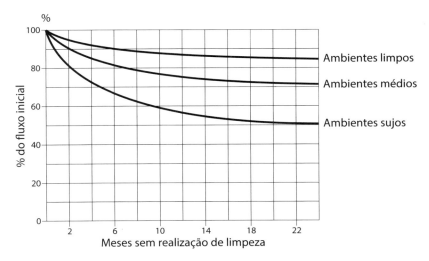

Figura 25.6 Curvas para determinação do coeficiente de manutenção.

Cálculo do fluxo luminoso total

A partir da determinação dos diversos índices, pode-se calcular o fluxo luminoso total a ser produzido pelas lâmpadas, por meio da seguinte relação:

$$\varphi_{Total} = \frac{E.S}{u.d}$$

onde:

φ_{Total} = fluxo luminoso total produzido pelas lâmpadas;

E = iluminância determinada pela norma;

S = área do ambiente (m²);

u = coeficiente de utilização;

d = coeficiente de manutenção.

Cálculo do número de luminárias

Conhecendo-se o fluxo luminoso total, calcula-se o número (n) de luminárias necessárias para o local em estudo, por meio da seguinte relação:

$$n = \frac{\varphi_{total}}{\varphi_{luminária}}$$

onde:

n = número de luminárias;

φ_{Total} = fluxo luminoso total produzido pelas lâmpadas;

$\varphi_{Luminária}$ = fluxo luminoso emitido por uma luminária.

O fluxo luminoso emitido por uma luminária dependerá do tipo e do número de lâmpadas instaladas por luminária.

O número de luminárias encontrado dificilmente será inteiro, devendo-se, portanto, adotar o número inteiro mais próximo. Esse número também dificilmente proporcionará uma distribuição estética e simétrica das luminárias no ambiente. Assim, o arquiteto ou designer de interiores deve ajustar o número de luminárias de maneira conveniente para o ambiente (área) em estudo.

Espaçamento das luminárias

Deve-se buscar um espaçamento adequado entre as luminárias. Normalmente o fabricante fornece fatores que determinam os espaçamentos máximos que devem ser adotados entre as luminárias.

MÉTODO PONTO POR PONTO

É o método básico para o dimensionamento de iluminação. O método "Ponto por Ponto" também chamado de método das intensidades luminosas baseia-se nos conceitos e lei básicas da luminotécnica e é utilizado quando as dimensões da fonte luminosa são muito pequenas em relação ao plano que deve ser iluminado. Consiste em determinar a luminância (lux) em qualquer ponto da superfície, individualmente, para cada projetor cujo facho atinja o ponto considerado. O iluminamento total será a soma dos iluminamentos proporcionados pelas unidades individuais.

O método "Ponto por Ponto" é um método mais empregado para a iluminação de exteriores ou para ajustes após o emprego de outros métodos. É um método que envolve estudos detalhados de iluminação individual para criar uma distribuição específica de luz. O método dos Lumens, em contrapartida, concentra-se na quantidade total de luz emitida, independentemente das fontes individuais, simplificando o projeto de iluminação.

Este método envolve o design detalhado da iluminação de uma área externa, levando em consideração cada iluminação específica. Os cálculos são baseados em parâmetros como o tipo de iluminação, sua potência, seu ângulo de feixe, sua distribuição de luz, sua altura de montagem e a posição precisa de cada iluminação no projeto.

O objetivo é criar um *layout* de iluminação que forneça uma distribuição uniforme de luz na área alvo, atendendo aos requisitos específicos de iluminação, como níveis de iluminância (lux), uniformidade e direção da luz.

Considere uma fonte luminosa puntiforme iluminando um ambiente qualquer. Esta fonte irradia seu fluxo luminoso para várias direções. Como visto, pode-se determinar a intensidade luminosa dessa fonte em uma única direção. A Figura 25.7 retrata uma fonte puntiforme instalada em um ambiente no qual se encontra um objeto iluminado no ponto P.

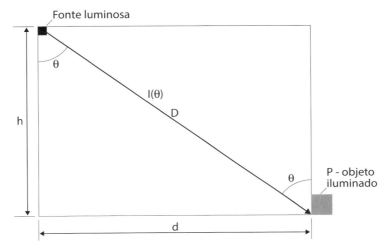

Figura 25.7 Método ponto por ponto.

A iluminação no ponto P obtida a partir da fonte luminosa mostrada na Figura 25.7 pode ser calculada por:

$$E_p = \frac{I(\theta).\cos\theta}{D^2}$$

onde:

E_p = iluminância no ponto P derivada do fluxo luminoso da fonte luminosa (Lux);

$I(\theta)$ = intensidade luminosa da fonte na direção do ângulo θ;

D^2 = distância entre a fonte luminosa e o ponto P em consideração (m).

Pode-se obter as iluminâncias horizontal (*Eh*) e vertical (*Ev*) nesse ponto, utilizando-se as relações fundamentais da luminotécnica e empregando a trigonometria em um triângulo retângulo. Assim obtém-se:

$$E_{(p)} = \frac{I(\theta).\cos\theta}{D^2}$$

Das relações trigonométricas:

$h = D.\cos\theta$

$d = D.\text{sen}\theta$

Iluminância horizontal:

$$Eh = \frac{I(\theta).\cos^3\theta}{h^2}$$

Iluminância vertical:

$$Ev = \frac{I(\theta).\text{sen}^3\theta}{d^2}$$

ILUMINAÇÃO RESIDENCIAL

Como já visto, de modo geral, em residências e apartamentos de pequeno e médio porte, a carga de iluminação normalmente é determinada em função da área do cômodo da edificação.

Também é importante ressaltar que cada ambiente da residência possui uma função específica, por isso deve ser analisado o melhor tipo de iluminação artificial para cada cômodo separadamente.

HALL DE ENTRADA

A intensidade de luz dentro dos elevadores e corredores dos edifícios normalmente é baixa, portanto deve-se evitar muita iluminação no *hall* de entrada. Uma luz geral de baixa intensidade e um ou dois focos de lâmpada dicroica voltados para elementos de decoração é mais que suficiente, criando um clima agradável e acolhedor.

SALA DE ESTAR

O projetista não deve exagerar na utilização de lâmpadas halógenas e dicroicas, que devem ser usadas para destaque. A melhor opção é trabalhar com circuitos diferentes para acender a iluminação em várias etapas ou utilizar *dimmers* (interruptores que regulam a intensidade da luz). O ideal para uma sala de estar são lâmpadas difusas em abajures ou pedestais, podendo-se também utilizar luminárias de coluna com lâmpadas halógenas dirigidas para o teto. No caso do *living* com teto rebaixado, utilizar luminárias direcionáveis dirigidas para os quadros ou objetos de decoração.

SALA DE JANTAR

O ideal é que mesas e bares se beneficiem de uma luz superior em sua direção. Deve-se manter uma distância de 60 a 80 cm entre a luminária e a mesa, pois, se ela estiver muito baixa, a luz fica excessiva, e, acima dessa distância, ofusca as pessoas que ali estão. Não se deve utilizar lâmpadas halógenas, que projetam luz marcante e irradiam muito calor.

COZINHA

A cozinha deve ser entendida como um ambiente de trabalho, portanto uma iluminação adequada é essencial para evitar acidentes. Lâmpadas embutidas no vão abaixo dos móveis da cozinha, como as halógenas, refletores e tubos fluorescentes, criarão luz clara, brilhante e sem sombra. Lâmpadas de baixa reprodução de cores podem confundir e mascarar alimentos impróprios para o consumo. Fluorescentes são, muitas vezes, erroneamente consideradas como fora de moda, mas são ideais para o trabalho.

DORMITÓRIO

A luz dos quartos deve ser de conforto, pois é um local de descanso. O ponto de luz no centro do quarto vai, invariavelmente, ofuscar quem se deitar, além de projetar sombra de seu próprio corpo contra o guarda-roupa e espelhos. Teremos de usar luminárias com difusor antiofuscante ou com iluminação indireta. O ideal é distribuir iluminação por todo o cômodo, de acordo com a utilização dos hábitos pessoais do morador. É interessante um *dimmer* para regular a luz na intensidade mais conveniente segundo a atividade a ser exercida. Também é importante uma luminária de cabeceira com luz suave para leitura ou para não ofuscar a pessoa ao levantar no meio da noite. No *closet*, é melhor empregar luzes de todos os lados em vez de sobre a cabeça, para evitar as sombras. Também é interessante colocar luzes dentro do guarda-roupa para ajudar na escolha do que se vai vestir.

BANHEIRO

Além de sua importância funcional, o banheiro é um lugar para relaxar, por isso a luz deve ser tênue. O espelho do banheiro requer um cuidado especial, pois é mirando-se nele que as pessoas irão fazer a barba, aplicar maquiagem etc. Uma boa dica é usar lâmpadas com filamento de tungstênio em volta do espelho como nos camarins, porque ela projeta uma luz mais quente na face, evitando o efeito depreciativo.

ILUMINAÇÃO COMERCIAL E ADMINISTRATIVA

Em locais como escritórios, lojas e bancos, supermercados e escolas, em que as instalações funcionam várias horas por dia, é recomendável a utilização de lâmpadas fluorescentes ou LED. Além de serem mais econômicas, são fontes de baixa iluminação, por isso permitem mais fácil controle do deslumbramento. As luminárias deverão ser simples, funcionais e de alto rendimento, fácil limpeza e manutenção.

Na iluminação geral de lojas, em que o nível de iluminação e a reprodução correta das cores são muito importantes, dá-se preferência às cores branca fria e branca morna de luxo. Essas lâmpadas brancas frias proporcionam uma sensação de alerta e são ideais para realçar produtos em vitrines e prateleiras. Por outro lado, as lâmpadas brancas mornas de luxo oferecem uma iluminação suave e agradável, criando uma atmosfera acolhedora em espaços comerciais, o que pode incentivar os clientes a permanecerem mais tempo e a se sentirem mais confortáveis durante a experiência de compra. A escolha entre esses tons de luz depende da estética desejada e do propósito específico de cada área nesses locais comerciais. Além disso, a transição para lâmpadas LED é uma tendência comum devido à eficiência energética e à longa vida útil, reduzindo os custos operacionais a longo prazo.

ILUMINAÇÃO INDUSTRIAL

Em locais industriais, geralmente não se dispensa um projeto específico de iluminação. Nas indústrias cujos galpões sejam de altura pequena (3 m a 5 m), as lâmpadas fluorescentes são as mais indicadas. Naquelas em que o pé-direito é maior (iluminação acima de 6 m do campo de trabalho), as lâmpadas de vapor de mercúrio são as mais indicadas. Em casos especiais, de grandes alturas de montagem, e quando não for importante o fator "reprodução das cores", poderá ser estudada a utilização de lâmpadas de vapor de sódio de alta pressão. Se houver vapores corrosivos e poeira excessiva nos ambientes, empregam-se luminárias herméticas.

Além disso, é importante ressaltar que o projeto de iluminação industrial deve considerar não apenas a quantidade e tipo de lâmpadas, mas também a distribuição adequada das luminárias. Isso envolve uma colocação estratégica de iluminação para evitar sombras excessivas e garantir uma iluminação uniforme em todo o espaço de trabalho, minimizando assim os riscos de acidentes e melhorando a produtividade dos funcionários.

Em alguns setores, como a produção alimentícia e farmacêutica, onde a higiene é fundamental, as luzes herméticas não apenas protegem contra a contaminação, mas também facilitam a limpeza e manutenção. Já em ambientes onde são realizadas tarefas de precisão, como a fabricação de componentes eletrônicos, é importante escolher lâmpadas que proporcionem uma reprodução precisa das cores para garantir a qualidade do trabalho.

CAPÍTULO 26
O consumo de energia em residências

Cabe ao arquiteto usar a criatividade na busca por alternativas econômicas para se obter uma significativa redução no consumo de energia dentro de uma edificação.[1]

Os equipamentos que mais consomem energia elétrica em uma residência são aqueles aparelhos como ar-condicionado, ferro de passar, secadora, chuveiro, torneira elétrica etc., que lidam diretamente com a variação térmica, produzindo refrigeração e (ou) aquecimento. Além desses aparelhos, uma iluminação mal concebida também acaba gerando grande desperdício de energia elétrica.

Alguns estudos demonstram que é possível reduzir, praticamente pela metade o consumo de energia elétrica, realizando-se uma previsão ainda na definição do projeto. A refrigeração artificial, por exemplo, representa uma parcela significativa no consumo de energia elétrica. A necessidade de seu uso, porém, não está ligada somente a razões climáticas consequentes da alta densidade de ocupação dos espaços (aglomeração de pessoas), mas das soluções arquitetônicas adotadas.

---

1   ROSSO, Silvana; ALVES, Vladimir; CAPOZZI, Simone. Economize energia a partir do projeto. *Arquitetura & Construção*, São Paulo, Abril, n. 3, p. 96-98, mar. 1994.

Dessa maneira, ao criar a proposta, o arquiteto deve estar consciente de que cada decisão implicará maior ou menor gasto de energia quando a obra estiver terminada.

É importante destacar que racionalizar o consumo de energia não significa privar-se do conforto e dos benefícios que a eletricidade proporciona. Portanto, para evitar desperdícios, o arquiteto deve estar atento, ainda na fase da elaboração do projeto, à coerência entre seus desejos estéticos e econômicos.

O dimensionamento correto das instalações, a escolha dos aparelhos e o uso de uma energia coadjuvante – por exemplo, a energia solar – são fundamentais para se economizar energia elétrica em uma edificação.

A utilização racional de energia elétrica em uma edificação proporciona várias vantagens, como a redução das despesas com a eletricidade, e o melhor aproveitamento de sua instalação e equipamentos elétricos. Além disso, também proporciona importantes vantagens para a sociedade de modo geral, como redução dos investimentos para a construção de usinas e redes elétricas e consequente redução dos custos da energia elétrica; além de maior garantia de fornecimento de energia elétrica e de atendimento a novos consumidores no futuro.

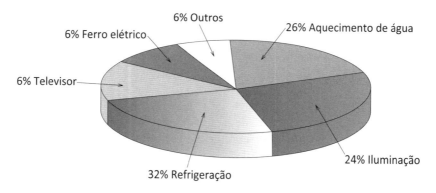

Figura 26.1 Consumo de energia elétrica em residências.

Fonte: CPFL.

USO RACIONAL DE ENERGIA ELÉTRICA

A seguir, destacam-se os principais aparelhos elétricos que representam uma parte significativa do consumo de energia em uma edificação, juntamente com algumas orientações para os usuários reduzirem o desperdício e utilizarem a energia elétrica de forma mais eficiente.

CHUVEIRO ELÉTRICO

O chuveiro elétrico é um equipamento que aquece a água com uma resistência. É o aparelho que mais consome energia em uma casa. É responsável por cerca de 25% a 35% do consumo, e sua potência nominal varia de 4.400 W a 7.500 W.

Para evitar desperdícios de energia, no verão deve-se ajustar o seletor do chuveiro elétrico com a chave na posição "verão". O consumo na posição "inverno" é 30% a 40% maior. A mudança de chave representa uma diminuição de até 30% no preço da água aquecida.

O tempo ao chuveiro também deve ser limitado ao mínimo indispensável. Além disso, os orifícios de saída de água do chuveiro devem ser limpos periodicamente. A sujeira nos orifícios diminui a vazão do chuveiro, obrigando o usuário a mantê-lo ligado por mais tempo.

GELADEIRA

A geladeira é considerada um dos eletrodomésticos responsáveis pelo maior consumo dentro de uma residência, cerca de 30%.

Dependendo dos modelos, as potências variam entre 150 W e 400 W. Quanto maior a capacidade em litros, maior será o consumo em kWh. Na hora de comprar uma geladeira nova, é importante verificar o consumo declarado pelo fabricante e também se a geladeira tem o selo de economia de energia Inmetro-Procel.

Para economizar energia na utilização da geladeira, apresentam-se a seguir algumas recomendações: instalar a geladeira em lugar bem ventilado, desencostada de paredes ou móveis, longe do alcance de raios solares e fontes de calor; nunca utilizar a parte traseira da geladeira para secar panos e roupas; ajustar o termostato de acordo com o manual de instruções do fabricante; degelar e deixá-la em bom estado de conservação; adquirir o hábito de retirar e colocar os alimentos e as bebidas de uma só vez; nos dias frios, a regulagem da temperatura interna da geladeira não precisa ser a mesma de outros dias quentes; regular a temperatura de acordo com a estação; não colocar alimentos quentes nem líquidos em recipientes sem tampa; não impedir a circulação interna do ar frio, forrando as prateleiras com tábuas, plásticos ou outros materiais; escolher um modelo de geladeira que atenda exatamente às necessidades da família.

Além disso, o teste de vedação é muito importante. Para certificar-se de que não está havendo vazamento de ar frio da geladeira para o exterior, provocando aumento do consumo, verificar se as borrachas de vedação da porta estão em bom estado: abrir a porta da geladeira e colocar uma folha de papel entre ela e o gabinete da geladeira; fechar a porta, fazendo com que a folha fique presa; tentar retirá-la. Se a folha sair com facilidade, é sinal de que as borrachas não estão garantindo a vedação. Imediatamente, deve ser providenciada a sua substituição.

FERRO ELÉTRICO

O ferro elétrico é um equipamento que funciona pelo aquecimento de uma resistência. Conforme o modelo, sua potência varia de 500 W a 1.500 W. Ele é o responsável pelo consumo mensal entre 10 kWh e 15 kWh, cerca de 5% a 7% do consumo total de energia de uma residência.

Para economizar energia na utilização do ferro elétrico, deve-se evitar ligá-lo várias vezes seguidas, pois o que mais consome energia elétrica é o aquecimento do aparelho. Por isso, deve-se acumular a maior quantidade possível de roupa para passá-la toda de uma só vez.

Com os ferros automáticos, usa-se a temperatura indicada para cada tipo de tecido. É preferível passar primeiro as roupas que requeiram temperaturas mais baixas.

Para evitar acidentes na utilização desses aparelhos quando for necessário interromper o serviço, não se deve esquecer de desligar o ferro, pois além de poupar energia, ainda se evitará o risco de algum acidente.

Também é preciso tomar muito cuidado para não encostar o ferro elétrico no fio da tomada quando ele estiver sendo utilizado. Terminado o uso do ferro, o fio não deve ser enrolado ao redor do aparelho ainda quente. O fio do ferro elétrico jamais deve ser emendado. Caso ele arrebente, deve ser trocado por um novo.

TORNEIRA ELÉTRICA

A torneira elétrica tem uma potência média de 3.500 W. É um conforto que consome muita energia. Por esse motivo, deve ser usada somente em caso de necessidade. Deve-se evitar o seu uso no verão, bem como em regiões de clima quente, porque a água da torneira geralmente já está em uma temperatura mais agradável, o que torna o uso da torneira elétrica menos necessário. Em vez disso, aproveitar a temperatura ambiente da água pode ser uma alternativa mais econômica e sustentável.

MÁQUINA DE LAVAR ROUPA

A máquina de lavar roupa é um equipamento que possui um ciclo de funcionamento com operações de lavagem, enxágue e centrifugação. Tem uma potência variável entre 500 W e 1.000 W e consome de 5 kWh a 10 kWh por mês, de 2% a 5% do total de energia consumido em uma residência. Para economizar energia e água, o usuário deve procurar lavar, de uma só vez, a quantidade máxima de roupa indicada pelo fabricante. O filtro da máquina deve ser limpo com frequência. Deve ser utilizada somente a dosagem correta de sabão especificada pelo fabricante para que não haja necessidade de repetir a operação "enxaguar". Também é importante ler com atenção o manual do fabricante para saber tirar o máximo proveito da máquina de lavar.

SECADORA DE ROUPA

No geral, as secadoras de roupas são conhecidas por consumir uma quantidade considerável de energia elétrica em comparação com outros aparelhos domésticos. Para se economizar energia elétrica, o tempo de funcionamento da secadora deve ser regulado de acordo com a temperatura necessária à secagem dos diversos tipos de tecidos. Para tanto, consulta-se o manual do fabricante antes de sua utilização. A máquina deve ser usada somente depois de juntar a quantidade de roupa correspondente à sua capacidade máxima.

MÁQUINA DE LAVAR LOUÇA

O consumo de energia de uma lavadora de louças, também conhecida como lava-louças, pode variar de acordo com vários fatores, incluindo o modelo da máquina, sua eficiência energética e a configuração de uso. Para economia de energia, a máquina de lavar louça será utilizada sempre em sua capacidade máxima. Deve-se evitar ligá-la com pouca louça, e manter os filtros limpos.

TELEVISOR

O televisor é um eletrodoméstico muito utilizado, em média de 4 a 5 horas por dia, em cada residência. Tem uma potência de 70 W a 200 W, atingindo até mais, nos modelos mais antigos. Consome mensalmente entre 10 kWh e 30 kWh, sendo responsável por cerca de 5% e 15% do consumo total de uma residência.

Para economizar energia na utilização desses aparelhos, existem apenas duas maneiras: não deixar o televisor ligado sem necessidade e evitar dormir com o televisor ligado, usar o *timer* para que desligue automaticamente.

Para evitar acidentes, nunca se deve mexer no interior dos televisores, mesmo desligados. A carga elétrica pode estar acumulada e provocar choques perigosos.

AQUECEDORES DE ÁGUA

São aparelhos que consomem muita energia elétrica. Por isso, deve-se tomar cuidado para não deixá-los sempre ligados. Ele deve ser ligado apenas durante o tempo necessário para que o usuário tenha a sua água aquecida. Se possível, deve-se instalar um temporizador (*timer*) para controle automático do funcionamento.

No verão, o termostato do aquecedor deve ser regulado para uma temperatura menor. Dessa maneira, o seu tempo de funcionamento será menor. Por serem os termostatos dos aquecedores elétricos normalmente regulados de modo a se obter temperaturas excessivamente altas, muitos dos sistemas de aquecimento instalados, senão a quase totalidade, sustentam níveis de consumo de energia muito acima do efetivamente necessário. Nos pontos finais de uso, a água, exageradamente aquecida, acaba sendo misturada à água fria para ser usada. É essencial que se procure descobrir as temperaturas mínimas exigíveis nos diferentes usos finais e que se meça a temperatura efetiva com que a água está chegando a esses terminais de uso. O termostato deverá ser regulado para se obterem as temperaturas mínimas desejadas. Para o banho, por exemplo, a literatura técnica específica e as observações práticas recomendam uma mistura de 70% de água fria e 30% de água quente, e apesar de a água ter de ser aquecida a uma temperatura mais alta, o volume final de água quente consumida é sensivelmente menor.

A substituição do chuveiro e da torneira elétrica também deve ser considerada na hora da elaboração do projeto. Uma boa opção é o aquecimento solar, que pode significar uma redução em torno de 70% na conta de luz. Segundo alguns estudos, essa economia propicia a amortização do investimento inicial num período de dois anos, de acordo com o número de pessoas na casa e com a utilização do sistema.

Em tempos de eletricidade cada vez mais escassa e cara, o projetista deve considerar o aproveitamento da energia solar como um eficiente coadjuvante no projeto de instalações elétricas.

Ao contrário do que muita gente pensa, a energia solar não substitui a energia convencional, pois esse sistema se aplica somente ao abastecimento de água quente, o que pode representar uma economia considerável na conta de luz.

Outra alternativa a ser considerada é o aquecedor a gás, vendido a preços acessíveis, que consome o equivalente a um terço de energia em relação à energia elétrica.

CONDICIONADORES DE AR

O consumo de energia elétrica pelo condicionador é variável (representa em média cerca de 2% a 5% do valor da conta de luz de uma residência). O consumo pode variar em função da temperatura ambiente, da temperatura desejada, da umidade do ar e de outros parâmetros, como a circulação do ar e o isolamento térmico do local, o que possibilita uma série de medidas eficazes para a redução nos gastos de energia.

Qualquer que seja o sistema utilizado para o condicionamento artificial do ambiente (central ou pequenas unidades), algumas regras devem ser seguidas, de modo que se consiga obter o máximo de rendimento com um mínimo de energia.

A ILUMINAÇÃO E O CONSUMO DE ENERGIA

De acordo com alguns estudos, a iluminação é responsável por cerca de 20% do consumo total de energia elétrica de uma residência. Por esse motivo, sempre que possível o arquiteto deve dar preferência à luz natural e lâmpadas econômicas.

O consumo de energia em residências

Para economizar energia elétrica na iluminação de uma edificação, é importante escolher corretamente o tipo de lâmpada que será utilizada. Para tanto, é preciso conhecer algumas características das lâmpadas (veja Seção "Tipos de lâmpadas").

Na ausência de um projeto específico de iluminação, podem ser tomadas algumas medidas, visando à redução do consumo de energia elétrica em uma edificação, por exemplo, a utilização de lâmpadas adequadas para cada tipo de ambiente; a redução da iluminação ornamental de vitrines e luminosos, no caso de estabelecimentos comerciais; desligar sempre as lâmpadas de dependências desocupadas, salvo aquelas que contribuem para a segurança; reduzir a carga de iluminação nas áreas de circulação, garagem, depósitos etc., observando sempre as medidas de segurança.

A cor das paredes também influencia na iluminação e, consequentemente, no consumo de energia elétrica. Para gastar menos com iluminação, devem ser evitadas cores escuras nos tetos e paredes, pois exigem lâmpadas mais fortes que consomem mais energia.

Outro ponto importante é a limpeza periódica de paredes, janelas, forros e pisos, pois uma superfície limpa reflete melhor a luz, de modo que menos iluminação artificial se torne necessária.

A escolha das luminárias também interfere no consumo de energia. Por exemplo, luminárias abertas podem melhorar o nível de iluminamento. Além disso, sempre devem ser limpos os locais onde estão instaladas as lâmpadas, como: globos, lustres, arandelas etc., pois a sujeira diminui a iluminação. Também deve ser verificada a possibilidade da instalação de *timer* para controle da iluminação externa, letreiros, vitrines e luminosos.

Alguns hábitos também influenciam no consumo de energia, como: acender lâmpada durante o dia em vez de abrir bem as janelas, cortinas e persianas, deixando que a luz do dia ilumine a casa, ou deixar acesas as lâmpadas dos ambientes que não estão sendo ocupados.

CAPÍTULO 27
Sistemas de condicionamento de ar

Sabe-se que os sistemas de condicionamento de ar consomem muita energia elétrica. Portanto, um dos primeiros passos para se obter economia a partir do projeto é saber dimensionar corretamente o equipamento e conhecer sua capacidade. A unidade adotada é o BTU (British Thermal Unit).

Na etapa do projeto, o arquiteto deve verificar a real necessidade de refrigeração do ambiente, pois o superdimensionamento acarretará um gasto maior de energia do que o requerido; já o subdimensionamento dispenderá um trabalho além da capacidade, resultando também em desperdício de energia.

Outra coisa importante é conciliar a direção do vento com a entrada de luz. Como isso às vezes não é fácil, primeiro o arquiteto deve projetar a entrada de luz do Sol e depois dispor as barreiras de vento, direcionando-as. É importante ressaltar que a estrutura da edificação também exerce grande influência na necessidade ou não do equipamento. Se a edificação tiver paredes grossas, terá maior inércia térmica eliminando ou diminuindo o uso de condicionadores de ar. Por outro lado, se tiver muitas áreas envidraçadas, o ar-condicionado pode ser essencial para o conforto do ambiente.

Os condicionadores de ar são dimensionados pela quantidade de calor que retiram do ambiente em um determinado tempo. Assim, a escolha do equipamento adequado depende de algumas variáveis, das quais uma das mais importantes é a área a ser climatizada. Um condicionador de ar com capacidade inferior à necessária pode, por exemplo, estar constantemente ligado, sem que o conforto desejado seja atingido. A eficiência térmica dos condicionadores de ar é definida como a razão entre a quantidade de calor retirada do ambiente e a energia elétrica gasta para isso. Na compra de novos equipamentos, deve-se sempre dar preferência aos de eficiência térmica mais elevada.

O mercado oferece duas categorias de produtos (ar-condicionado): os tradicionais aparelhos de janela, compostos de um único compartimento responsável por retirar o calor do ambiente e transferi-lo para a atmosfera, e os *splits*.[1]

O aparelho de janela deve ser posicionado em uma parede com pouca insolação e sem obstáculos. A face externa deve ter distância de, pelo menos, 92 cm de um anteparo frontal e 50 cm de um lateral. O cano de drenagem é uma mangueira plástica de 3/8". O mesmo serve para o *split*.

Os *splits* são constituídos de uma unidade interna, a evaporadora, encarregada da climatização do espaço, e uma externa, a condensadora, que expulsa o calor. A evaporadora deve ficar em um local com pouca insolação e sem barreiras, respeitando a distância mínima lateral de 50 cm. Já a condensadora (externa) deve ficar em um ponto ventilado. A distância entre ambas varia de 3 m a 15 m, conforme a capacidade do produto.

A vantagem do *split* em relação ao aparelho de janela é a redução do nível de ruído, pois o compressor (que é a parte mais barulhenta) fica do lado de fora. Outra vantagem é que os aparelhos de janela podem ser instalados de uma única forma, enquanto os *splits* atendem a diferentes pontos do cômodo. Quanto a renovação do ar, a maioria dos modelos *split* não realiza a troca de ar no ambiente, apenas determinados modelos contemplam essa função. Os *splits* podem ser específicos para resfriar um único cômodo (*split* individual) ou vários cômodos usando várias unidades internas conectadas a uma única unidade externa. Essa configuração permite direcionar o ar refrigerado para diferentes pontos do conforto, tornando-os mais versáteis para atender às necessidades de resfriamento em espaços maiores ou para criar zonas climáticas em uma casa.

Independentemente da escolha, nos dois casos, a instalação deve ser feita por um técnico credenciado, que determinará a carga térmica necessária (medida em BTU/h) para refrescar o ambiente. Também é importante ressaltar que a qualidade do ar e a eficiência do aparelho dependem da limpeza periódica do filtro. Os fabricantes, normalmente, recomendam a higienização do filtro a cada duas ou quatro semanas, dependendo do nível de poluição local.

---

1 MELLO, de Campos Raphaela. Ar-condicionado sem entrar numa fria. *Arquitetura & Construção*, São Paulo, Abril, p. 112-114, dez. 2008.

DIMENSIONAMENTO DE AR-CONDICIONADO (*SPLITS*)

Para o cálculo da carga térmica (BTUs) necessárias para a refrigeração do ambiente devem ser consideradas algumas variáveis, como, por exemplo, o tamanho do pé direito, a quantidade de janelas e portas, a orientação solar, o fluxo de pessoas, a presença de equipamentos que irradiam calor e as características climáticas da região, como temperatura e umidade médias, para garantir um sistema de refrigeração eficaz e econômico.

A seguir apresenta-se um método bastante simples para o cálculo em residências que leva em consideração apenas a incidência ou não de luz solar no ambiente e o número de pessoas que frequentarão esse mesmo ambiente. Embora seja menos preciso que métodos mais complexos que levam em conta uma variedade de fatores, como isolamento térmico, tamanho do espaço, equipamentos elétricos, entre outros, esse método pode fornecer uma estimativa inicial útil em situações simples.

AMBIENTES SEM EXPOSIÇÃO A RAIOS SOLARES

O cálculo é feito da seguinte forma:

- para cada m^2 (metro quadrado), multiplica-se por 600 BTU;
- cada pessoa adicional soma 600 BTU (a primeira pessoa não é contabilizada);
- cada equipamento eletrônico (por exemplo: televisão) soma 600 BTU.

Exemplo de cálculo

Dimensionar um aparelho de ar-condicionado para um dormitório de 12 metros quadrados, que que possui uma televisão e será frequentado por duas pessoas:

$(600 \times 12) + 600 + 600 = 8.400$ BTUs

AMBIENTES COM EXPOSIÇÃO A RAIOS SOLARES

A incidência direta de raios solares sobre o local onde o ar condicionado será instalado pode aumentar a carga térmica no ambiente. Isso significa que o ar condicionado terá que trabalhar mais para resfriar o espaço, já que a luz solar direta pode aumentar significativamente a temperatura interna. Para mitigar esse problema, é aconselhável utilizar métodos de sombreamento, como persianas, cortinas ou películas refletivas nas janelas, para reduzir a quantidade de luz solar direta que entra no ambiente. Caso haja incidência de raios solares sobre o local onde o ar condicionado será instalado, o cálculo será um pouco diferente (aconselha-se considerar 800 BTU para cada medida).

Exemplo de cálculo

Dimensionar um aparelho de ar-condicionado para um dormitório de 12 metros quadrados, que possui televisão e será frequentado por três pessoas (lembrando que a primeira pessoa não é compatibilizada no cálculo, somente as demais). Levar em consideração para o cálculo à incidência de raios solares:

$(800 \times 12) + 800 + 800 + 800 = 12.000$ BTUs

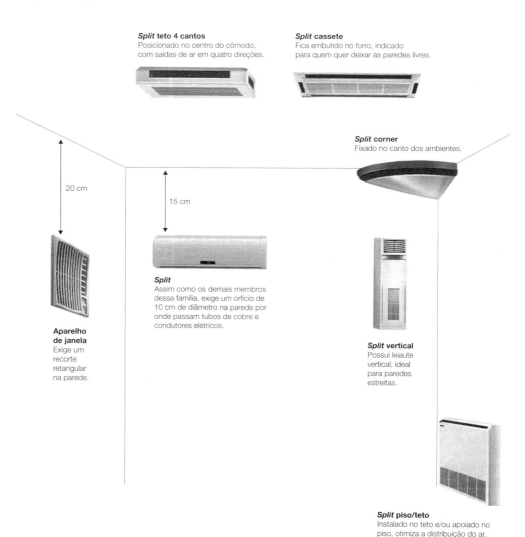

Figura 27.1 Modelos de *splits*.

Sistemas de condicionamento de ar

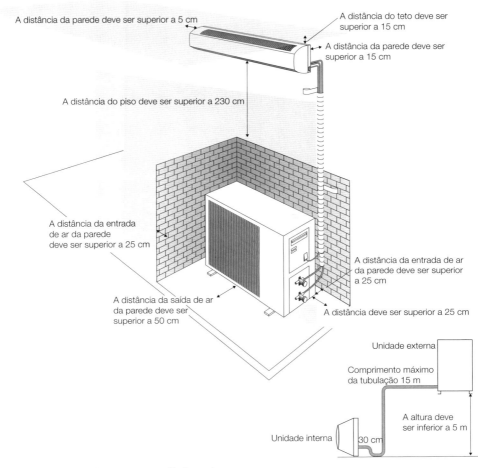

Figura 27.2 Instalação de um Mono Split Consul.

Fonte: Consul.

CAPÍTULO 28
Os refrigeradores e balcões refrigerados

Na escolha da geladeira deve-se optar por um modelo que atenda às necessidades de uso. É importante observar se o modelo apresenta a tecnologia *frost free*, que por conta do sistema de refrigeração controlado eletronicamente garante a não formação de gelo nas paredes e elimina o degelo. Quanto às medidas da geladeira, é preciso levar em conta não apenas o vão de encaixe, mas também o espaço para "respiro" do eletrodoméstico, que é indicado no manual do produto elaborado pelos fabricantes, e o espaço para abertura das portas.

O equipamento deve ser instalado em lugar arejado, com boa ventilação e distante de qualquer fonte de calor, como os raios solares ou fogões. O aparelho não deve ser encostado nas paredes ou móveis. Com o motor bem ventilado, melhora a eficiência do equipamento.

Os balcões refrigerados são equipamentos de refrigeração que mantém a temperatura interna estável e controlada, assim como geladeiras e adegas. Seu diferencial, no entanto, está no design. Os balcões são inseridos abaixo de uma bancada (que pode ser desenvolvida em diferentes materiais como pedra, porcelanato, madeira, etc). Na parte inferior, os compartimentos refrigerados atuam para preservar temperaturas pré-definidas de armazenamento de alimentos e bebidas.

No mercado brasileiro, há duas opções de balcões refrigerados, aqueles com motores externos e os modulares. Sua diferença estrutural é simples: enquanto o balcão modular possui o motor instalado internamente, o balcão com motores externos tem o compressor instalado fora da adega (como ar condicionados tipo split).

A principal vantagem do balcão modular é sua facilidade de instalação. Ele não precisa de bases, drenos ou tubulações e podem ser colocados em praticamente qualquer ambiente no qual suas dimensões se encaixem (respeitando o espaço mínimo de 3 cm na parte superior do aparelho, 2 cm nas laterais e 5 cm na parte traseira).

Por outro lado, os balcões refrigerados com motores externos têm maior capacidade de armazenamento e menos ruídos, visto que é possível "isolar" o motor em um espaço externo.[1]

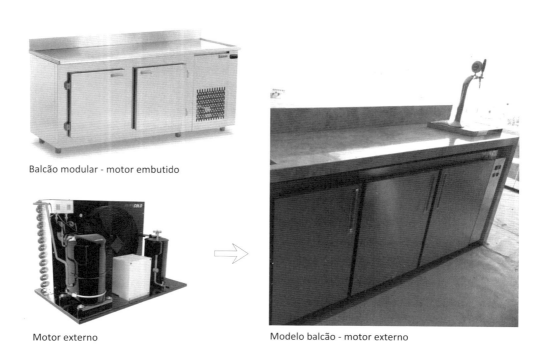

Figura 28.1 Refrigeradores e balcões refrigerados.

---

[1] Vidigal R. O guia completo sobre balcões refrigerados. Disponível em https://blog.artdescaves.com.br/balcao-refrigerado. Acesso em: 01 ago. 2021.

CAPÍTULO 29
Previsão de cabinas de força no projeto de arquitetura

O arquiteto deve prever no projeto de arquitetura um compartimento com todas as condições para que o engenheiro eletricista possa projetar a cabina de força de acordo com as exigências da concessionária local. Essas cabinas servem para abrigo de transformadores e equipamentos auxiliares (fusíveis, disjuntores, chaves seccionadoras etc.) e variam de dimensões conforme a potência de carga instalada.

Na falta de espaço para a execução de cabinas convencionais, normalmente executadas em alvenaria, adota-se uma cabina feita em chapa de aço, denominada cabina blindada, cujas dimensões também variam conforme a potência de carga instalada e exigências da concessionária fornecedora de energia elétrica.

De acordo com a Norma Técnica – Fornecimento de Energia Elétrica a Edifícios de Uso Coletivo, da CPFL (publicada em 18/06/2004), é obrigatória a construção, pelo cliente, em local de fácil acesso, com condições adequadas de iluminação, ventilação e segurança, de cabina interna, cubículo compacto ou base de concreto no recuo ou imediatamente após o recuo da edificação, destinados à instalação de equipamentos de transformação, proteção e outros, pertencentes à concessionária fornecedora de energia elétrica e (ou) ao cliente, desde que obedecidas a uma ou ambas das seguintes condições:

- Quando a demanda calculada do edifício for superior a 100 kVA (referente somente às unidades consumidoras com carga instalada abaixo de 75 kW), calculada de acordo com as tabelas e regras contidas na referida norma;

- Quando houver uma ou mais unidades consumidoras com carga instalada superior a 75 kW.

Também é importante ressaltar que, se uma ou mais unidades de consumo tiverem cargas instaladas superiores a 75 kW, essas unidades devem possuir transformadores e instalações particulares que podem ou não ser localizados dentro do mesmo posto de transformação, ao lado dos equipamentos e eventuais transformadores da CPFL, que alimentam as demais unidades consumidoras. Nesse caso, os equipamentos são instalados em boxes individuais.

Os edifícios coletivos com capacidade de transformação acima de 500 kVA, ou em cabinas de uso misto com os transformadores da CPFL, devem possuir pelo menos um compartimento individual de 2 m × 2,6 m além do necessário, para futuros aumentos de carga dos transformadores da concessionária fornecedora de energia elétrica. Segundo a Norma Técnica da CPFL, no caso de unidades consumidoras com transformação própria, essa previsão ficará a critério do particular.

LOCALIZAÇÃO DAS CABINAS

Segundo a Norma Técnica da CPFL (Fornecimento de Energia Elétrica a Edifícios de Uso Coletivo), quando a cabina for isolada do edifício principal, sua localização deve ser no máximo a 6 m da via pública, com acesso fácil a partir desta e podendo ser enterrada, semienterrada ou de construção normal sob o solo.

Se a cabina for parte integrante do edifício principal, deve se localizar no limite do edifício, o mais próximo possível da via pública, locada no subsolo ou andar térreo. Em qualquer caso, é obrigatória a facilidade de acesso para o pessoal da concessionária fornecedora de energia elétrica e para eventual troca de transformador com potência prevista de até 500 kVA.

Para instalação da cabina ou base de concreto com caixa de passagem no recuo da edificação, ou imediatamente após, o arquiteto deve providenciar a aprovação do projeto pela prefeitura municipal antes do início da execução dos serviços.

TIPOS DE CABINAS

- Cubículo compacto: instalação externa (no recuo da edificação), classe 15 kV, ventilação natural, para acondicionamento de transformador de uso exclusivo da CPFL;

- Cabina exclusiva para transformadores da CPFL, com potência nominal até 500 kV, inclusive: dimensões mínimas de 3,5 m × 5 m e pé-direito recomendado de 3 m e no mínimo de 2,7 m, e com as demais características da Norma Técnica da CPFL (Fornecimento de Energia Elétrica a Edifícios de Uso Coletivo);

- Cabina exclusiva para transformadores da CPFL, com potência nominal de 501 kVA a 1.000 kVA, inclusive: dimensões mínimas de 4,6 m × 9 m e pé-direito mínimo de 3 m, com divisões internas e com compartimento de barramento;
- Cabina exclusiva para transformadores da CPFL, com potência nominal acima de 1.000 kVA: deve ter as mesmas características do item anterior, para cada 500 kVA adicionais, porém, acrescentar mais um cubículo mínimo de 2 m × 2,6 m;
- Cabina mista (particular e CPFL) até 1.000 kVA, alimentada por cabo 15 kVA único;
- Cabina mista (particular e CPFL) acima de 1.000 kVA, alimentada por cabos 15 kVA distintos;
- Cabina exclusiva do particular deve ser construída conforme NT 113 – Fornecimento de Energia Elétrica em Tensão Primária.

Figura 29.1 Cabina de força.

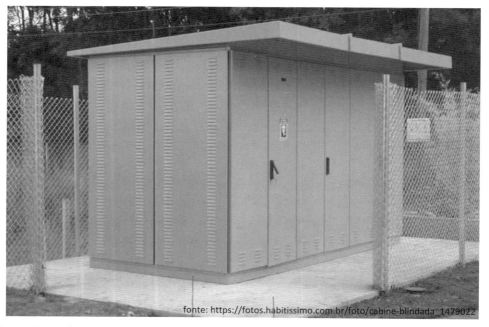

Figura 29.2 Cabina blindada.

Observação importante

A NBR 5410:2004 (Instalações elétricas de baixa tensão), não aborda diretamente as cabines de força, mas estabelece requisitos gerais de segurança e qualidade para todo o sistema elétrico de uma edificação, incluindo os componentes associados, como quadros de distribuição e painéis de controle que podem estar presentes em uma cabine de força.

Para cabines de força específicas, como as utilizadas em subestações elétricas de média ou alta tensão, é necessário consultar normas específicas, como a NBR 14039:2021 (Instalações elétricas de média tensão de 1,0 kV a 36,2 kV) ou outras normas técnicas e disposições pertinentes, que estabelecem os requisitos detalhados para projetar, instalar e operar esses equipamentos com segurança.

CAPÍTULO 30

Casa de bombas no projeto de arquitetura

No projeto de arquitetura, as bombas deverão ser alojadas num compartimento denominado de casa de bombas. Esse compartimento deverá ter dimensões tais que tenham espaços suficientes para permitirem, com certa comodidade, montagens e desmontagens dos equipamentos e circulação de pessoal de operação e manutenção, de acordo com as normas técnicas em vigor e com as recomendações dos fabricantes.

No projeto de uma casa de bombas, o acesso de pessoas e a localização das bombas devem ser cuidadosamente planejados para facilitar a manutenção e operação. O espaço e a estrutura devem ser dimensionados especificamente para a instalação dos equipamentos, levando em consideração a capacidade de carga do piso e a estabilidade da fundação. A ventilação e a climatização devem ser projetadas para garantir um ambiente adequado aos equipamentos e operadores. A iluminação deve ser suficiente para permitir a operação segura dos equipamentos, e medidas de segurança, como barreiras e sinalização, devem ser renovadas para prevenir acidentes e atender às normas de segurança aplicáveis. Esses aspectos são fundamentais para garantir o funcionamento eficiente e seguro de uma casa de bombas.

A casa de máquinas para piscinas, por exemplo, deve situar-se o mais próximo possível do tanque e em nível inferior ao da água da piscina.[1] Esse posicionamento evita o emprego de tubulações extensas, proporcionando menor custo na construção e escorvamento automático das bombas. Recomenda-se que a área da casa de máquinas seja, no mínimo, duas vezes e meia maior que aquela ocupada pelos equipamentos e que o pé-direito seja no mínimo de 2,3 m. O local deve ser bem iluminado e ter boa ventilação, com piso lavável dotado de sistema de drenagem e parede revestida de material não absorvente de umidade. A área de ventilação deve ser, pelo menos, igual a 1/4 da área do piso e a iluminação, no mínimo, de 250 lux. As portas devem abrir para fora e ter largura mínima de 0,80 m.

Existem muitos tipos de bombas, como centrífugas, de êmbolo (pistão), injetoras, ar comprimido, carneiro hidráulico etc. Entretanto, a mais utilizada atualmente nos sistemas prediais em sistemas de recalque é a bomba centrífuga. As bombas devem ser selecionadas de modo a não possibilitar cavitação ou turbulência e devem operar com o melhor desempenho dentro de suas faixas de trabalho.

A instalação elétrica de bombeamento deverá permitir o funcionamento automático da bomba e, eventualmente, a operação de comando manual direto. O comando automático é realizado com dispositivos conhecidos por automático de boia ou por controle automático de nível.

Instala-se um automático de boia superior e um inferior, a bomba será comandada pelo automático do reservatório superior. Caso o nível no reservatório inferior atinja uma situação abaixo da qual possa vir a ficar comprometida a aspiração, pela entrada de ar no tubo de aspiração, o automático inferior deverá desligar a bomba, embora ainda não tenha atingido o nível desejado no reservatório superior.

O comando boia pode ficar em uma das câmaras do reservatório superior, com cabo suficiente para ser instalado na outra câmara quando necessário, pois as duas câmaras funcionam como vasos comunicantes, ou seja, o nível da água é o mesmo nas duas câmaras, por isso, o comando pode estar somente em uma delas.

A instalação elétrica das bombas deverá seguir as instruções da NBR 5410:2004 (Instalações Elétricas de Baixa Tensão - Procedimentos) e ser executada por um profissional habilitado, conforme recomendação da NR 10 (Instalações e Serviços em Eletricidade). Para uma ligação elétrica correta é importante observar na placa de identificação do motor, o esquema compatível à tensão da rede elétrica local. No circuito elétrico que alimenta a bomba, de acordo com a NBR 5410:2004, é obrigatória a instalação de um interruptor diferencial residual (DR). Esses dispositivos possuem elevada sensibilidade, que garantem proteção contra choques elétricos.

---

1   CAPOZZI, Simone. Tire partido de elementos úteis, mas pouco estéticos. *Arquitetura & Construção*, São Paulo, Abril, n. 4, p. 102-103, jul. 1989.

Casa de bombas no projeto de arquitetura   277

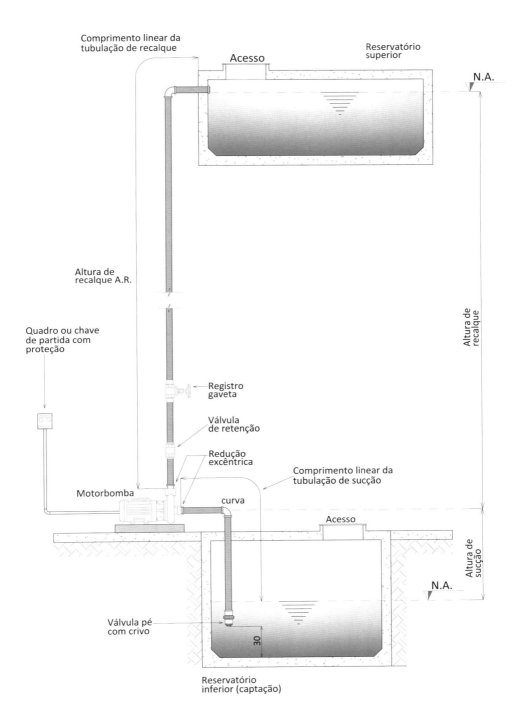

Figura 30.1 Esquema típico de instalação de bomba centrífuga (para alturas de sucção inferiores a oito metros).

CAPÍTULO 31
Previsão de *shafts* e áreas técnicas

Entendem-se por *shafts*, ou dutos verticais, os espaços livres para passagem de tubulações. Essas aberturas, convenientemente estudadas e previstas na fase de projeto, eliminam algumas interferências na obra, como a quebra da alvenaria para passagem das instalações; facilitam as futuras operações de manutenção e operação do sistema, além de diminuir custos, melhorar a produtividade e incrementar a qualidade.

Há muito tempo adotado no exterior, somente há alguns anos o *shaft* visível começou a ser adotado em prédios residenciais brasileiros, particularmente em obras bem planejadas.

O sistema de *shaft* visível requer uma tampa de fechamento, em geral feita de prolipropileno e revestida por filme acrílico, para esconder as tubulações. Essas tampas são, geralmente, aparafusadas, com a facilidade serem de removidas para inspeção da instalação.

Na fase de elaboração do projeto de arquitetura, os shafts e demais áreas técnicas devem ser definidos, em conjunto com os demais projetos técnicos complementares (elétrico, telefonia, hidrossanitário, gás etc.). O shaft para a passagem dos dutos elétricos deve ser cuidadosamente planejado para garantir a acessibilidade e segurança do sistema elétrico do edifício, além de facilitar a instalação, manutenção e possíveis expansões futuras.

O poço deve ser projetado para fornecer ventilação adequada, especialmente se houver cabos elétricos que gerem calor. A ventilação ajuda a dissipar o calor e a manter uma temperatura segura. Os dutos elétricos devem ser isolados de outros sistemas para evitar interferências e riscos potenciais. É importante também proteger os dutos elétricos contra a umidade, pois pode causar danos aos cabos e representar riscos elétricos.

Em resumo, um shaft para passagem de dutos elétricos deve ser projetado com atenção às dimensões, acessibilidade, segurança, isolamento, proteção contra incêndio e umidade, e em conformidade com a NBR 5410:2004 (Instalações elétricas de baixa tensão) e as regulamentações aplicáveis, a fim de garantir a integridade e a funcionalidade dos sistemas elétricos no edifício.

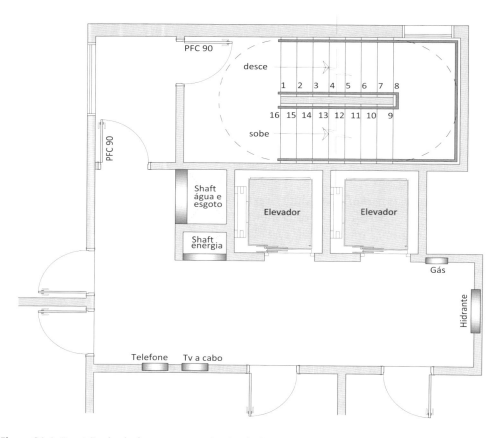

Figura 31.1 Previsão de shafts para prumadas (incêndio, gás, telefone, eletricidade etc.).

Tubulação elétrica disposta em shaft

Figura 31.2 *Shaft* para subida de instalações elétricas, telefônicas e de TV.

PISOS TÉCNICOS

Os pisos técnicos, ou pavimentos mecânicos, são opções eficientes, principalmente em grandes áreas comerciais ou hospitais. Apesar de permitirem grande facilidade na hora de realizar serviços de manutenção ou melhoria, trata-se de soluções arquitetonicamente caras. Para o caso de edifícios comerciais, o mais comum é optar por pisos elevados, principalmente em CPD (centro de processamento de dados). Junto com os forros removíveis, esse sistema permite maior flexibilidade de *layout* e facilita a manutenção dos itens elétricos. Já para os hospitais, os pavimentos mecânicos são de fundamental importância em áreas de centros cirúrgicos, onde equipamentos de elétrica ou de ar condicionado de médio e grande porte não podem conviver no mesmo espaço em que circulam as pessoas envolvidas nas cirurgias. A manutenção, quando necessária, é feita sem interrupção das atividades daquele pavimento.[1]

---

1 CICHINELLI, Gisele. Padrão internacional. *Téchne*, São Paulo, Pini, n. 92, p. 50-56, nov. 2004.

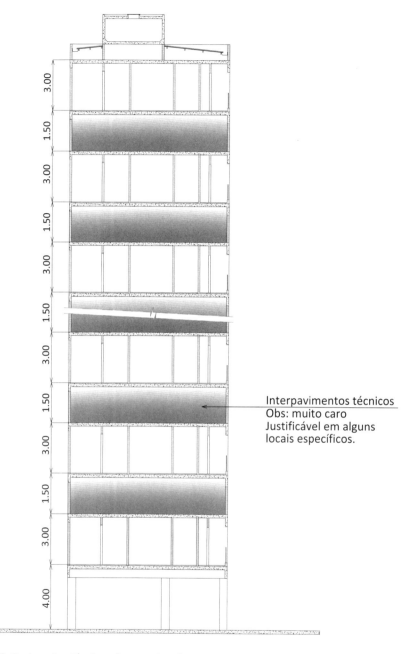

Figura 31.3 Pavimentos técnicos de manutenção.

CAPÍTULO 32
Elevador elétrico

Um elevador elétrico é um dispositivo de transporte vertical que é movido por um motor elétrico e é projetado para transportar pessoas ou cargas entre diferentes níveis de um edifício ou estrutura. São amplamente utilizados em edifícios comerciais, residenciais e industriais para proporcionar acesso conveniente e eficiente a diferentes andares ou pavimentos.

Os elevadores consistem em uma cabine ou plataforma que se move para cima e para baixo em um sistema de guias verticais. Um motor elétrico é responsável por acionar o movimento da cabine, que é controlado por botões ou um painel de controle.

Antes da execução da obra civil, o arquiteto deve escolher o tipo de elevador que será utilizado e quais as necessidades específicas para seu uso. É importante pesquisar o que há no mercado, por meio das empresas fabricantes e fornecedoras. Os aspectos visuais de revestimento da cabina, embora haja muitas opções, normalmente é a parte mais simples. Mas, os itens que envolvem estudo de fluxo de usuários, desempenho, velocidade, consumo de energia, segurança, acessibilidade e necessidade do que e quanto transportar, além do contrato de manutenção pós-venda, muitas vezes, fica de lado nas decisões, o que pode acarretar futuros problemas de uso e manutenção.

Com relação à infraestrutura necessária para a instalação de elevador, o arquiteto deve prever, no projeto de arquitetura, o posicionamento e dimensionamento correto da casa de máquinas, da caixa e do poço.

A casa de máquinas é destinada à colocação das máquinas, painéis de comandos e seletor, limitador de velocidade e outros componentes da instalação. O arquiteto deve posicioná-la, preferencialmente, na parte superior do edifício, sobre a caixa do elevador. Quando a casa de máquinas estiver situada em outro local do prédio (por exemplo: na parte inferior do edifício, ao lado do poço), obrigatoriamente deverá ser construída uma caixa de polias sobre a caixa.

A caixa é o recinto formado por paredes verticais, fundo do poço e teto, onde se movimentam o carro e o contrapeso.

O poço é o recinto situado abaixo do piso da parede externa inferior, na projeção da caixa. O poço deve ser impermeável, fechado e aterrado, e nele não deverá existir qualquer obstáculo que dificulte a instalação dos parelhos do elevador (como sapatas ou vigas que invadam o poço, por exemplo). Para tanto, é imprescindível uma boa compatibilização entre os projetos de arquitetura, estrutural e de instalações do edifício.

É importante lembrar que, ao contrário do que parece, o elevador é considerado o meio de transporte mais seguro dentro de uma edificação, desde que haja uso adequado, manutenção eficiente e realizada com responsabilidade técnica, e quando cumpridas as normas estabelecidas, uma vez que existem obrigações relacionadas a instalação, manutenção e modernização.

Há muitas normas da ABNT que fazem parte dos processos que envolvem os elevadores. A principal delas é a NBR 16083:2012 (Manutenção de elevadores, escadas rolantes e esteiras rolantes — Requisitos para instruções de manutenção), que especifica os elementos necessários para operações de manutenção de: elevadores de passageiros, elevadores de cargas, monta-cargas, escadas e esteiras rolantes. Essa norma apresenta detalhes técnicos envolvendo: lubrificação e limpeza, verificação das funcionalidades, operações de resgate de passageiros, operações de configurações e ajustes e reparos ou mudanças de componentes.

Também existem outras normas que abordam temas específicos, com detalhes necessários para a correta utilização do elevador. As normas com as siglas "NBR NM" indicam que as normas são válidas em todos os países do Mercosul.

Normas técnicas[1]

- NBR 5665:1983 (Cálculo do tráfego nos elevadores). Esta Norma fixa as condições mínimas exigíveis para o cálculo de tráfego das instalações de elevadores de passageiros em edifícios, para assegurar condições satisfatórias de uso;

- NBR 16858-1:2020 (Elevadores – Requisitos de segurança para construção e instalação Parte 1: Elevadores de passageiros e elevadores de passageiros e cargas). Esta parte da NBR16858 especifica os requisitos de segurança para instalação permanente de novos elevadores de passageiros ou passageiros e cargas, com acionamento por tração ou acionamento hidráulico, servindo níveis de pavimento determinados, tendo um carro projetado para o transporte de pessoas ou pessoas e cargas, suspenso por cabos ou pistões e movendo-se entre guias inclinadas não mais que 15° em relação à vertical;

- NBR 16858-2:2020 (Elevadores - Requisitos de segurança para construção e instalação Parte 2: Requisitos de projeto, de cálculos e de inspeções e ensaios de componentes). Esta parte da NBR 16858 especifica os requisitos de projeto, cálculos, inspeções e ensaios de componentes de elevadores de passageiros, passageiros e cargas, elevadores exclusivos de cargas e outros tipos similares de aparelhos de elevação;

- NBR 16083:2012 (Manutenção de elevadores, escadas rolantes e esteiras rolantes — Requisitos para instruções de manutenção). Esta norma se aplica a elevadores, escadas rolantes e esteiras rolantes, com requisitos para instruções de manutenção dos equipamentos;

- NBR 12892:2022 (Elevadores unifamiliares ou de uso restrito à pessoa com mobilidade reduzida - Requisitos de segurança para construção e instalação). Esta Norma especifica requisitos de segurança para construção e instalação de elevadores unifamiliares novos, instalados permanentemente, servindo pavimentos definidos, tendo carro projetado para o transporte de pessoas e objetos, e movendo-se entre guias inclinadas no máximo 15° com a vertical;

- NBR 14364:1999 (Elevadores e escadas rolantes - - Inspetores de elevadores e escadas rolantes – Qualificação). Esta Norma estabelece as exigências para a qualificação e atividades de inspetores e supervisores que realizam inspeção e ensaios de elevadores, escadas rolantes e equipamentos afins;

- NBR NM 313:2007 (Elevadores de passageiros - Requisitos de segurança para construção e instalação - Requisitos particulares para a acessibilidade das pessoas, incluindo pessoas com deficiência;

---

1 Elevadores São Paulo. Quais são as normas da ABNT para elevadores. Disponível em: https://spelevadores.com.br/quais-sao-as-normas-abnt-para-elevadores/. Acesso em 01 ago de 2021.

- NBR NM 196-DEZ-1999 (Elevadores de passageiros e monta-cargas - Guias para carros e contrapesos - Perfil T). Esta Norma especifica tipos e qualidades, características dimensionais e tolerâncias e o acabamento superficial para guias padronizadas e suas talas de junção.

Para se adequar às normas da ABNT, os condomínios e edificações que possuam elevadores precisam contratar empresas especializadas na área, que tenham o reconhecimento do mercado e experiência no segmento.[2]

NOVAS TECNOLOGIAS PARA O TRANSPORTE VERTICAL

Atualmente, os equipamentos para o transporte vertical evoluíram muito. Entre as novidades destacam-se os elevadores sem casa de máquinas, os acionamentos com sistemas de regeneração de energia elétrica e os antecipadores de chamada.[3]

A velocidade dos elevadores que muito tempo ficou estagnada na faixa de 5 m/s, praticamente dobrou com o desenvolvimento de controle microprocessado VVVF (variação de velocidade pela variação de voltagem e frequência), aplicados a motores de corrente alternada. De acordo com os fabricantes, o VVVF agregou aos elevadores aproximadamente 35% de economia de energia por permitir ao equipamento partir com uma corrente menor. Além disso, eliminou os desagradáveis trancos e reduziu bastante o nível de ruídos na casa de máquinas.

A nova tecnologia para o controle de acesso foi outra inovação incorporada aos sistemas de transporte vertical. Esses dispositivos permitem que o elevador seja acionado apenas por pessoas previamente reconhecidas por um inteligente sistema de biometria, por exemplo.

Além da operação mais racional e da adição de acessórios de segurança, em algumas situações a garantia de espaço para a casa de máquinas deixou de ser uma obrigação nos projetos arquitetônicos. Após o desenvolvimento de máquinas de tração compactadas, além do emprego de suspensão por cintas de poliuretanos com apenas 3 mm de espessura, que dispensam lubrificação, todo o maquinário antes situado na casa de máquinas pôde ser instalado no interior da caixa de corrida. Para o empreendedor, essa tecnologia trouxe muitas vantagens, a começar pelo ganho de área útil e pela eliminação dos custos de construção da casa de máquinas.

---

2 Elevadores São Paulo. Quais são as normas da ABNT para elevadores. Disponível em: https://spelevadores.com.br/quais-sao-as-normas-abnt-para-elevadores/. Acesso em 01 ago de 2021.

3 NAKAMURA, Juliana. Sobe e desce inteligente. *Téchne*, São Paulo, Pini, n. 159, p. 42-45, jun. 2010.

CAPÍTULO 33

Novos conceitos e tecnologias

Os sistemas elétricos prediais estão passando por uma revolução tecnológica que está evoluindo na forma como projetamos, instalamos e gerenciamos a eletricidade em edifícios. Essa evolução é impulsionada por uma série de novos conceitos e tecnologias que visam melhorar a eficiência energética, a segurança, a automação e a sustentabilidade dos edifícios. A seguir, apresentam-se alguns dos aspectos mais notáveis desse cenário em constante evolução.

AUTOMATIZAÇÃO E CONTROLE INTELIGENTE

Os sistemas elétricos prediais agora incorporam automação e controle inteligente. Sensores, aparelhos e objetos físicos que estão conectados à internet podem coletar e trocar dados com outros dispositivos e sistemas sem a necessidade de intervenção humana direta. Esses dispositivos são incorporados com sensores, software e conectividade de rede que permitem que eles coletem informações do ambiente ao seu redor e tomem ações com base nesses dados. Sistemas de gerenciamento de energia permitem que as luzes, os aparelhos e os sistemas de aquecimento e refrigeração sejam ajustados automaticamente com base nas condições ambientais e no uso, economizando energia e melhorando o conforto dos ocupantes.

INTEGRAÇÃO DE ENERGIAS RENOVÁVEIS

A geração de energia a partir de fontes renováveis, como painéis solares e turbinas eólicas, está se tornando cada vez mais comum em edifícios. Os sistemas elétricos prediais modernos são projetados para integrar facilmente essas fontes de energia, aproveitando ao máximo a energia limpa e reduzindo a dependência de fontes não renováveis.

Essa transição para fontes de energia renovável não apenas promove a sustentabilidade ambiental, mas também deixa os edifícios menos suscetíveis a interrupções no fornecimento de energia, como apagões. Com sistemas de armazenamento de energia conectados a essas fontes renováveis, os edifícios podem acumular energia durante períodos de produção excessiva, como em dias ensolarados ou ventosos, e usá-la quando a geração é insuficiente.

ARMAZENAMENTO DE ENERGIA

A tecnologia de armazenamento de energia, como baterias, desempenha um papel fundamental na estabilização da rede elétrica e na maximização do uso de energia renovável. Os edifícios podem armazenar energia durante os períodos de baixa demanda e usá-la quando a demanda é alta, reduzindo os picos de consumo. Isso cria uma camada adicional de segurança elétrica e permite que os edifícios continuem funcionando de maneira confiável, mesmo em condições adversas, contribuindo para a eficiência energética.

GESTÃO DE ENERGIA BASEADA EM DADOS

A coleta e análise de dados em tempo real estão se tornando uma norma para otimização do uso de energia em edifícios. Isso permite que os administradores tomem decisões informadas para reduzir custos e aumentar a eficiência.

Ao monitorar constantemente o consumo de energia e as condições ambientais, os sistemas de gerenciamento podem identificar oportunidades de economia de energia e otimização operacional. Os administradores podem ajustar remotamente os sistemas de iluminação, aquecimento, ventilação e ar-condicionado e outros dispositivos com base nas informações em tempo real, maximizando a eficiência energética e reduzindo os custos operacionais ao longo do tempo. Essa abordagem baseada em dados é essencial para alcançar metas de sustentabilidade, economia e eficiência em edifícios modernos.

RECARGA DE VEÍCULOS ELÉTRICOS (VE)

Com a crescente adoção de veículos elétricos, os edifícios estão incorporando infraestrutura de recarga para atender às necessidades dos proprietários e ocupantes de

Novos conceitos e tecnologias

VE. Os estacionamentos de edifícios residenciais e comerciais, por exemplo, estão sendo equipados com estações de recarga EV para atender às demandas dos proprietários de VE. Isso não apenas incentiva a transição para veículos elétricos, que são mais eficientes e ecologicamente corretos, mas também ajuda a aliviar a sobrecarga na rede elétrica, uma vez que muitos VE podem ser carregados durante a noite ou em momentos de baixa demanda, contribuindo ainda mais para a segurança e resiliência elétrica do sistema.

MONITORAMENTO REMOTO E MANUTENÇÃO PREDITIVA

A manutenção de sistemas elétricos agora pode ser realizada de forma mais eficiente por meio do monitoramento remoto e da manutenção preditiva. Isso ajuda a identificar problemas antes que causem interrupções e aumentem a vida útil dos equipamentos.

Além disso, a manutenção preditiva e o monitoramento remoto dos sistemas elétricos também contribuem para a economia de recursos e redução de custos. Ao detectar antecipadamente desgastes, falhas potenciais ou ineficiências nos equipamentos elétricos, as equipes de manutenção podem programar intervenções de forma proativa, evitando paralisações não planejadas. Isso não só minimiza o tempo de inatividade e os custos associados à manutenção de emergência, mas também prolonga a vida útil dos equipamentos, resultando em economias a longo prazo e maior confiabilidade dos sistemas elétricos em edifícios.

SUSTENTABILIDADE E CERTIFICAÇÕES VERDES

Os sistemas elétricos desempenham um papel importante na busca por certificações de construção verde, como LEED. A eficiência energética e o uso de energias renováveis são critérios importantes nesse contexto.

A obtenção de certificações de construção verde, como a certificação LEED (Leadership in Energy and Environmental Design), é cada vez mais valorizada no setor de construção. O LEED é um sistema internacional de certificação de construção sustentável desenvolvido pelo U.S. Green Building Council (USGBC) nos Estados Unidos. Embora seja uma iniciativa dos Estados Unidos, o LEED é amplamente reconhecido e adotado em todo o mundo, incluindo o Brasil.

Os sistemas elétricos desempenham um papel crítico na conquista dessas certificações, pois a eficiência energética e o uso de energias renováveis são critérios fundamentais. Edifícios que adotam sistemas elétricos eficientes, integram fontes de energia renovável e implementam estratégias avançadas de gerenciamento de energia estão mais bem posicionados para obter essas certificações, o que não apenas demonstra o compromisso com a sustentabilidade, mas também pode resultar em benefícios financeiros e de imagem para os proprietários e ocupantes dos edifícios.

CABEAMENTO ESTRUTURADO

O cabeamento estruturado ou *cables systems* é utilizado para interligação de sinais elétricos de baixa intensidade, tais como transmissão de voz (telefonia), imagens (videoconferência), dados (comunicação entre microcomputadores) e gestão técnica dos empreendimentos (automação de sistemas de segurança patrimonial, incêndio etc.).

Trata-se de uma estrutura composta por um conjunto de conectores e cabos dispostos, interligados e testados segundo normas técnicas de um projeto de engenharia. As fiações, prumadas e redes de distribuição são reunidas em um único sistema, construído de forma modular, com a utilização de componentes universais, permitindo a reconfiguração de qualquer um deles, sem a instalação de um fio sequer, apenas com a reconexão de alguns cabos.

Basicamente, são três os atributos do sistema do cabeamento estruturado:[1]

- Universalidade: capacidade de atender a qualquer sistema ou equipamento;

- Perenidade: possibilidade de atender às necessidades atuais e futuras com garantias de até quinze anos de equipamento e cinco para evolução do sistema;

- Flexibilidade: atendimento a qualquer *layout* proposto.

Embora apresente um custo mais caro, a implantação do cabeamento estruturado apresenta algumas vantagens em relação ao sistema convencional, tais como: flexibilidade e modularidade, evitando-se assim os inconvenientes de uma reforma no ambiente de trabalho. Ao contrário do método convencional de distribuição de cabos que adota sistemas rígidos e fixos, o cabeamento por sistemas flexíveis permite tornar o *layout* variável conforme a necessidade dos usuários, como, por exemplo, realizar a mudança de um posto de trabalho (com microcomputador, telefone e até sinal de vídeo) de forma rápida, segura e limpa.

Apesar dessas vantagens, o arquiteto deve tomar alguns cuidados na elaboração do projeto de arquitetura. Por exemplo, os meios de condução (*shafts*, dutos etc.) devem ser 50% maiores, em seção, em relação aos sistemas convencionais de instalações. O projetista deve criar também uma sala técnica para instalação principal do cabeamento estruturado (distribuidor geral) e área disponível nos andares para a distribuição nos pavimentos (distribuidor interno). É importante ressaltar que o cabeamento estruturado exigirá até o dobro dos quadros normais para sistemas telefônicos e um sistema de aterramento independente do sistema de distribuição de energia elétrica.

---

1 FRANÇA, Eudes Cristiano; Borges, Luciano. A espinha dorsal dos edifícios inteligentes. *Téchne*, São Paulo, Pini, n. 141, p. 44-47, jan./fev. 1998.

Novos conceitos e tecnologias 291

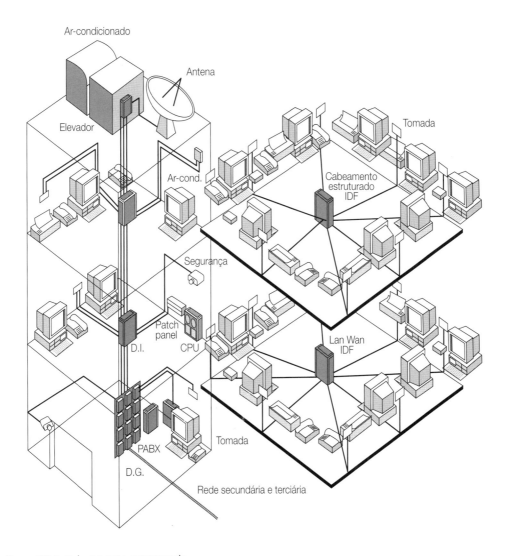

Figura 33.1 Cabeamento estruturado.

Fonte: Krone.

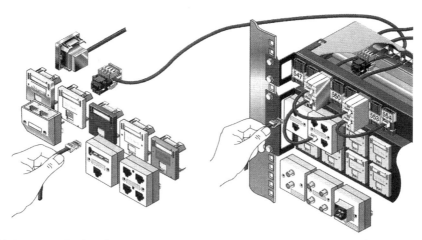

Figura 33.2 Reconexão de cabos.

Fonte: Cegetec.

CAPÍTULO 34

Avanços tecnológicos no suprimento de energia

Em razão da escassez de recursos naturais que atendem aos centros urbanos, o que causa crescente preocupação com o uso racional dos insumos prediais, em particular com a conservação de água e energia nos edifícios, e também pelo alto custo da energia, foram desenvolvidos novos conceitos e tecnologias visando à racionalização de energia.

Por isso, ter uma fonte própria de energia acaba oferecendo mais conforto, segurança e estabilidade a todos os envolvidos. Muitos empreendimentos, optam por geração de energia fotovoltaica, através de painéis que geram energia utilizando a irradiação solar.

A seguir, são descritos alguns avanços que estão acontecendo nos sistemas prediais. Esses avanços conceituais tecnológicos referem-se às propostas de novas metodologias e modelos de projeto e ao desenvolvimento de novos sistemas, componentes e materiais:[1]

---

1 GONÇALVES, Orestes M. Avanços conceituais e tecnológios. *Téchne*, São Paulo, Pini, n. 12, p. 30-34, set./out. 1994.

- Modelos matemáticos para a determinação de demandas de energia elétrica e gás combustível (balanço energético). Esses modelos podem ser entendidos como equações (fórmulas) com dados e informações retirados de tabelas;

- Sistemas de cogeração de energia elétrica, a partir do gás natural. Nesses sistemas, parte da energia é gerada por meio do gás natural, sendo essa energia responsável pelo suprimento de uma parte da demanda existente;

- Equipamentos e componentes com dispositivos eletrônicos incorporados com a finalidade de racionalizar o uso de energia elétrica. Um exemplo desses dispositivos, programadores de funções, são os *timers*, que ligam e desligam automaticamente o equipamento nos horários programados pelo usuário;

- Equipamentos a gás combustível com maior eficiência e segurança, com dispositivos eletrônicos incorporados. Esses dispositivos otimizam o sistema, evitam e detectam vazamentos de gás, desarmando o sistema e proporcionando maior segurança aos usuários;

- Racionalização dos processos executivos, com componentes e elementos pré-montados, painéis, pré-cablagem (cabeamento estruturado), chicote de fios, eletrodutos/calhas etc.

O arquiteto também pode adotar outras estratégias para deixar o edifício energeticamente eficiente:[2]

- Uso de brises para promover a proteção solar nas horas mais críticas;

- Peitoris opacos, com tratamento térmico;

- Uso de vidros com baixo fator solar;

- Integração entre luz natural e artificial, por meio de sensores e controles que promovam o desligamento do sistema artifical quando a luz natural for suficiente;

- Sistemas de ar condicionado com alta eficiência e adequadamente dimensionado;

- Ciclos economizadores integrado aos sistemas de ar condicionado, quando o clima for propício;

- Sistemas de distribuição de ar e controle mais individualizados;

- Ventilação natural, quando o uso da edificação permitir;

- Simulação computacional do desempenho térmico e energético da edificação para definir as estratégias mais adequadas ao clima e dimensionar adequadamente os sistemas de ar condicionado.

---

2 HORTA, Mauricio. Sustentabilidade high tech. Téchne, São Paulo, Pini, n. 141, p. 30-38, dez. 2008.

SISTEMAS DE COGERAÇÃO DE ENERGIA

A cogeração é uma alternativa energética popular no setor de serviços, como shoppings e hotéis. Este sistema permite a produção simultânea de energia elétrica e calor útil a partir de uma fonte de energia, geralmente gás natural. Na cogeração, turbinas são acionadas por gás natural para gerar eletricidade, enquanto o calor residual é capturado e utilizado para produzir vapor, água gelada, água quente, ar quente. Além disso, o sistema de ar-condicionado movido a gás natural também é uma alternativa popular para reduzir o consumo de energia. O equipamento, formado por uma central de água gelada, utiliza chillers (equipamentos de refrigeração utilizados para resfriar água ou outros fluidos) que são acionados pela combustão do gás natural.

As principais vantagens na utilização dos sistemas de cogeração são:

- Melhor eficiência energética: enquanto os sistemas convencionais têm uma eficiência de cerca de 35% na produção de energia elétrica, os sistemas de cogeração podem alcançar eficiências de 70% a 80%.

- Redução de custos em horários de pico: a cogeração ajuda a equilibrar a demanda elétrica durante os horários de pico, reduzindo os custos ao nivelar o consumo de energia dos edifícios.

- Segurança durante interrupções: em caso de falhas no fornecimento elétrico convencional, os sistemas de cogeração podem continuar suprindo as cargas essenciais, garantindo a segurança energética do edifício.

A grande desvantagem na utilização dos sistemas de cogeração ainda é o alto custo de implantação, exigindo uma avaliação de custo total envolvendo o empreendedor e as companhias concessionárias de eletricidade e gás, considerando-se que os benefícios econômicos são de médio e longo prazo.

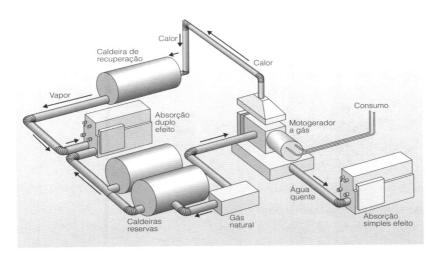

Figura 34.1 Sistema de cogeração de energia.

SISTEMA DIRETO DE ALIMENTAÇÃO DE ENERGIA[3]

Esse sistema, conhecido como *Busway*, é uma operação inovadora de alimentação de energia condominial. Esta novidade tecnológica no setor residencial é mais uma opção arrojada para os empreendimentos projetados para o futuro. Ela consiste na passagem de um barramento blindado, no *shaft* da área comum do prédio, recebendo a energia diretamente da concessionária livre de medição de consumo. Cada apartamento é conectado ao *Busway*, e a leitura de consumo de energia pode ser feita de duas formas. Em uma delas, a comunicação acontece por meio de dados. Nesse caso, há um medidor instalado em cada unidade que se comunica a um concentrador disposto no térreo com os dados de consumo. A concessionária faz a leitura, conectando ao concentrador de dados um equipamento que absorverá as informações.

No outro sistema de leitura, utiliza-se o *cashpower*, um aparelho que permite abastecer a unidade consumidora da mesma forma como que se abastece o carro com combustível.

O aparelho registra quanta energia o apartamento tem disponível. De acordo com a necessidade, o consumidor entra em contato com a concessionária fornecedora de energia e compra determinado valor.

Figura 34.2 Sistema *Busway* – barramento blindado.

---

3   CAPOZZI, Simone. Trabalho em conjunto. *Téchne*, São Paulo, Pini, n. 34, p. 32-34, maio/jun. 1998.

SISTEMA DE ENERGIA SOLAR FOTOVOLTAICA

A energia solar fotovoltaica é a energia obtida por meio da conversão direta da luz solar em eletricidade (efeito fotovoltaico), sendo a célula fotovoltaica, um dispositivo fabricado com material semicondutor, a unidade fundamental desse processo de conversão. Esse sistema pode ser conectado à rede de edificações residenciais, comerciais e industriais. É um sistema de geração de energia que possibilita à edificação gerar sua própria energia, diminuindo significativamente a conta de luz. Essa tecnologia está se tornando cada vez mais popular devido aos seus benefícios econômicos e ambientais.

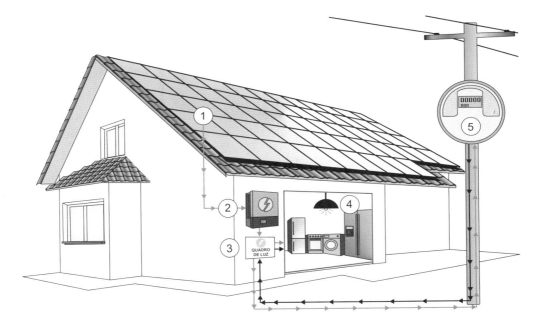

1) Painel solar
2) Inversor solar
3) Quadro de distribuição
4) Utilização da energia solar por equipamentos elétricos
5) Energia excedente (vai para a rede distribuidora, gerando créditos)

Figura 34.3 Sistema fotovoltaico residencial.

A seguir, serão apresentados os principais componentes de um sistema de energia solar fotovoltaica. Esses componentes desempenham papéis cruciais na captura, conversão e distribuição da energia solar para alimentar residências, empresas e outras instalações. Compreender esses elementos é fundamental para a implantação bem-sucedida de sistemas de energia solar, permitindo uma transição sustentável para fontes de energia limpa e renovável.

PAINÉIS SOLARES FOTOVOLTAICOS

No topo do edifício ou em áreas abertas, são instalados painéis solares fotovoltaicos. Esses painéis são compostos por células fotovoltaicas que contêm materiais semicondutores, como o silício. Quando a luz solar incide sobre essas células, ela gera um fluxo de elétrons, criando uma corrente elétrica contínua.

INVERSOR

A corrente elétrica contínua produzida pelos painéis solares é então enviada para um inversor solar. O inversor converte essa corrente contínua em corrente alternada (CA), que é a forma de eletricidade utilizada na maioria das residências e edifícios.

CONEXÃO À REDE ELÉTRICA

A eletricidade gerada pelos painéis solares pode ser usada diretamente no edifício para alimentar dispositivos e equipamentos elétricos. Qualquer excesso de eletricidade que não seja usado é direcionado para a rede elétrica da concessionária local.

MEDIDOR BIDIRECIONAL

Um medidor bidirecional é instalado para monitorar a quantidade de eletricidade gerada pelos painéis solares e a quantidade consumida a partir da rede elétrica. Esse medidor permite que os proprietários de edifícios residenciais ou comerciais rastreiem a quantidade de energia que estão gerando e quanto estão economizando em suas contas de energia.

CRÉDITOS DE ENERGIA

Em muitas regiões, quando os painéis solares geram mais eletricidade do que o edifício consome, o excesso é enviado de volta para a rede elétrica e gera créditos de energia. Esses créditos podem ser usados para compensar o consumo de eletricidade durante a noite ou em dias nublados, quando os painéis solares não estão gerando energia.

MONITORAMENTO E MANUTENÇÃO

Sistemas de monitoramento permitem que os proprietários e instaladores monitorem o desempenho dos painéis solares e identifiquem qualquer problema ou degradação do sistema. A manutenção regular é importante para garantir que o sistema continue funcionando eficientemente ao longo do tempo.

CAPÍTULO 35

Edifícios inteligentes (com alta tecnologia)

Um edifício moderno vai muito além de apenas controlar o acesso de pessoas e moradores: ele proporciona segurança, bem-estar, melhor aproveitamento dos recursos e até economia para o prédio, proprietários e locatários.

O uso da tecnologia e soluções de inteligência artificial são as responsáveis por transformar um empreendimento em um edifício inteligente. Entre as inúmeras vantagens, destacamos as seguintes possibilidades:

- Sistemas de tratamento e reaproveitamento para manejo de recursos hídricos, com captação de água da chuva;

- Geração de energia com painéis solares;

- Fibra ótica e cabeamento subterrâneo na rede de transmissão de dados para não ferir o meio ambiente;

- Coleta seletiva de lixo e tratamento adequado dos resíduos;

- Programa de sustentabilidade;

- Monitoramento da qualidade do ar interno; temperatura, fluxo e umidade do ar ajustadas automaticamente de acordo com a quantidade de pessoas presentes no ambiente;

- Vigilância e segurança sem fio, conectadas e enviadas para os proprietários;
- Análise de dados em tempo real para otimizar o consumo de energia – uso dos elevadores e lâmpadas inteligentes;
- Iluminação e ar condicionado inteligente com controle de UVA e filtros de ar para desinfecção do ar e de superfícies;
- Análise do fluxo de pessoas para criar cronogramas de higienização etc.

Nesse contexto, novas tecnologias também estão sendo implementadas nas moradias e no ambiente de trabalho. Mudanças conceituais na arquitetura, no projeto das instalações e na própria utilização das edificações estão transformando esses ambientes.

No caso de residências e seus itens de uso pessoal, a interação com os equipamentos eletroeletrônicos para mais comodidade, pode ser exemplificada através dos dispositivos:

- Fechaduras biométricas: travas com bloqueio e desbloqueio pelo smartphone.
- Iluminação: o comando é feito no celular, na troca de cor, intensidade ou na programação para acender e apagar.
- Ar-condicionado: liga e desliga-se o aparelho em qualquer cômodo, dia e horário.
- Persiana: é possível abrir e fechar com botão ou por aplicativo, e direciona a posição correta conforme a intensidade da luz.
- Sonorização: o comando é feito no celular, para a troca de música, altura do som, liga e desliga.

Atribui-se o nome de "edifícios inteligentes" às edificações que incorporam esses novos conceitos tecnológicos, ou seja, agregam recursos de alta tecnologia na gestão predial. Segundo o Intelligent Buildings Institute, uma das principais entidades internacionais que hoje disseminam essa conceituação, o edifício inteligente é aquele que oferece um ambiente produtivo e econômico pela otimização de quatro elementos básicos: estrutura, sistemas, serviços e gerenciamento, bem como pelas inter-relações entre esses elementos.[1]

Portanto, certos edifícios são considerados inteligentes, contanto que viabilizem a transferência de dados em sistemas totalmente integrados entre si e que estejam aptos e preparados para mudanças, sem necessidade de alteração da infraestrutura física de conectividade.

---

1   MARTE, Cláudio Luiz. *Automação Predial*: a inteligência distribuída nas edificações. São Paulo: Carthago & Forte, 1995.

Edifícios inteligentes (com alta tecnologia)

Normalmente, os edifícios possuem instalações com multiplicidade de redes e cabos; redes não compatíveis entre fabricantes; falta de uniformidade dos materiais etc. Esses edifícios também não possuem perspectiva de evolução para rede digital de serviços integrados – RDSI. Isso tudo acaba gerando manutenção cara e complicada; dificuldade para integrar novos serviços; dependência de um único fornecedor, problemas de reposições e obsolescência a curto prazo.

Em um edifício automatizado, o objetivo principal é melhorar a eficiência operacional e melhorar a experiência dos usuários. A automação em edifícios visa integrar sistemas como iluminação, climatização, segurança e comunicação, permitindo o controle centralizado e inteligente desses serviços. Isso não apenas aumenta a comodidade para os ocupantes, mas também reduz o consumo de energia, otimiza a utilização de recursos e facilita a manutenção preventiva, resultando em operações mais sustentáveis, seguras e econômicas.

Figura 35.1 Edifícios inteligentes (com alta tecnologia).

Fonte: Racional Engenharia.

A automação de edifícios interligados com uma rede gerencial oferece uma série de vantagens significativas para os ocupantes e administradores (veja Figura 35.2). A centralização e controle unificado dos sistemas, incluindo segurança e monitoramento, protegem uma gestão eficaz do edifício. Através da automação, é possível ajustar rapidamente as configurações de cada sistema de acordo com as necessidades em tempo real, facilitando a adaptação do ambiente às atividades e preferências dos usuários.

Em termos de segurança, a interligação dos sistemas de detecção de incêndio, alarme e controle de acesso oferece uma resposta coordenada em situações de emergência. A automação integrada também permite a conexão com sistemas de vigilância por vídeo (CFTV), permitindo o monitoramento em tempo real e a gravação de atividades para referência futura, melhorando significativamente a segurança do edifício.

Além disso, a automação proporciona uma manutenção proativa. Através da coleta contínua de dados em tempo real sobre o desempenho dos sistemas, é possível implementar manutenção preventiva. Identificar problemas antes que se tornem falhas graves aumentam a confiabilidade e a vida útil dos equipamentos, diminuem o tempo de inatividade e os custos associados às reparações.

A facilidade de gerenciamento é uma característica crucial da automação interligada. Uma sala de controle centralizada oferece uma visão global do edifício, permitindo que os operadores monitorem e gerenciem todos os sistemas a partir de um único local. Isso simplifica a operação do edifício e facilita a tomada de decisões rápidas e informadas em resposta a eventos ou necessidades específicas dos usuários.

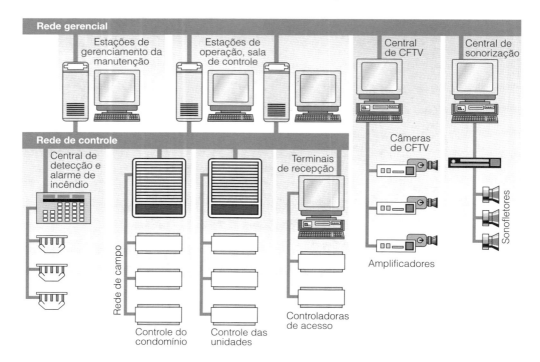

Figura 35.2 Arquitetura de um sistema predial.

Fonte: Racional Engenharia.

Figura 35.3 Sistema de automação predial.

A simples aplicação de computadores para o controle dos processos em uma automação predial não garante alcançar parte dos objetivos a que se propõe um edifício automatizado. Para que isso aconteça, é necessário fazer um gerenciamento de complexidades, que envolve conhecimento adequado do processo e a influência da automação no desempenho global, assim como a melhor escolha entre as inúmeras técnicas digitais de controle e otimização disponíveis.

Na Figura 35.4 apresenta-se uma caracterização dos principais processos e variáveis envolvidos por áreas.

Com a automação predial, é possível integrar: elevadores, ar-condicionado, transmissão de dados e telefonia, segurança e iluminação.[2]

---

2 LEAL, Ubiratan. Conexões inteligentes. *Téchne*, São Paulo, Pini, n. 60, p. 36-42, mar. 2002.

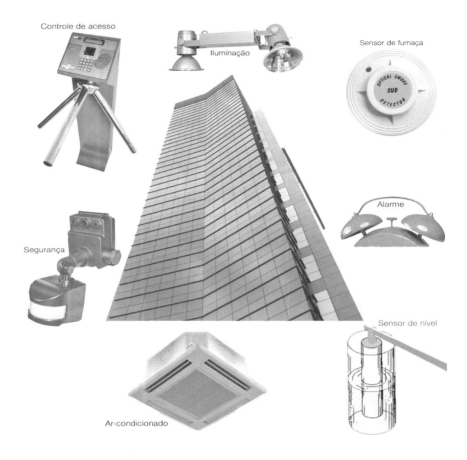

Figura 35.4 Caracterização dos processos em automação predial.

ELEVADORES INTELIGENTES: EFICIÊNCIA E SEGURANÇA

A automação desempenha um papel crucial na melhoria do desempenho, da eficiência energética e da segurança dos elevadores em edifícios. Ela não apenas aumenta a satisfação dos usuários, mas também contribui para a economia de energia e a redução de custos operacionais, tornando-a uma parte essencial da gestão moderna de edifícios. A seguir alguns pontos importantes que demonstram como a automação desempenha um papel fundamental nesse contexto:

EFICIÊNCIA ENERGÉTICA

A automação permite que os elevadores funcionem de maneira mais eficiente, reduzindo o consumo de energia. Isso é alcançado através de recursos como o despacho inteligente, que direciona automaticamente os elevadores para atender chamadas com base na proximidade e na demanda, evitando viagens desnecessárias e economizando energia.

REDUÇÃO DO TEMPO DE ESPERA

A automação também ajuda a reduzir o tempo de espera dos usuários. Com a alocação eficiente dos elevadores, os passageiros podem ser atendidos mais rapidamente, melhorando a experiência geral e a satisfação do usuário.

SEGURANÇA

A instalação de circuitos fechados de televisão (CFTV) nos elevadores é uma medida de segurança importante. Os sistemas de CFTV permitem a vigilância constante do interior do elevador, protegendo os passageiros contra comportamentos inadequados, vandalismo e incidentes de segurança.

MONITORAMENTO E MANUTENÇÃO PREVENTIVA

A automação também facilita o monitoramento e a manutenção preventiva dos elevadores. Sensores e sistemas de diagnóstico podem detectar problemas em potencial antes que causem falhas, permitindo que a manutenção seja realizada de forma proativa, reduzindo o tempo de inatividade.

ADAPTABILIDADE

Os sistemas de automação podem ser configurados para se adaptar a padrões de uso variáveis ao longo do dia, como horários de pico e de baixa demanda. Isso ajuda a otimizar a eficiência energética e o atendimento aos usuários em diferentes momentos.

ACESSIBILIDADE

A automação também desempenha um papel importante na tornar os elevadores mais acessíveis. Elevadores automatizados podem ser equipados com recursos como chamadas de voz e painéis de controle acessíveis para pessoas com deficiência.

AR-CONDICIONADO EFICIENTE EM EDIFÍCIOS INTELIGENTES

As tecnologias em edifícios inteligentes estão focadas em proporcionar conforto aos usuários, reduzir os gastos de energia com sistemas de ar condicionado e melhorar a eficiência geral da operação dos edifícios. Isso não apenas aumenta o conforto e a produtividade dos ocupantes, mas também contribui para a sustentabilidade ambiental e a economia de custos operacionais.

CONTROLE DE TEMPERATURA

Os sistemas de controle de temperatura em edifícios inteligentes são projetados para manter ambientes internos dentro de faixas de temperatura desejadas pelo usuário. Isso é alcançado por meio de sensores de temperatura e termostatos inteligentes que ajustam automaticamente o sistema de aquecimento ou resfriamento para atender às preferências do usuário. Além disso, alguns sistemas permitem que os usuários definam limites de temperatura máxima, garantindo que o ambiente não fique excessivamente quente.

GESTÃO DE PICO DE DEMANDA

Os sistemas de termoacumulação são uma estratégia eficaz para minimizar os gastos de energia durante os horários de pico de demanda. Eles funcionam acumulando calor ou frio durante períodos de baixa demanda de energia e liberando-o durante os horários de pico, quando o custo da energia é mais alto. Isso ajuda a aliviar a pressão sobre a rede elétrica durante os momentos de maior consumo e reduz os custos de operação.

MONITORAMENTO E ANÁLISE DE DADOS

A coleta e a análise de dados desempenham um papel fundamental na otimização do uso de energia em edifícios inteligentes. Sensores e sistemas de monitoramento contínuo permitem que os administradores identifiquem padrões de consumo de energia e identifiquem áreas onde podem ser feitas melhorias para economizar energia, como ajustar a iluminação e a climatização com base na ocupação real dos espaços.

INTEGRAÇÃO DE SISTEMAS

A integração de sistemas é uma característica chave dos edifícios inteligentes. A integração de sistemas de iluminação, aquecimento, ventilação, ar-condicionado e controle de acesso, por exemplo, permite uma gestão mais eficiente da energia, garantindo que os sistemas operem de forma coordenada para atender às necessidades dos ocupantes enquanto minimizam o desperdício de energia.

AUTOMAÇÃO INTELIGENTE

A automação predial também desempenha um papel crucial na otimização do uso de energia. Os sistemas podem ser programados para ajustar automaticamente a iluminação e a climatização com base em fatores como horários de funcionamento, ocupação dos espaços e condições ambientais externas, garantindo um uso eficiente da energia.

TELECOMUNICAÇÕES AVANÇADAS

A infraestrutura de comunicação desempenha um papel crítico na automação e no gerenciamento eficiente de edifícios inteligentes. A criação de uma central de cabeamento estruturado é fundamental para garantir que a infraestrutura de comunicação seja flexível, escalável e de alto desempenho. Um sistema de cabeamento estruturado fornece uma plataforma padronizada para a interconexão de todos os dispositivos de rede, telefonia e sistemas de automação em um edifício. Isso facilita a instalação, manutenção e expansão futura desses sistemas.

REDES DE DADOS E TELECOMUNICAÇÕES

As redes de dados são a espinha dorsal da automação em edifícios inteligentes. Elas permitem a conectividade de dispositivos, sensores e sistemas de gerenciamento, como sistemas de controle de acesso, sistemas de segurança e sistemas de gerenciamento de energia. Além disso, as redes de telecomunicações são essenciais para a telefonia e comunicação de voz sobre IP (VoIP).

CONTROLE CENTRALIZADO

Uma central de cabeamento estruturado possibilita o controle centralizado de todos os sistemas de comunicação e automação em um edifício. Isso permite que os administradores monitorem e controlem remotamente dispositivos e sistemas, otimizando o desempenho e a eficiência operacional.

SEGURANÇA E REDUNDÂNCIA

A infraestrutura de comunicação deve ser projetada com redundância e segurança em mente. Isso inclui a implementação de sistemas de backup e planos de contingência para garantir que a comunicação e a automação continuem funcionando em caso de falha em um componente crítico.

FUTURO-*PROOFING*

A infraestrutura de comunicação deve ser projetada com a capacidade de atender às demandas futuras. Isso inclui a consideração de tecnologias emergentes, como 5G e Internet das Coisas (IoT), para garantir que o edifício esteja preparado para evoluções tecnológicas.

SEGURANÇA INTEGRADA EM EDIFÍCIOS INTELIGENTES

Com o aumento da violência urbana no Brasil, é o setor que mais tem crescido nos últimos anos. Vale lembrar que o Brasil, os Estados Unidos e a Colômbia são os países que mais investem em segurança privada. Os sistemas de segurança, incluindo o CFTV, estão se tornando cada vez mais avançados e integrados em edifícios inteligentes para garantir a segurança dos ocupantes e a proteção do patrimônio. A integração de sistemas e a capacidade de monitoramento remoto são elementos-chave na eficácia desses sistemas de segurança modernos.

GRAVAÇÃO DIGITAL REMOTA

A gravação digital ininterrupta em local remoto é uma característica importante dos sistemas de CFTV modernos. Isso permite que as imagens sejam armazenadas em servidores remotos, geralmente na nuvem, proporcionando maior segurança e facilidade de acesso às gravações. Os administradores podem visualizar as imagens em tempo real e recuperar gravações anteriores de qualquer local com conexão à internet.

CONTROLE DE ACESSO

A integração de sistemas de CFTV com controle de acesso é uma tendência importante em edifícios inteligentes. Os sistemas de CFTV podem ser usados para monitorar as entradas e saídas do edifício, permitindo que a segurança identifique e autentique os ocupantes e visitantes por meio de câmeras e sistemas de controle de acesso.

INTEGRAÇÃO COM OUTROS SISTEMAS

A integração de sistemas de segurança com outros sistemas, como elevadores, prevenção de incêndio e iluminação, cria uma abordagem holística da segurança. Por exemplo, um sistema integrado pode bloquear automaticamente o acesso a determinados andares ou áreas quando uma situação de emergência é detectada, como um incêndio.

ANÁLISE DE VÍDEO AVANÇADA

Os sistemas de CFTV modernos podem incluir recursos de análise de vídeo avançada, como reconhecimento facial, detecção de movimento, análise de comportamento e identificação de objetos abandonados. Essas capacidades melhoram a eficácia da vigilância e a detecção de atividades suspeitas.

MONITORAMENTO REMOTO

Os sistemas de CFTV podem ser monitorados remotamente por equipes de segurança ou empresas de monitoramento de segurança. Isso permite uma resposta rápida a incidentes e a capacidade de tomar medidas imediatas em caso de violação de segurança.

PRIVACIDADE E CONFORMIDADE

É importante ressaltar que, com a crescente sofisticação dos sistemas de CFTV, a privacidade dos ocupantes deve ser levada em consideração. A conformidade com regulamentos de privacidade, como o Regulamento Geral de Proteção de Dados (GDPR), é essencial ao implementar essas tecnologias.

BENEFÍCIOS DA AUTOMAÇÃO EM SISTEMAS DE ILUMINAÇÃO

A automação predial desempenha um papel fundamental na criação de edifícios inteligentes e eficientes, e um dos sistemas mais comuns em que a automação é aplicada é o de iluminação. Abaixo, destacam-se alguns benefícios da automação predial em sistemas de iluminação de edifícios inteligentes:

SENSORES DE ILUMINAÇÃO

Os edifícios inteligentes frequentemente estão equipados com sensores de luz que monitoram o nível de iluminação em diferentes áreas. Quando a luz natural é suficiente, esses sensores podem ajustar automaticamente a intensidade das lâmpadas ou até mesmo desligá-las para economizar energia. Isso é especialmente útil em escritórios, onde a luz do dia pode variar ao longo do dia.

CONTROLE POR ZONAS

A automação predial permite o controle por zonas, o que significa que diferentes áreas de um edifício podem ter configurações de iluminação personalizadas. Por exemplo, em um espaço de reunião, os sensores podem detectar a presença de pessoas e aumentar a intensidade da luz quando necessário. Em contrapartida, em áreas de descanso, a iluminação pode ser reduzida para criar um ambiente mais relaxante.

INTEGRAÇÃO COM SISTEMAS DE GERENCIAMENTO

A automação predial em sistemas de iluminação pode ser integrada com outros sistemas de gerenciamento, como sistemas de segurança e controle de acesso. Por exemplo, quando um sistema de controle de acesso detecta que um funcionário está entrando no prédio pela manhã, pode acionar automaticamente as luzes do escritório desse funcionário, proporcionando uma experiência mais conveniente e eficiente.

PROGRAMAÇÃO E AGENDAMENTO

Os edifícios inteligentes permitem a programação e o agendamento de eventos de iluminação. Isso significa que a iluminação pode ser configurada para se ajustar automaticamente às necessidades diárias. As luzes podem ser programadas para ligar e desligar em horários específicos ou para seguir um cronograma sazonal para aproveitar ao máximo a luz natural disponível.

MONITORAMENTO REMOTO

Com a automação predial, é possível monitorar e controlar o sistema de iluminação remotamente. Isso permite que os gerentes de instalações ajustem as configurações de iluminação, resolvam problemas e façam atualizações sem precisar estar fisicamente presente no local.

ECONOMIA DE ENERGIA

Um dos principais benefícios da automação predial em sistemas de iluminação é a economia de energia. Ao ajustar a iluminação com base na presença, na luz natural e em outros fatores, os edifícios inteligentes podem reduzir significativamente o consumo de energia, o que é bom para o meio ambiente e para o orçamento.

Em resumo, a automação predial em sistemas de iluminação de edifícios inteligentes oferece uma ampla gama de recursos que melhoram a eficiência energética, a conveniência e a segurança, além de proporcionar ambientes mais confortáveis e adaptáveis para os ocupantes do edifício.

CAPÍTULO 36
Instalações elétricas em alvenaria estrutural[1]

A alvenaria com blocos de concreto estrutural é um método de construção que utiliza blocos de concreto especialmente projetados para desempenhar uma função estrutural, ou seja, para suportar cargas verticais e horizontais. Esses blocos são fabricados com alta resistência e precisão, tornando-os adequados para uso em edifícios onde podem substituir a necessidade de pilares e vigas tradicionais.

No sistema construtivo convencional, as paredes apenas fecham os vãos entre pilares e vigas, encarregados de receber o peso da obra. No sistema de alvenaria estrutural, pilares e vigas são desnecessários, pois as paredes – chamadas portantes – distribuem a carga uniformemente ao longo da fundação.

As instalações prediais do edifício de alvenaria estrutural (hidráulica, elétrica, telefonia etc.) devem ser propostas de forma que possam ser executadas de maneira totalmente independente das alvenarias.

---

1 VIOLANI, M. A. F. As instalações prediais no processo construtivo de alvenaria estrutural. Semina Ci. *Exatas/Tecnol.*, Londrina, v. 13, n. 4, p. 242-255, dez. 1992.

As instalações deverão permitir fácil acesso para eventual execução de reparos e não deverá interferir nas condições de estabilidade da construção. As alternativas para o encaminhamento das tubulações (hidráulicas e elétricas) em alvenaria estrutural são as seguintes:

- Horizontal: pelas paredes hidráulicas (vedação); encaminhamento pelo forro, ou junto ao teto ou parede, encobertas por sanca de gesso;

- Vertical: furos verticais dos blocos das paredes hidráulicas (vedação); tubulações externas protegidas por carenagens; tubulações em *shafts*.

Diferente dos outros sistemas construtivos, a alvenaria estrutural requer técnicas específicas na hora das instalações elétricas e hidráulicas com blocos de concreto. De acordo com a NBR 15961-1:2011 (Alvenaria Estrutural – Blocos de concreto), item 10.2.1: – "Não são permitidos condutores de fluidos embutidos em paredes estruturais, exceto quando a instalação e a manutenção não exigirem cortes". Isso significa que uma construção de blocos de concreto, não deve receber condutores de fluidos (como água e gás) e nem manutenções que exigem cortes, perfurações ou qualquer manuseio que interfira na estrutura da obra.

Uma das saídas para garantir o bom funcionamento das instalações elétricas e hidráulicas com blocos de concreto é a criação de shafts na construção. O shafts podem ficar nos banheiros, cozinha ou área de serviço. Por eles vão passar as prumadas de água, tubos de queda e gordura, instalações elétricas, telefônicas, medidores de gás etc.

As prumadas de alimentação dos circuitos partem da central de medição (quadro de medidores) para alimentar os quadros de distribuição de circuitos das unidades do edifício. As prumadas de elétrica devem ser posicionadas dentro de um *shaft* e os trechos de eletrodutos podem ter uma emenda a cada pé-direito.

Sendo os eletrodutos embutidos nos orifícios (vazados) dos blocos, devem ser utilizados em comprimentos iguais a meio pé-direito, pois a alvenaria será executada com o eletroduto já posicionado no trecho. As tubulações devem transpor as lajes e para isso deve ser utilizado o bloco "chaminé" (veja Figura 36.4). Os quadros de distribuição e caixas de passagem de telefonia, devem ser modulares de modo a se alojarem nas dimensões dos blocos.

As caixas (pontos de luz) na laje serão alimentadas por circuitos que partem do quadro de distribuição e chegam até a laje através do bloco "J" ou o "compensador" que serão perfurados com ferramentas específicas permitindo a passagem do eletroduto (veja Figura 36.2). Os eletrodutos que chegam até os interruptores passam também através de um bloco perfurado e atingem a altura da caixa do interruptor. As tomadas são alimentadas pelo piso, ou seja, na fase de montagem da laje, o instalador deixa um trecho de eletroduto de aproximadamente 30 cm subindo da laje para a parede.Após a concretagem da laje e, a desforma do madeiramento o instalador procede aos rasgos e chumbamento das tomadas e interruptores cujos eletrodutos já estavam posicionados dentro da parede. O mesmo procedimento é aplicado às instalações de TV, interfone e outros.

Instalações elétricas em alvenaria estrutural   313

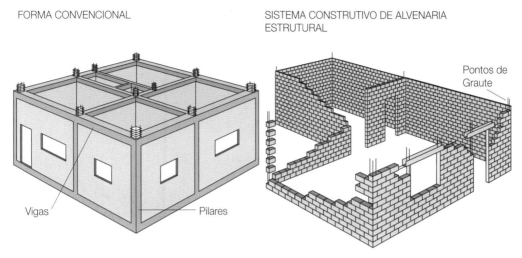

Figura 36.1 Sistema construtivo de alvenaria estrutural.

Fonte: Selecta Solução em Blocos. Grupo Estrutural.

ETAPAS DO SISTEMA CONVENCIONAL

1. Fabricação das colunas e vigas;
2. Confecção de formas de madeira;
3. Barras de ferro de diversas formas e espessuras;
4. Concreto para preencher as formas de madeira;
5. Retirada das formas e escoramentos após o mínimo de 20 dias;
6. Construção das paredes com tijolos ou blocos;
7. Aplicação de chapisco, massa grossa e massa fina para a execução do revestimento.

ETAPAS DA ALVENARIA ESTRUTURAL

1. Construção das paredes em blocos cerâmicos estruturais, substituindo colunas e vigas de concreto armado;
2. Aplicação dos revestimentos com espessuras mínimas;
3. Nas paredes externas, pode-se aplicar massa tradicional ou optar por outros revestimentos disponíveis no mercado;
4. Nas paredes internas, onde não haja azulejos, pode-se aplicar gesso diretamente sobre os blocos e obter um acabamento liso de pintura.

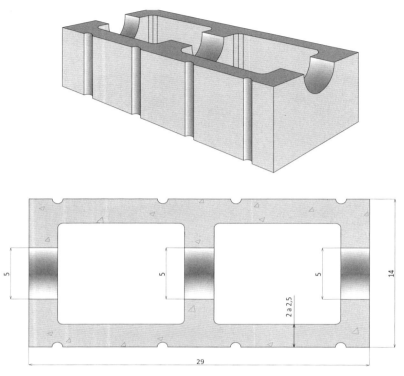

Obs: medida em centimetros

Figura 36.2 Bloco "hidráulico" para passagem de tubulações (em perspectiva isométrica e em planta).

Fonte: *Semina, Ci. Exatas/Tecnol.*, v. 13, n. 4, p. 242-255, dez. 1992.

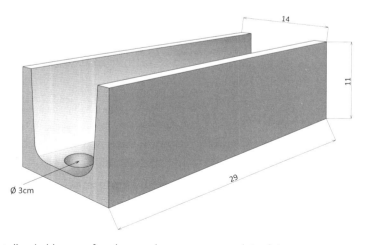

Figura 36.3 Detalhe do bloco perfurado para dar passagem ao eletroduto.

Fonte: *Semina, Ci. Exatas/Tecnol.*, v. 13, n. 4, p. 242-255, dez. 1992.

Instalações elétricas em alvenaria estrutural 315

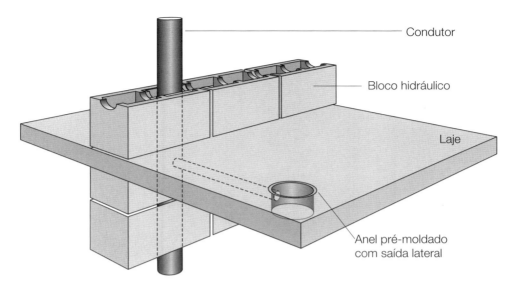

Figura 36.4 Detalhe do bloco chaminé usado para a transposição da laje pelas prumadas (em perspectiva).

Fonte: Semina, Ci. Exatas/Tecnol., v. 13, n. 4, p. 242-255, dez. 1992.

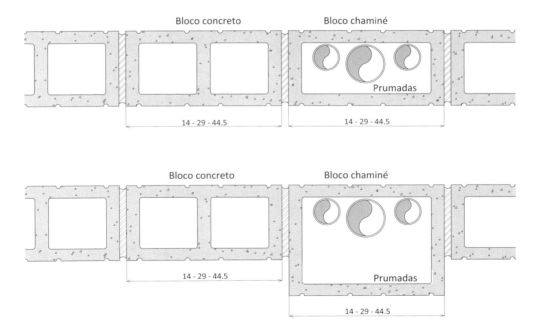

Figura 36.5 Detalhe do bloco chaminé usado para a transposição da laje pelas prumadas (em planta).

Fonte: Semina, Ci. Exatas/Tecnol., v. 13, n. 4, p. 242-255, dez. 1992.

CAPÍTULO 37
Instalações elétricas em sistema *drywall*

O *drywall* é um sistema de construção a seco que consiste em uma placa de gesso pré-fabricada, encapada com papelão ou fibra de vidro e que pode ser fixada em estruturas de aço galvanizado para construção de casas e até mesmo prédios.

Esses sistemas são muito mais leves, mais baratos e mais rápidos do que as construções de alvenaria, por isso têm se popularizado bastante aqui no Brasil. Além de sua utilização como forro, também substituem a alvenaria na separação de ambientes.

Essa nova tecnologia, denominada "sistema *drywall*", apresenta algumas vantagens em relação às paredes convencionais de alvenaria: baixo peso; ganho de área útil, em virtude de menor espessura; montagem rápida e sem entulho; superfície de parede mais lisa e precisa. Além disso, permite a montagem de instalações elétricas e hidráulicas em seu interior durante a montagem. Nesse caso, evitam-se os cortes de parede para passagem de tubulações, com remoção de entulhos, e o enfraquecimento das paredes gerado pelos embutidos.

Além dessas vantagens, adaptam-se a qualquer estrutura, como aço, concreto e madeira.

O sistema *drywall* torna a manutenção das instalações muito simples e prática. Em geral, prevê a utilização de *shafts*. A execução dos componentes da instalação elétrica no sistema *drywall* é relativamente simples. As passagens de eletrodutos são feitas com facilidade, pois os montantes (perfilados verticais) já possuem aberturas, permitindo que a instalação seja feita antes do fechamento de uma das faces da parede.

Um detalhe importante, entretanto, é o alinhamento dos furos dos montantes durante a montagem da estrutura da parede. Caso fiquem desalinhados, o problema é facilmente corrigido com a inversão ou substituição da peça.

Também existem no mercado as caixas de 4" × 2" e 4" × 4", fabricadas com características próprias para utilização em *drywall*, de fácil instalação e sem necessidade de qualquer tipo de adaptação. O profissional para instalações elétricas em paredes de gesso acartonado é o próprio eletricista. O montador pode, se for o caso e já estiver previsto em projeto, providenciar reforços e, no caso de forro, providenciar as aberturas para instalações de luminárias.

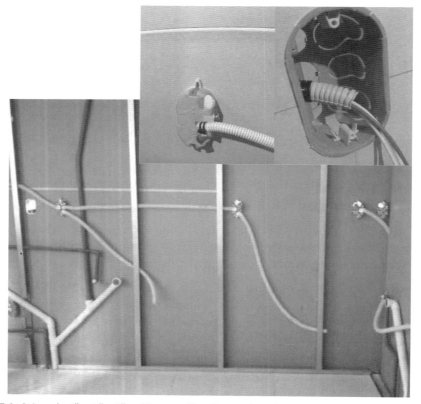

Figura 37.1 Caixas de 4" × 2" e 4" × 4" para utilização em *drywall*.

CAPÍTULO 38
Instalações elétricas em sistema *steel frame*[1]

O *steel frame*, também conhecido como *light steel frame*, é um sistema construtivo estruturado em perfis de aço galvanizado formados a frio, que utiliza estruturas de aço leve para formar o esqueleto da edificação, em vez de materiais tradicionais como concreto e alvenaria. A vedação de toda a estrutura é feita por painéis, ou placas, que podem ser compostas por diversos tipos de materiais, como: madeira, placas cimentícias, painéis de alumínio composto ou até *drywall*.

É uma proposta de construção que alia rapidez, qualidade construtiva e habitacional, além de apresentar características mercadológicas e de negócios diferenciadas das construções tradicionais. Embora o sistema seja mais utilizado em construções de alto padrão, com a consolidação da tecnologia no mercado, já estão sendo desenvolvidos alguns modelos de casas para o ramo popular.

Pode-se admitir que, do ponto de vista das instalações no sistema *steel frame*, de certa forma todas as paredes funcionam como *shafts* visíveis, facilitando a execução e a manutenção desses subsistemas (veja Figura 38.5).

---

1   TERNI, Antonio Wanderley; SANTIAGO, Alexandre Kokke; PIANHERI, José. Casa de steel frame – instalações. *Téchne*, São Paulo, Pini, n. 141, p. 61-64, dez. 2008.

Para a passagem das instalações pelos montantes e vigas de piso, esses devem ser furados, de acordo com normalização existente. A NBR 15253:2014 (Perfis de aço formados a frio, com revestimento metálico, para painéis estruturais reticulados em edificações — Requisitos gerais) normaliza os furos para passagem de instalações, prevendo que aberturas sem reforços podem ser executadas nos perfis de *steel frame*, desde que devidamente consideradas no dimensionamento estrutural. É recomendado que a execução das instalações ocorra após a finalização completa da montagem das estruturas das paredes, lajes e coberturas em *steel frame*.

O fato de as paredes e lajes funcionarem como *shafts* visitáveis permite que as interferências entre os sistemas elétrico e hidráulico sejam fáceis de serem visualizadas durante a execução das instalações, o que facilita o trabalho e diminui a chance de acidentes como, por exemplo, danificar algum cano ao furar quando executa a instalação elétrica.

O sistema *steel frame* permite que se instale uma tubulação de um ponto a outro da parede minimizando os transtornos, com rapidez e mantendo o local limpo, o que já não ocorre com a colocação pelo método tradicional em paredes de alvenaria.

Apesar da facilidade de uso dos materiais convencionais no sistema, há disponibilidade no mercado de materiais elétricos projetados especialmente para *drywall* e *steel frame*, como as caixas elétricas que se fixam diretamente nas placas de gesso acartonado. Dessa forma, os materiais de instalações elétricas convencionais, como caixas de luz plásticas e conduítes corrugados ou lisos, podem ser usados sem problemas. No caso das caixas de luz comuns, elas podem ser fixadas também em peças auxiliares ou nos montantes da estrutura.

Com sua concepção racionalizada, o sistema *steel frame* permite a execução das instalações com o mínimo de transtorno, pouco desperdício e grande facilidade de controle e inspeção dos serviços concluídos. Sendo um sistema racionalizado, a discriminação do material empregado é feito no projeto e, portanto, a perda ou desperdício é praticamente nulo.

Apesar de algumas vantagens, o sistema *steel frame* apresenta algumas limitações como, por exemplo, a quantidade de pavimentos possíveis. Não se podem construir, nesse sistema, no Brasil, prédios com mais de seis pavimentos, em virtude da distribuição de carga nesse tipo de obra. Outro problema é que, no Brasil, a distribuição do mercado e a capacitação de mão de obra ainda são precárias.

Embora prédios com mais de seis pavimentos possam apresentar desafios adicionais com esse sistema, é importante ressaltar que o *steel frame* é amplamente utilizado em construções residenciais, comerciais e industriais de menor altura, onde suas vantagens de agilidade, sustentabilidade e flexibilidade são mais evidentes.

Instalações elétricas em sistema steel frame

Figura 38.1 Sistema *steel frame*.

Fonte: (www.steelframehousing.org).

Figura 38.2 Passagem de conduítes pelas vigas de laje.

Figura 38.3 Passagem de instalação por tesoura de cobertura.

Figura 38.4 Caixa de luz em montante.

Instalações elétricas em sistema steel frame

Figura 38.5 Parede em *steel frame* funcionando como *shaft*.

CAPÍTULO 39
Instalações elétricas em sistema *wood frame*[1]

O *wood frame* é um sistema construtivo constituído de estrutura de perfis leves de madeira, contraventados com chapas estruturais de madeira transformada tipo OSB (*Oriented Strand Board*). A madeira mais utilizada nesse tipo de construção é a de pinus, espécie de rápido crescimento e proveniente de florestas renováveis.

As placas de OSB junto aos sistemas *framing* – sejam os perfis de madeira (*wood*), sejam os de aço (*steel*) – mantêm a edificação leve e com a resistência das de alvenaria. A implementação das placas permite a sua utilização tanto dentro quanto fora do sistema *framing*, revestindo paredes, forros, telhados e lajes.

As instalações elétricas e hidráulicas podem ser idênticas às que são utilizadas na construção convencional. A vantagem é que no Sistema *Wood Frame* as paredes funcionam como *shafts* visíveis, facilitando a execução e manutenção das instalações. O mercado também dispõe de materiais elétricos desenvolvidos especialmente para *drywall* e *framing* como caixas elétricas que são fixadas diretamente nas chapas de fechamento.

---

1   SILVA, Fernando Benigno da. Sistemas construtivos. *Téchne*, São Paulo, Pini, n. 161, p. 78-83, ago. 2010. Tecverde (www.tecverde.com.br).

As tubulações e eletrodutos são instaladas no interior das paredes, preparando-se previamente todas as furações necessárias.

As instalações são executadas entre os montantes das paredes e o forro e barrotes do entrepiso. É importante evitar que os perfis verticais sejam perfurados, de modo que toda a ligação horizontal é feita internamente no forro.

Quando é necessário furar um montante, o furo deve respeitar a especificação de diâmetro máximo igual a 1/3 da espessura do montante, todavia, isso já deve ser previsto no projeto estrutural. Em geral, as tubulações e eletrodutos são colocados verticalmente nas paredes, entre montantes estruturais.

Assim como em obras convencionais, o uso de *shafts* pode gerar economia de material. Após a conclusão do projeto elétrico, este deve passar por um processo de compatibilização com o projeto estrutural.

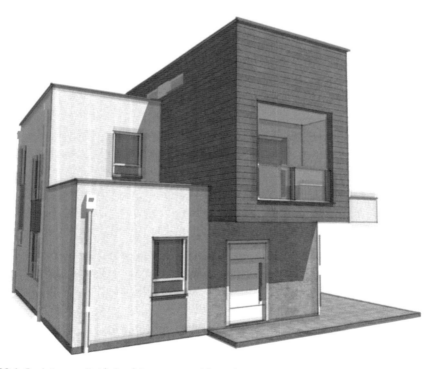

Figura 39.1 Projeto arquitetônico (sistema *wood frame*).

Fonte: Tecverde (www.tecverde.com.br).

Instalações elétricas em sistema wood frame 327

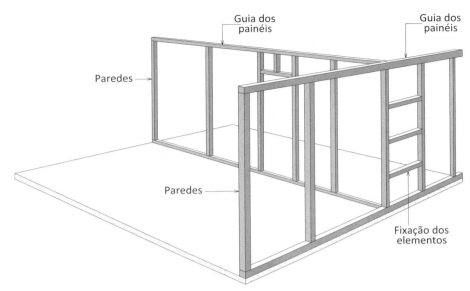

Figura 39.2 Detalhe da fixação entre os painéis de parede.

Figura 39.3 Instalações elétrica e hidráulica em Sistema *Wood Frame*.

Fonte: Tecverde (www.tecverde.com.br).

Figura 39.4 Fiação no interior da parede.

Fonte: MOLINA, J. C.; CALIL JUNIOR, C. Semina: *Ciências Exatas e Tecnológicas*, Londrina, v. 31, n. 2, p. 143-156, jul./dez. 2010.

CAPÍTULO 40
Instalações elétricas em sistema construtivo PVC Concreto[1]

O sistema construtivo PVC concreto foi desenvolvido no Canadá, e agora já está disponível no Brasil. Trata-se de um sistema racional, versátil e moderno. A Braskem é a empresa que fornece as resinas de PVC, matéria-prima básica para a fabricação desses perfis, para as duas empresas detentoras da tecnologia do sistema no país, a Plásticos Vipal e a Royal Technologies.

O sistema construtivo PVC concreto é composto por perfis leves e modulares que são preenchidos com concreto e aço. Após a montagem dos perfis de parede vazados, são inseridos os reforços de aço e as instalações elétricas e hidráulicas. A instalação pode ser distribuída pela base da parede e por cômodos, entrando sempre por um ponto no topo da parede. Por fim, executa-se a concretagem dos perfis-formas.

Esse sistema apresenta algumas vantagens como: facilidade de montagem, elevada resistência e produtividade, durabilidade, baixa manutenção, facilidade de transporte, construção rápida e limpa, baixo índice de geração de resíduos na obra, e imunidade a fungos e bactérias (adequado para a área de saúde).

---

1   FARIA, Renato. Industrialização econômica. *Téchne*, São Paulo, Pini, n. 136, p. 42-45, jul. 2008.

Embora exista a possibilidade de reciclar esses perfis no futuro, quando se tornarem entulhos da construção civil, a desvantagem é que as resinas termoplásticas são produtos petroquímicos, provenientes do petróleo, matéria-prima não renovável. Por essa razão, algumas empresas preferem investir em técnicas e sistemas construtivos que não utilizem matérias-primas não renováveis.

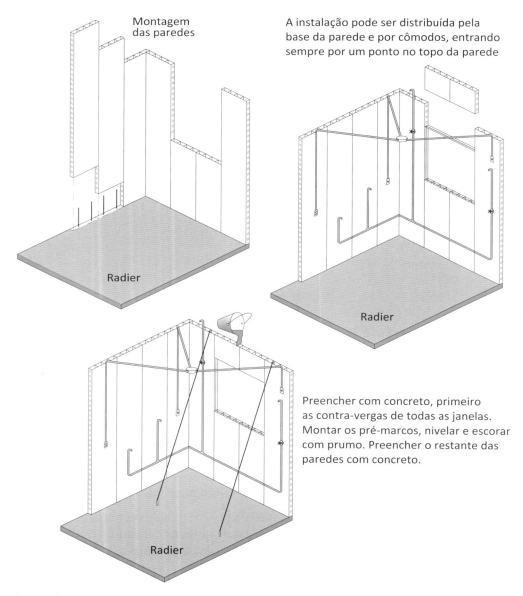

Figura 40.1 Sistema PVC concreto.

CAPÍTULO 41
Norma de desempenho

NBR 15575:2021

O conjunto de normas denominado NBR 15575:2021 foi desenvolvido com a finalidade de estabelecer um padrão de desempenho mínimo nas edificações habitacionais, visando à qualidade e à inovação tecnológica na construção. Assim, o desempenho está relacionado às exigências dos usuários de edifícios habitacionais e seus sistemas quanto ao seu comportamento em uso, sendo uma consequência da forma como são construídos.

Essa norma estava em vigor desde 2013, cuja versão foi atualizada em 2021, e é dividida em seis partes:

- Parte 1: Requisitos gerais;
- Parte 2: Requisitos para os sistemas estruturais;
- Parte 3: Requisitos para os sistemas de pisos;
- Parte 4: Requisitos para os sistemas de vedações verticais internas e externas;
- Parte 5: Requisitos para os sistemas de cobertura;
- Parte 6: Requisitos para os sistemas hidrossanitários.

Para cada requisito, a NBR 15575:2021 estabelece um nível de desempenho mínimo (M), intermediário (I) e superior (S). Enquanto o nível mínimo de desempenho é obrigatório, os demais consideram a possibilidade de melhoria da qualidade da edificação, por isso, quando da utilização dos níveis intermediário e superior de desempenho, estes devem ser informados e destacados em projeto.

VIDA ÚTIL DE PROJETO

A vida útil é uma medida temporal de durabilidade de um edifício ou de suas partes – em outras palavras, a vida útil é a quantificação da durabilidade. A NBR 15575-1:2021 determina o tempo em que um edifício mantém o desempenho esperado por meio dos conceitos de "vida útil", "vida útil de projeto" e "vida útil requerida". Ao associar desempenho a vida útil e durabilidade, a norma trata não apenas do nível de qualidade da edificação, mas também do período durante o qual a edificação será capaz de manter esse nível de qualidade.

A vida útil (*service life*) é o período de tempo em que o edifício (seus sistemas e elementos) se presta às atividades para as quais foi projetado com atendimento aos níveis de desempenho mínimos previstos, considerando a correta execução do plano de manutenção especificado no manual de uso, operação e manutenção. Vida útil estimada (*predicted service life*) é o termo usado para definir a durabilidade prevista da edificação, a qual pode ser estimada a partir de dados históricos de desempenho do produto ou de ensaios de envelhecimento acelerado.

Vida útil de projeto (*design life*) é uma estimativa teórica de tempo para o qual um edifício é projetado, considerando que nesse período o desempenho do empreendimento atenda aos requisitos mínimos normativos. Esse tempo é estimado considerando os materiais usados na construção, o local em que será construído e o total atendimento ao plano de manutenção previsto no manual de uso, operação e manutenção.

A vida útil de projeto (VUP) pode ser entendida como uma expressão de caráter econômico, em que o usuário tem a opção de escolher pela melhor relação entre custo e tempo de usufruto do bem (o benefício). A norma ainda comenta que se podem escolher entre uma infinidade de técnicas e materiais ao projetar um sistema ou elemento. Enquanto alguns desses materiais, em conjunto com as técnicas adequadas, podem ter vida útil de projeto de vinte anos, outros não passam de cinco anos.

Nesse aspecto, os fabricantes precisam informar as características de desempenho dos seus produtos de modo compatível com as exigências de desempenho da norma, principalmente em relação à durabilidade. Além disso, a Norma de Desempenho menciona que para a VUP mínima poder ser atingida é necessário que os fabricantes de materiais e componentes que serão utilizados nas construções informem em documentação técnica as recomendações necessárias para a manutenção corretiva e preventiva.

Enfim, para obter um material confiável e de qualidade, não basta garantir suas características técnicas iniciais, é necessário também que esse material se comporte de maneira satisfatória ao longo de sua vida útil, ou seja, que tenha durabilidade adequada à sua proposta.

É importante salientar que, conforme estabelecido na norma, os prazos de vida útil iniciam-se na data de conclusão da obra, representada pela expedição do Auto de Conclusão de Edificação, Habite-se ou outro documento legal.

Entretanto, para que essa vida útil possa ser atingida é fundamental que no manual de uso, operação e manutenção sejam definidos os processos de manutenção, bem como sua periodicidade. Esse manual deve ser entregue ao usuário, que deve cumprir as manutenções previstas.

SISTEMAS ELÉTRICOS

De acordo com a Parte 1 da Norma de Desempenho, os sistemas elétricos das edificações habitacionais fazem parte de um conjunto mais amplo de normas com base na NBR 5410:2004 - Instalações elétricas de baixa tensão - Procedimentos e, portanto, não foi estabelecida uma parte especifica da norma referente ao desempenho

desses sistemas, devendo-se cumprir assim a NBR 5410:2004.

Porém, alguns critérios estabelecidos na Parte 6 da NBR 15575:2021, no requisito de segurança no uso e operação, tratam das instalações e aparelhos elétricos que estão contemplados no sistema hidrossanitário, como aquecedores e chuveiros.

AVALIAÇÃO DE DESEMPENHO

A avaliação de desempenho está resumida na Figura 41.1.

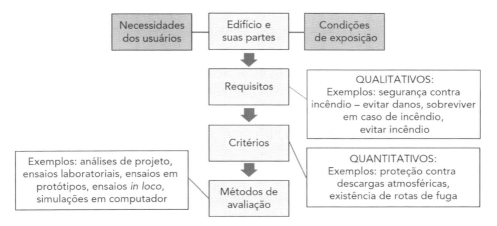

A partir das necessidades dos usuários e das respectivas condições de exposição, o edifício e suas partes são projetados. Para isso, os requisitos de desempenho devem ser considerados, os quais são as exigências qualitativas dos usuários em relação ao desempenho da edificação.

INCUMBÊNCIAS DOS INTERVENIENTES

Outro ponto de destaque são as incumbências dos intervenientes, as quais definem o papel de cada ente do processo de construção: fornecedor de materiais, projetista, construtor/incorporador e usuário.

O fornecedor de insumo, material, componente e/ou sistema deve caracterizar o desempenho de acordo com a norma, o que deveria incluir o prazo de vida útil do produto e os cuidados em sua operação e manutenção. Entretanto, esse tem sido um dos gargalos da aplicação da norma, uma vez que a maioria dos fabricantes tem dificuldade de atender a esse requisito.

O projetista deve estabelecer a vida útil de projeto (VUP) de cada sistema, especificando cada produto, material e processo, sendo que estes devem atender ao nível mínimo de desempenho. Nesse caso, recai uma grande responsabilidade sobre o projetista, pois a especificação é complexa e inclui a durabilidade, tendo em vista a necessidade de estabelecer a VUP.

O construtor e o incorporador devem identificar os riscos previsíveis na época do projeto e, junto com a equipe de projeto, definir os níveis de desempenho para cada elemento da construção. Ainda devem elaborar o manual de uso, operação e manutenção, com os prazos de vida útil (VUP) e de garantia superiores ou iguais aos citados na norma. Cabe destacar a necessidade de elaborar um plano detalhado e exequível de manutenção.

Já o usuário deve utilizar de forma correta a edificação, sem alterar nenhuma das características de projeto iniciais e, principalmente, realizar a manutenção de acordo com o manual de uso, operação e manutenção.

Porém, alguns critérios estabelecidos na Parte 6, no requisito de segurança no uso e operação, tratam das instalações e aparelhos elétricos que estão contemplados no sistema hidrossanitário, como aquecedores e chuveiros.

SEGURANÇA NO USO E OPERAÇÃO

Requisito – Risco de choques elétricos e queimaduras em sistemas de equipamentos de aquecimento e em eletrodomésticos ou eletroeletrônicos

Aterramento das instalações, dos aparelhos aquecedores, dos eletrodomésticos e dos eletroeletrônicos: as tubulações, equipamentos e acessórios do sistema hidrossanitário devem ser direta ou indiretamente aterrados, conforme a NBR 5410:2004. A avaliação consiste na análise do projeto elétrico, de responsabilidade do projetista de instalações, comprovada por declaração em projeto.

Corrente de fuga em equipamentos: os equipamentos elétricos devem atender às prescrições da NBR 12090:2016 - Determinação da corrente de fuga - Método de ensaio e da NBR 10016:2015 - Aquecedores instantâneos de água e torneiras elétricas - Determinação da corrente de fuga - Método de ensaio, as quais estabelecem os métodos de ensaio para determinação de corrente de fuga em chuveiros elétricos e aquecedores instantâneos e torneiras elétricas, respectivamente, limitando-se a corrente de fuga para outros aparelhos em 15 mA. Como método de avaliação é indicado um ensaio conforme essas normas, realizado pelo fornecedor, cujo laudo deve ser exigido pelo construtor.

Dispositivo de segurança em aquecedores elétricos de acumulação: os aquecedores elétricos de acumulação devem ser providos de dispositivo de alívio de sobrepressão e de dispositivo de segurança que corte a alimentação de energia em caso de superaquecimento. Como método de avaliação é indicada uma inspeção, de responsabilidade do construtor, comprovada por relatório de inspeção.

CAPÍTULO 42
Referências

ABOLAFIO JR., R. Por onde passa a eletricidade. *Arquitetura & Construção*, São Paulo, n. 8, p. 100-101, abr. 1992.

ALVES, N. V. B. Sistema externo de proteção contra descargas atmosféricas. *Téchne*, São Paulo, n. 143, p. 61-64, fev. 2009.

ARQUITETURA & CONSTRUÇÃO. *Elétrica sem segredos*: edição especial. São Paulo: Editora Abril.

CABRAL, Sérgio Henrique Lopes. Esquemas elétricos de aterramento: Análise comparativa de funcionalidades. 2010. Disponível em: https://www.osetoreletrico. com.br/wp-content/uploads/2010/07/ed53_fasc_seguranca_trabalho_capVI.pdf. Acesso em: 03 ago. 2021.

CAPOZZI, S. Tire partido de elementos úteis, mas pouco estéticos. *Arquitetura & Construção*, São Paulo, n. 7, p. 102-103, jul. 1989.

_____. Trabalho em conjunto. *Téchne*, São Paulo, n. 34, p. 32-34, maio/jun. 1998.
CAVALCANTI, M. Tire partido da iluminação embutida em todos os ambientes. *Arquitetura & Construção*, São Paulo, n. 9, p. 96-97, set. 1990.

CAVALIN, G.; CERVELIN, S. *Instalações elétricas prediais*. 4. ed. São Paulo: Érica, 1998. (Coleção Estude e Use. Série Eletricidade.)

CHAVES, R. *O eletricista é você*: manual de instalações elétricas. Rio de Janeiro: Tecnoprint, 1981.

CICHINELLI, G. Padrão internacional. *Téchne*, São Paulo, n. 92, p. 50-56, nov. 2004.

CPFL - Companhia Paulista de Força e Luz. Normas Técnicas - CPFL Energia.

COSTA, D.; MEDEIROS, E. G. Luz sob controle. *Arquitetura & Construção*, São Paulo, n. 11, p. 104-105, nov. 2004.

COTRIM, A. A. M. B. *Manual de instalações elétricas*. 2. ed. São Paulo: McGraw Hill do Brasil, 1985.

COTRIM, Ademaro A. M. B. Instalações Elétricas. 4. ed. São Paulo: Prentice Hall, 2003.

CREDER, H. *Instalações elétricas*. 12. ed. Rio de Janeiro: Livros Técnicos e Científicos, 1991.

_____. *Manual do instalador eletricista*. Rio de Janeiro: Livros Técnicos e Científicos, 1995.

DEPARTAMENTO DE CONTROLE OPERACIONAL. *Norma de instalações telefônicas em edifícios da CPFL*. 1985.

DUL, J.; WEERDMEESTER, B. *Ergonomia prática*. 2. ed. São Paulo: Blucher, 2004.

FARIA, R. Industrialização econômica. *Téchne*, São Paulo, n. 136, p. 42-45, jul. 2008.

FRANÇA, E. C.; BORGES, L. A espinha dorsal dos edifícios inteligentes. *Téchne*, São Paulo, n. 32, p. 44-47, jan./fev. 1998.

GONÇALVES, O. M. Avanços conceituais e tecnológicos. *Téchne*, São Paulo, n. 12, p. 30-34, set./out. 1994.

HORTA, M. Sustentabilidade high tech. *Téchne*, São Paulo, n. 141, p. 30-38, dez. 2008.

IWASHITA, J. Luminotécnica aplicada. *O setor elétrico*, São Paulo, p. 34-36, fev. 2008.

LEAL, U. Conexões inteligentes. *Téchne*, São Paulo, n. 60, p. 36-42, mar. 2002.

_____. Linha de força. *Téchne*, São Paulo, n. 65, p. 38-52, ago. 2002.

LOTURCO, B. Descargas sob controle. *Téchne*, São Paulo, n. 134, p. 54-58, maio 2008.

MARTE, C. L. *Automação predial*: a inteligência distribuída nas edificações. São Paulo: Carthago & Forte, 1995.

MATTEDE, H. *Faça você mesmo* - Eletricidade. Disponível em https://www.mundodaeletrica.com.br/tabela-de-dimensionamento-de-eletroduto/ Acesso em 08 ago. 2021.

MATTEDE, H. *Como dimensionar cabos elétricos residenciais!* Disponível em https://www.mundodaeletrica.com.br/como-dimensionar-cabos-eletricos-residenciais/ Acessoem 10 ago. 2021.

MATTEDE, H. *Como calcular queda de tensão em condutores?* Disponível em https://www.mundodaeletrica.com.br/como-calcular-queda-de-tensao-nos-condutores/ Acesso em 12 ago. 2021.

MELLO, R. de C. Ar-condicionado sem entrar numa fria. *Arquitetura & Construção*, São Paulo, n. 141, p. 112-114, dez. 2008.

MOLINA, J. C.; CALIL JR., C. *Semina: Ciências Exatas e Tecnológicas*, Londrina, v. 31, n. 2, p. 143, jul./dez. 2010.

MORAES, Adélio José; SILVA, S. F.P. *Dimensionamento. Notas de estudo de engenharia elétrica.* Universidade Federal de Pernambuco. Disponível em: https://www.docsity.com/pt/dimensionamento-75/4730575/ Acesso em 15 ago.2021.

NAKAMURA, J. Água e energia em áreas em comum. *Téchne*, São Paulo, n. 168, p. 54-56, mar. 2011.

PAZZINI, L. H. A. *Instalações elétricas*: cálculo de iluminação. Disponível em: <http://www.engonline.fisp.br/3ano/instalaçõeselétricas/cálculosiluminação.pdf>. Acesso em: 07 nov. 2014.

POCZTARUK, R. *Iluminância, potência, fluxo luminoso, watt o que significam?* Disponível em https://clubarqexpress.com.br/blogs/clubarqexpress/o-que-e-luminancia. Acesso em: 31 jul. 2021.

ROCHA NETO, S. Fios e cabos residenciais. *Arquitetura & Construção*, São Paulo, n. 8, p. 116-117, ago. 1989.

RONTEK. RJ11 x RJ11. São Paulo, 2017.

ROSSO, S.; ALVES, V.; CAPOZZI, S. Economize energia a partir do projeto. *Arquitetura & Construção*, São Paulo, n. 3, p. 96-98, mar. 1994.

SANTOS, C. E. da C. Revisão de aterramento para instalações prediais. 2018. 89 f., Universidade Federal do Rio de Janeiro, Rio de Janeiro, 2018. Disponível em: http://monografias.poli.ufrj.br/monografias/monopoli10026282.pdf. Acesso em: 03 de ago. 2021.

SAYEGH, S. Força domada: quilowatts de economia. *Téchne*, São Paulo, n. 53, p. 56-65, ago. 2003.

SCHNEIDER. Módulo para tomada. Brasília, 2017.

SIL. *SIL orienta: atenção à queda de tensão.* Disponível em https://www.sil.com.br/pt/sil-news/not%C3%ADcias/sil-orienta-aten%C3%A7%C3%A3o-%C3%A0-queda--de-tens%C3%A3o.aspx. Acesso em: 12 ago. 2021.

SILVA, F. B. da. Sistemas construtivos. *Téchne*, São Paulo, n. 161, p. 78-83, ago. 2010.

SOUZA, M. Não jogue fora, conserve. *Téchne*, São Paulo, n. 12, p. 15-34, set./out. 1994.

TEIXEIRA, C.; BARRERO, V. E fez-se a luz. *Arquitetura & Construção*, São Paulo, n. 1, p. 84-95, jan. 1997.

TELECOMUNICAÇÕES DE SÃO PAULO S.A. *Manual de redes telefônicas internas*: tubulação telefônica em prédios – projeto.

TERNI, A. W.; SANTIAGO, A. K.; PIANHERI, J. Casa de steel frame: instalações. *Téchne*, São Paulo, n. 141, p. 61-64, dez. 2008.

TESCH, N. *Elementos e normas para desenhos e projetos de arquitetura*. Rio de Janeiro: Tecnoprint, 1979.

VIDIGAL, R. O guia completo sobre balcões refrigerados. Disponível em https://blog.artdescaves.com.br/balcao-refrigerado. Acesso em: 01 ago. 2021.

VILLARES METALS S.A. *Manual de transporte vertical em edifícios*. 17. ed. São Paulo: Pini, 1994.

_____. Sobe e desce inteligente. *Téchne*, São Paulo, n. 159, p. 42-45, jun. 2010.

VIOLANI, M. A. F. As instalações prediais no processo construtivo de alvenaria estrutural. *Semina: Ciências Exatas e Tecnológicas*, Londrina, v. 13, n. 4, p. 242-255, dez. 1992.

WIRMOND, V. E. Projetos complementares (Material de aula - Aula 02 - Projeto TV e interfone). UTFPR: Campus Curitiba, 2013. Disponível em: http://paginapessoal.utfpr.edu.br/vilmair/instalacoes-prediais-1/projeto-telefonico-tv-e-interfone/Aula%2002%20--%20Projetos%20complementares.pdf/view. Último acesso em: 28/07/2021.

ABNT – ASSOCIAÇÃO BRASILEIRA DE NORMAS TÉCNICAS

ABNT – ASSOCIAÇÃO BRASILEIRA DE NORMAS TÉCNICAS. *NBR ISO/CIE 8995-1*: Iluminação de ambientes de trabalho - Parte 1: Interior. Rio de Janeiro, 2013.

_____. *NBR 5419*: Proteção Contra Descargas Elétricas Atmosféricas. Rio de Janeiro, 2015.

_____. *NBR 5410*: Instalações Elétricas de Baixa Tensão: Procedimentos. Rio de Janeiro, 2004.

_____. *NBR 10676* – Fornecimento de energia a edificações individuais em tensão secundária – Rede de Distribuição Aérea.

_____. *NBR 16858-2*: Elevadores — Requisitos de segurança para construção e instalação Parte 2: Requisitos de projeto, de cálculos e de inspeções e ensaios de componentes. Rio de Janeiro, 2020.

_____. *NBR ISO/CIE 8995-1*: Iluminação de ambientes de trabalho. Parte 1: Interior. Rio de Janeiro, 2013.

_____. *NBR 15253*: Perfis de aço formados a frio, com revestimento metálico, para painéis estruturais reticulados em edificações — Requisitos gerais Rio de janeiro, 2014.

_____. *NBR 10899*: Energia solar fotovoltaica — Terminologia. Rio de Janeiro, 2020.

Referências

341

MANUAIS DE FABRICANTES E NORMAS TÉCNICAS DE CONCESSIONÁRIAS

BTICINO; PIRELLI. Proteção das pessoas contra choques elétricos. 1989.

CELG – COMPANHIA ENERGÉTICA DE GOIÁS.

CESP – COMPANHIA ENERGÉTICA DE SÃO PAULO. Manual de instalação elétrica.

CESP – COMPANHIA ENERGÉTICA DE SÃO PAULO; PIRELLI. Instalações elétricas residenciais: informações e recomendações.

CPFL – COMPANHIA PAULISTA DE FORÇA E LUZ. 1989.

_____. Assessoria de marketing empresarial.

_____. Manual do consumidor: como utilizar a energia elétrica com segurança e sem desperdício.

_____. NT 114: fornecimento de energia elétrica a edifícios de uso coletivo.

_____. NT: fornecimento em tensão secundária de distribuição. São Paulo, 2009.

PHILIPS. Manual de iluminação. Eindhoven: 1986.

PHILIPS. Os benefícios de uma boa iluminação.

PIRELLI. Manual Pirelli de instalações elétricas. São Paulo: Pini, 1993.

PRYSMIAN. Instalações elétricas residenciais. 2006.

TELECOMUNICAÇÕES DE SÃO PAULO S.A. 1985.

TELEBRÁS. *NORMA 224-3115-01/02*: Série redes: tubulação telefônica. Rio de Janeiro, ago. 1976.

TELESP. Manual de redes telefônicas internas: tubulação telefônica em prédios: projeto. v. 1. Departamento de Controle Operacional.

CATÁLOGOS

Alumbra;	Moeller	
General Eletric (GE);	ABB	
Osram;	Tecverde	
Philips;	Pial Legrand;	Bticino
Prysmian;	Lorenzetti	
Siemens;	Peterco	

SITES PESQUISADOS

https://www.mundodaeletrica.com.br/diagramas-eletricos/acesso. Acesso em 17 maio 2021.

https://www.ocaenergia.com/blog/eletricidade/diagramas-eletricos-quais-os-tipos-e-como-interpretar/#:~:text=Sua%20principal%20fun%C3%A7%C3%A3o%20%C3%A9%20explicar,que%20ser%C3%A3o%20ligados%20no%20circuito.&text=Em%20suma%2C%20o%20diagrama%20funcional,de%20maneira%20similar%20ao%20real. Acesso em 17 maio 2021.

https://www.sil.com.br/pt/silnews/not%C3%ADcias/sil-orienta-aten%C3%A7%C3%A3o-%C3%A0-queda-de--tens%C3%A3o.aspx. Acesso em 12 ago. 2021.

http://www.engonline.fisp.br/3ano/instalacoeseletricas/calculosiluminacao.pdf>. Acesso em 07 nov. 2014.

https://www.docsity.com/pt/dimensionamento-75/4730575/ Acesso em 15 ago.2021.

http://www.engonline.fisp.br/3ano/instalacoeseletricas/calculosiluminacao.pdf>. Acesso em 07 nov. 2014.

https://www.docsity.com/pt/dimensionamento-75/4730575/ Acesso em 15 ago.2021.

https://www.mundodaeletrica.com.br/como-calcular-queda-de-tensao-nos-condutores/Acesso em 12 ago. 2021.

https://www.osetoreletrico.com.br/wpcontent/uploads/2010/07/ed53_fasc_seguranca_trabalho_capVI.pdf. Acesso em 03 ago. 2021.

https://www.mundodaeletrica.com.br/como-dimensionar-cabos-eletricos-residenciais/Acesso em 10 ago. 2021.

https://www.mundodaeletrica.com.br/tabela-de-dimensionamento-de-eletroduto/ Acesso em 08 ago. 2021.

https://www.tegraincorporadora.com.br/blog/mercado/tecnologia-para-condominios/#6. Acesso em 07 jan. 2022

https://blog.qmctelecom.com.br/edificio-inteligente-conheca-as-vantagens-de-um-empreendimento-conectado/ Acesso em 07 jan. 2022.